混凝土异形柱结构设计手册

王依群　编著

中国建筑工业出版社

图书在版编目(CIP)数据

混凝土异形柱结构设计手册/王依群编著. —北京：
中国建筑工业出版社，2015.6
ISBN 978-7-112-18029-5

Ⅰ.①混… Ⅱ.①王… Ⅲ.①混凝土结构-异形柱-
结构设计 Ⅳ.①TU375.3

中国版本图书馆 CIP 数据核字(2015)第 076682 号

混凝土异形柱结构设计手册
王依群　编著
*
中国建筑工业出版社出版、发行（北京西郊百万庄）
各地新华书店、建筑书店经销
北京科地亚盟排版公司制版
北京同文印刷有限责任公司印刷
*
开本：850×1168 毫米　横 1/32　印张：14⅛　字数：377 千字
2015 年 7 月第一版　2015 年 7 月第一次印刷
定价：**35.00** 元
ISBN 978-7-112-18029-5
(27266)

《混凝土异形柱结构技术规程》JGJ 149—2015 关于异形柱的构造要求和梁柱节点承载力计算要求繁杂，一些设计计算软件给出的结果有些疑似不符合该规程的要求。本书将该规程的异形柱构造要求和梁柱节点承载力计算规定转化为易于操作的表格，目的是帮助读者对设计计算软件结果进行复核或必要的修正，以保证设计质量和加快设计进度。本书适合建筑结构设计人员、施工图设计文件审查人员、施工及监理人员使用。

责任编辑：郭　栋　辛海丽
责任设计：张　虹
责任校对：李美娜　刘　钰

前　　言

《混凝土异形柱结构技术规程》JGJ 149[1] 是对异形柱结构设计的原则规定，不可能面面俱到，也不便于具体操作。如规程允许采用不等肢的异形柱截面，但其尺寸范围如何？又异形柱的构造要求繁杂，使用中易漏项或出错。特别是对异形柱纵向受力钢筋的最小配置由多条件控制，还有接近截面最大配筋时，截面肢端纵向受力钢筋怎样配置？如何能快速地进行异形柱加密区箍筋配置、或判断大型计算机软件输出的结果是否符合规程要求。

作者作为异形柱结构几个版本规程（包括天津市地方规程）的参编人，也通过对设计人员的解答问题，对异形柱的设计规定和使用中易忽视的规程要求有深入的了解，觉得有必要出版一本设计手册或设计图表类型的书，配合大型计算机设计软件，把好异形柱结构设计最后一关，即构造措施这一关。

本书内容：①考虑了钢种、全截面最小配筋率、肢端最小配筋率、最小钢筋直径要求的等肢 L 形、T 形、十字形、Z 形截面柱受力纵筋最小配筋表；②L 形、T 形、十字形、Z 形截面柱各混凝土强度等级的最小配箍率要求表；③各可用截面尺寸的 L 形、T 形、十字形、Z 形截面柱各种纵筋、箍筋配置及其相应的配筋率、配箍率表；④各抗震等级对应各纵向受力纵筋直径的非加密区最大箍筋间距表；⑤异形柱框架节点受剪承载力计算表。

使用方法：已知异形柱的截面形状、尺寸，是否角柱，抗震等级或非抗震，纵筋钢种，可由第 1

章表查出满足规程最小纵筋配置要求（包括全截面、各肢端最小配筋率，纵筋最小直径）的纵筋直径与根数；根据结构计算软件输出的异形柱纵筋面积，可查第 2 章表得到柱的纵筋直径与根数；根据结构计算软件输出的异形柱轴压比、抗震等级，可查第 3 章表得到柱的配箍率要求值，再由第 2 章表格右侧得到满足此值要求的箍筋配置（直径、间距、拉筋数及位置）；根据结构计算软件输出的异形柱框架节点剪力值，可查第 5 章表格，再通过简单的乘法计算，就可知道该节点是否满足剪压比要求和所需箍筋配置。

希望本书对设计人员、施工图审查人员有帮助。

书中不妥或错误之处，还望读者指正。

目　　录

第 1 章 异形柱受力纵筋位置及其最小配置表

1.1 异形柱受力纵筋位置

《异形柱规程》[1]第 6.2.3 条规定：在同一截面内，纵向受力钢筋宜采用相同直径，其直径不应小于 14mm，且不应大于 25mm。折角处应设置纵向受力钢筋。第 6.2.4 条规定：纵向受力钢筋的净距不应小于 50mm. 柱肢厚度为 200～250mm 时，纵向受力钢筋每排不应多于 3 根；根数较多时，可分两排设置。根据此两条和最大纵向受力钢筋配筋率（抗震设计 3%、非抗震设计 4%）规定，以及受压弯作用时内力分布尽可能合理的要求布置纵向钢筋位置如表 1-1 所示。

异形柱各形状截面纵向受力钢筋位置示意图和总根数

表 1-1

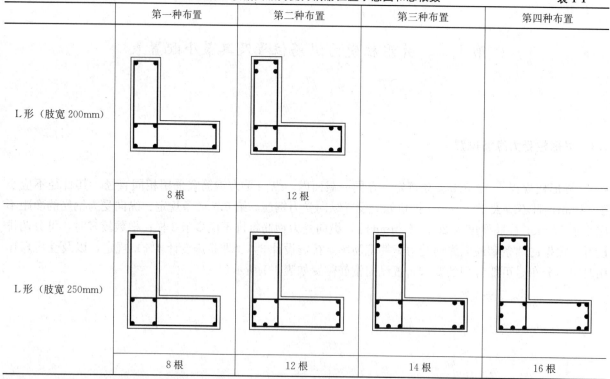

	第一种布置	第二种布置	第三种布置	第四种布置
L形（肢宽200mm）				
	8根	12根		
L形（肢宽250mm）				
	8根	12根	14根	16根

	第一种布置	第二种布置	第三种布置	第四种布置
T形（肢宽200mm）				
	12根	18根		
T形（肢宽250mm）				
	12根	18根	21根	

	第一种布置	第二种布置	第三种布置	第四种布置
十字形（肢宽200mm）				
	12 根	20 根		
十字形（肢宽250mm）				
	8 根	16 根	20 根	24 根

	第一种布置	第二种布置	第三种布置	第四种布置
Z形（肢宽200mm）				
	12根	18根		
Z形（肢宽250mm）				
	12根	18根	20根	22根

1.2 异形柱达到规程最小配筋要求的钢筋配置

本节以表格方式给出 L、T、Z 和十字形截面柱各常见肢厚相等（即 $b_c = h_f$）截面尺寸符合异形柱结构技术规程要求的最小配筋的钢筋根数、直径配置。这里讲的规程要求包括：①受力纵筋直径相同；②全截面最小配筋率要求，即规程表 6.2.5-1；③肢端最小的配筋率要求，即规程表 6.2.5-2；④受力纵筋最小直径 14mm。表中尺寸对应的肢厚、肢高见规程图 5.3.2。

以下表 1-2 中"根数"为截面受力纵筋总根数，肢端按 2 根受力纵筋考虑，当 2 根直径 25mm 仍不满足时，按异形柱截面第 2 种布筋方式（表 1-1 中第 2 列）取肢端根数，以此类推。

读者使用时，可由柱的抗震等级，是否为角柱查规程表 6.2.5-1，得到该柱要求的最小配筋率，再根据柱的截面形状、尺寸查表 1-2，即可得知该柱最少应配的纵筋根数直径，及其相应的配筋率。

L 形截面柱（$b_c = h_f = 200mm$）满足截面肢端最小配筋率和全截面最小配筋率的纵向钢筋直径   表 1-2a

b_f (mm)	h_c (mm)	A_c (mm²)	肢端纵筋	肢端 ρ_s (%)	全截面纵筋	ρ (%)	全截面纵筋	ρ (%)	全截面纵筋	ρ (%)	全截面纵筋	ρ (%)
	400	120000	2ϕ14	0.26	8ϕ14	1.03	8ϕ16	1.34				
	450	130000	2ϕ14	0.24	8ϕ14	0.95	8ϕ16	1.24	8ϕ18	1.57		
400	500	140000	2ϕ14	0.22	8ϕ14	0.88	8ϕ16	0.15	8ϕ18	1.45		
	550	150000	2ϕ14	0.21	8ϕ14	0.82	8ϕ16	1.07	8ϕ18	1.36		
	600	160000	2ϕ16	0.25	8ϕ16	1.01	8ϕ18	1.27				
	650	170000	2ϕ16	0.24	8ϕ16	0.95	8ϕ18	1.20	8ϕ20	1.48		

b_f (mm)	h_c (mm)	A_c (mm²)	肢端纵筋	肢端 ρ_s（%）	全截面纵筋	ρ（%）	全截面纵筋	ρ（%）	全截面纵筋	ρ（%）	全截面纵筋	ρ（%）
450	450	140000	2ϕ14	0.22	8ϕ14	0.88	8ϕ16	0.15	8ϕ18	1.45		
	500	150000	2ϕ14	0.21	8ϕ14	0.82	8ϕ16	1.07	8ϕ18	1.36		
	550	160000	2ϕ16	0.25	8ϕ16	1.01	8ϕ18	1.27				
	600	170000	2ϕ16	0.24	8ϕ16	0.95	8ϕ18	1.20	8ϕ20	1.48		
	650	180000	2ϕ16	0.22	8ϕ16	0.89	8ϕ18	1.13	8ϕ20	1.40		
	700	190000	2ϕ16	0.21	8ϕ16	0.85	8ϕ18	1.07	8ϕ20	1.32		
	750	200000	2ϕ16	0.20	8ϕ16	0.80	8ϕ18	1.02	8ϕ20	1.26		
500	500	160000	2ϕ16	0.25	8ϕ16	1.01	8ϕ18	1.27				
	550	170000	2ϕ16	0.24	8ϕ16	0.95	8ϕ18	1.20	8ϕ20	1.48		
	600	180000	2ϕ16	0.22	8ϕ16	0.89	8ϕ18	1.13	8ϕ20	1.40		
	650	190000	2ϕ16	0.21	8ϕ16	0.85	8ϕ18	1.07	8ϕ20	1.32		
	700	200000	2ϕ16	0.20	8ϕ16	0.80	8ϕ18	1.02	8ϕ20	1.26		
	750	210000	2ϕ18	0.24	8ϕ18	0.97	8ϕ20	1.20	8ϕ22	1.45		
	800	220000	2ϕ18	0.23	8ϕ18	0.93	8ϕ20	1.14	8ϕ22	1.38		
550	550	180000	2ϕ16	0.22	8ϕ16	0.89	8ϕ18	1.13	8ϕ20	1.40		
	600	190000	2ϕ16	0.21	8ϕ16	0.85	8ϕ18	1.07	8ϕ20	1.32		
	650	200000	2ϕ16	0.20	8ϕ16	0.80	8ϕ18	1.02	8ϕ20	1.26		
	700	210000	2ϕ18	0.24	8ϕ18	0.97	8ϕ20	1.20	8ϕ22	1.45		
	750	220000	2ϕ18	0.23	8ϕ18	0.93	8ϕ20	1.14	8ϕ22	1.38		
	800	230000	2ϕ18	0.22	8ϕ18	0.89	8ϕ20	1.09	8ϕ22	1.32		

b_f (mm)	h_c (mm)	A_c (mm²)	肢端纵筋	肢端 ρ_s（%）	全截面纵筋	ρ（%）	全截面纵筋	ρ（%）	全截面纵筋	ρ（%）	全截面纵筋	ρ（%）
600	600	200000	2ϕ16	0.20	8ϕ16	0.80	8ϕ18	1.02	8ϕ20	1.26		
	650	210000	2ϕ18	0.24	8ϕ18	0.97	8ϕ20	1.20	8ϕ22	1.45		
	700	220000	2ϕ18	0.23	8ϕ18	0.93	8ϕ20	1.14	8ϕ22	1.38		
	750	230000	2ϕ18	0.22	8ϕ18	0.89	8ϕ20	1.09	8ϕ22	1.32		
	800	240000	2ϕ18	0.21	8ϕ18	0.85	8ϕ20	1.05	8ϕ22	1.27		
650	650	220000	2ϕ18	0.23	8ϕ18	0.93	8ϕ20	1.14	8ϕ22	1.38		
	700	230000	2ϕ18	0.22	8ϕ18	0.89	8ϕ20	1.09	8ϕ22	1.32		
	750	240000	2ϕ18	0.21	8ϕ18	0.85	8ϕ20	1.05	8ϕ22	1.27		
	800	250000	2ϕ18	0.20	8ϕ18	0.81	8ϕ20	1.01	8ϕ22	1.22	8ϕ25	1.57
700	700	240000	2ϕ18	0.21	8ϕ18	0.85	8ϕ20	1.05	8ϕ22	1.27		
	750	250000	2ϕ18	0.20	8ϕ18	0.81	8ϕ20	1.01	8ϕ22	1.22	8ϕ25	1.57
	800	260000	2ϕ20	0.24	8ϕ20	0.97	8ϕ22	1.17	8ϕ25	1.51		
750	750	260000	2ϕ20	0.24	8ϕ20	0.97	8ϕ22	1.17	8ϕ25	1.51		
	800	270000	2ϕ20	0.23	8ϕ20	0.93	8ϕ22	1.13	8ϕ25	1.45		
800	800	280000	2ϕ20	0.22	8ϕ20	0.90	8ϕ22	1.09	8ϕ25	1.40		

L 形截面柱（$b_c = h_f = 250mm$）满足截面肢端最小配筋率和全截面最小配筋率的纵向钢筋直径　表 1-2a

b_f (mm)	h_c (mm)	A_c (mm²)	肢端纵筋	肢端 ρ_s (%)	全截面纵筋	ρ (%)	全截面纵筋	ρ (%)	全截面纵筋	ρ (%)	全截面纵筋	ρ (%)
400	400	137500	2ϕ14	0.22	8ϕ14	0.90	8ϕ16	1.17	8ϕ18	1.48		
	450	150000	2ϕ14	0.21	8ϕ14	0.82	8ϕ16	1.07	8ϕ18	1.36		
	500	162500	2ϕ16	0.25	8ϕ16	0.99	8ϕ18	1.25				
	550	175000	2ϕ16	0.23	8ϕ16	0.92	8ϕ18	1.16	8ϕ20	1.44		
	600	187500	2ϕ16	0.21	8ϕ16	0.86	8ϕ18	1.09	8ϕ20	1.34		
	650	200000	2ϕ16	0.20	8ϕ16	0.80	8ϕ18	1.02	8ϕ20	1.26		
450	450	162500	2ϕ16	0.25	8ϕ16	0.99	8ϕ18	1.25				
	500	175000	2ϕ16	0.23	8ϕ16	0.92	8ϕ18	1.16	8ϕ20	144		
	550	187500	2ϕ16	0.21	8ϕ16	0.86	8ϕ18	1.09	8ϕ20	1.34		
	600	200000	2ϕ16	0.20	8ϕ16	0.80	8ϕ18	1.02	8ϕ20	1.26		
	650	212500	2ϕ18	0.24	8ϕ18	0.96	8ϕ20	1.18	8ϕ22	1.43		
	700	225000	2ϕ18	0.23	8ϕ18	0.90	8ϕ20	1.12	8ϕ22	1.35		
	750	237500	2ϕ18	0.21	8ϕ18	0.86	8ϕ20	1.06	8ϕ22	1.28		
500	500	187500	2ϕ16	0.21	8ϕ16	0.86	8ϕ18	1.09	8ϕ20	1.34		
	550	200000	2ϕ16	0.20	8ϕ16	0.80	8ϕ18	1.02	8ϕ20	1.26		
	600	212500	2ϕ18	0.24	8ϕ18	0.96	8ϕ20	1.18	8ϕ22	1.43		
	650	225000	2ϕ18	0.23	8ϕ18	0.91	8ϕ20	1.12	8ϕ22	1.35		
	700	237500	2ϕ18	0.21	8ϕ18	0.86	8ϕ20	1.06	8ϕ22	1.28		
	750	250000	2ϕ18	0.20	8ϕ18	0.81	8ϕ20	1.01	8ϕ22	1.22	8ϕ25	1.57
	800	262500	2ϕ20	0.24	8ϕ20	0.96	8ϕ22	1.16	8ϕ25	1.50		

b_f (mm)	h_c (mm)	A_c (mm²)	肢端纵筋	肢端 ρ_s (%)	全截面纵筋	ρ (%)	全截面纵筋	ρ (%)	全截面纵筋	ρ (%)	全截面纵筋	ρ (%)
550	550	212500	2φ18	0.24	8φ18	0.96	8φ20	1.18	8φ22	1.43		
	600	225000	2φ18	0.23	8φ18	0.91	8φ20	1.12	8φ22	1.35		
	650	237500	2φ18	0.21	8φ18	0.86	8φ20	1.06	8φ22	1.28		
	700	250000	2φ18	0.20	8φ18	0.81	8φ20	1.01	8φ22	1.22	8φ25	1.57
	750	262500	2φ20	0.24	8φ20	0.96	8φ22	1.16	8φ25	1.50		
	800	275000	2φ20	0.23	8φ20	0.91	8φ22	1.11	8φ25	1.43		
600	600	237500	2φ18	0.21	8φ18	0.86	8φ20	1.06	8φ22	1.28		
	650	250000	2φ18	0.20	8φ18	0.81	8φ20	1.01	8φ22	1.22	8φ25	1.57
	700	262500	2φ20	0.24	8φ20	0.96	8φ22	1.16	8φ25	1.50		
	750	275000	2φ20	0.23	8φ20	0.91	8φ22	1.11	8φ25	1.43		
	800	287500	2φ20	0.22	8φ20	0.87	8φ22	1.06	8φ25	1.37		
650	650	262500	2φ20	0.24	8φ20	0.96	8φ22	1.16	8φ25	1.50		
	700	275000	2φ20	0.23	8φ20	0.91	8φ22	1.11	8φ25	1.43		
	750	287500	2φ20	0.22	8φ20	0.87	8φ22	1.06	8φ25	1.37		
	800	300000	2φ20	0.21	8φ20	0.84	8φ22	1.01	8φ25	1.31		
700	700	287500	2φ20	0.22	8φ20	0.87	8φ22	1.06	8φ25	1.37		
	750	300000	2φ20	0.21	8φ20	0.84	8φ22	1.01	8φ25	1.31		
	800	312500	2φ20	0.20	8φ20	0.80	8φ22	0.97	8φ25	1.26		
750	750	312500	2φ20	0.20	8φ20	0.80	8φ22	0.97	8φ25	1.26		
	800	325000	2φ22	0.23	8φ22	0.94	8φ25	1.20	12φ22	1.40		
800	800	337500	2φ22	0.23	8φ22	0.90	8φ25	1.16	12φ22	1.35		

T 字形截面 （$b_c = h_f = 200mm$） 柱满足截面肢端最小配筋率和全截面最小配筋率的纵向钢筋直径　表 1-2b

b_f (mm)	h_c (mm)	A_c (mm²)	翼缘肢端		腹板肢端		全截面		全截面		全截面	
			纵筋	ρ_s (%)	纵筋	ρ_s (%)	纵筋	ρ (%)	纵筋	ρ (%)	纵筋	ρ (%)
400	400	120000	2ϕ14	0.39	4ϕ14	0.77	12ϕ14	1.54				
	450	130000	2ϕ14	0.39	4ϕ14	0.68	12ϕ14	1.42				
	500	140000	2ϕ14	0.39	4ϕ14	0.62	12ϕ14	1.32				
	550	150000	2ϕ14	0.39	4ϕ14	0.56	12ϕ14	1.23	12ϕ16	1.61		
	600	160000	2ϕ14	0.39	4ϕ14	0.51	12ϕ14	1.15	12ϕ16	1.51		
	650	170000	2ϕ14	0.39	4ϕ14	0.47	12ϕ14	1.09	12ϕ16	1.42		
450	400	130000	2ϕ14	0.34	4ϕ14	0.77	12ϕ14	1.42				
	450	140000	2ϕ14	0.34	4ϕ14	0.68	12ϕ14	1.32				
	500	150000	2ϕ14	0.34	4ϕ14	0.62	12ϕ14	1.23	12ϕ16	1.61		
	550	160000	2ϕ14	0.34	4ϕ14	0.56	12ϕ14	1.15	12ϕ16	1.51		
	600	170000	2ϕ14	0.34	4ϕ14	0.51	12ϕ14	1.09	12ϕ16	1.42		
	650	180000	2ϕ14	0.34	4ϕ14	0.47	12ϕ14	1.03	12ϕ16	1.34		
	700	190000	2ϕ14	0.34	4ϕ14	0.44	12ϕ14	0.97	12ϕ16	1.27		
	750	200000	2ϕ14	0.34	4ϕ14	0.41	12ϕ14	0.92	12ϕ16	1.21	12ϕ18	1.53

b_f（mm）	h_c（mm）	A_c（mm²）	翼缘肢端		腹板肢端		全截面		全截面		全截面	
			纵筋	ρ_s（%）	纵筋	ρ_s（%）	纵筋	ρ（%）	纵筋	ρ（%）	纵筋	ρ（%）
500	400	140000	2ϕ14	0.31	4ϕ14	0.77	12ϕ14	1.32				
	450	150000	2ϕ14	0.31	4ϕ14	0.68	12ϕ14	1.23	12ϕ16	1.61		
	500	160000	2ϕ14	0.31	4ϕ14	0.62	12ϕ14	1.15	12ϕ16	1.51		
	550	170000	2ϕ14	0.31	4ϕ14	0.56	12ϕ14	1.09	12ϕ16	1.42		
	600	180000	2ϕ14	0.31	4ϕ14	0.51	12ϕ14	1.03	12ϕ16	1.34		
	650	190000	2ϕ14	0.31	4ϕ14	0.47	12ϕ14	0.97	12ϕ16	1.27		
	700	200000	2ϕ14	0.31	4ϕ14	0.44	12ϕ14	0.92	12ϕ16	1.21	12ϕ18	1.53
	750	210000	2ϕ14	0.31	4ϕ14	0.41	12ϕ14	0.88	12ϕ16	1.15	12ϕ18	1.45
	800	220000	2ϕ16	0.40	4ϕ16	0.50	12ϕ16	1.10	12ϕ18	1.39		
550	400	150000	2ϕ14	0.28	4ϕ14	0.77	12ϕ14	1.23	12ϕ16	1.61		
	450	160000	2ϕ14	0.28	4ϕ14	0.68	12ϕ14	1.15	12ϕ16	1.51		
	500	170000	2ϕ14	0.28	4ϕ14	0.62	12ϕ14	1.09	12ϕ16	1.42		
	550	180000	2ϕ14	0.28	4ϕ14	0.56	12ϕ14	1.03	12ϕ16	1.34		
	600	190000	2ϕ14	0.28	4ϕ14	0.51	12ϕ14	0.97	12ϕ16	1.27		
	650	200000	2ϕ14	0.28	4ϕ14	0.47	12ϕ14	0.92	12ϕ16	1.21	12ϕ18	1.53
	700	210000	2ϕ14	0.28	4ϕ14	0.44	12ϕ14	0.88	12ϕ16	1.15	12ϕ18	1.45
	750	220000	2ϕ14	0.28	4ϕ14	0.41	12ϕ14	0.84	12ϕ16	1.10	12ϕ18	1.39
	800	230000	2ϕ16	0.37	4ϕ16	0.50	12ϕ16	1.05	12ϕ18	1.33		

b_f (mm)	h_c (mm)	A_c (mm²)	翼缘肢端		腹板肢端		全截面		全截面		全截面	
			纵筋	ρ_s（%）	纵筋	ρ_s（%）	纵筋	ρ（%）	纵筋	ρ（%）	纵筋	ρ（%）
600	400	160000	2ϕ14	0.26	4ϕ14	0.77	12ϕ14	1.15	12ϕ16	1.51		
	450	170000	2ϕ14	0.26	4ϕ14	0.68	12ϕ14	1.09	12ϕ16	1.42		
	500	180000	2ϕ14	0.26	4ϕ14	0.62	12ϕ14	1.03	12ϕ16	1.34		
	550	190000	2ϕ14	0.26	4ϕ14	0.56	12ϕ14	0.97	12ϕ16	1.27		
	600	200000	2ϕ14	0.26	4ϕ14	0.51	12ϕ14	0.92	12ϕ16	1.21	12ϕ18	1.53
	650	210000	2ϕ14	0.26	4ϕ14	0.47	12ϕ14	0.88	12ϕ16	1.15	12ϕ18	1.45
	700	220000	2ϕ14	0.26	4ϕ14	0.44	12ϕ14	0.84	12ϕ16	1.10	12ϕ18	1.39
	750	230000	2ϕ14	0.26	4ϕ14	0.41	12ϕ14	0.80	12ϕ16	1.05	12ϕ18	1.33
	800	240000	2ϕ16	0.34	4ϕ16	0.50	12ϕ16	1.01	12ϕ18	1.27		
650	400	170000	2ϕ14	0.24	4ϕ14	0.77	12ϕ14	1.09	12ϕ16	1.42		
	450	180000	2ϕ14	0.24	4ϕ14	0.68	12ϕ14	1.03	12ϕ16	1.34		
	500	190000	2ϕ14	0.24	4ϕ14	0.62	12ϕ14	0.97	12ϕ16	1.27		
	550	200000	2ϕ14	0.24	4ϕ14	0.56	12ϕ14	0.92	12ϕ16	1.21	12ϕ18	1.53
	600	210000	2ϕ14	0.24	4ϕ14	0.51	12ϕ14	0.88	12ϕ16	1.15	12ϕ18	1.45
	650	220000	2ϕ14	0.24	4ϕ14	0.47	12ϕ14	0.84	12ϕ16	1.10	12ϕ18	1.39
	700	230000	2ϕ14	0.24	4ϕ14	0.44	12ϕ14	0.80	12ϕ16	1.05	12ϕ18	1.33
	750	240000	2ϕ16	0.31	4ϕ16	0.54	12ϕ16	1.01	12ϕ18	1.27		
	800	250000	2ϕ16	0.31	4ϕ16	0.50	12ϕ16	0.97	12ϕ18	1.22	12ϕ20	1.51

b_f (mm)	h_c (mm)	A_c (mm^2)	翼缘肢端		腹板肢端		全截面		全截面		全截面	
			纵筋	ρ_s (%)	纵筋	ρ_s (%)	纵筋	ρ (%)	纵筋	ρ (%)	纵筋	ρ (%)
700	450	190000	2ϕ14	0.22	4ϕ14	0.68	12ϕ14	0.97	12ϕ16	1.27		
	500	200000	2ϕ14	0.22	4ϕ14	0.62	12ϕ14	0.92	12ϕ16	1.21	12ϕ18	1.53
	550	210000	2ϕ14	0.22	4ϕ14	0.56	12ϕ14	0.88	12ϕ16	1.15	12ϕ18	1.45
	600	220000	2ϕ14	0.22	4ϕ14	0.51	12ϕ14	0.84	12ϕ16	1.10	12ϕ18	1.39
	650	230000	2ϕ14	0.22	4ϕ14	0.47	12ϕ14	0.80	12ϕ16	1.05	12ϕ18	1.33
	700	240000	2ϕ16	0.29	4ϕ16	0.57	12ϕ16	1.01	12ϕ18	1.27		
	750	250000	2ϕ16	0.29	4ϕ16	0.54	12ϕ16	0.97	12ϕ18	1.22	12ϕ20	1.51
	800	260000	2ϕ16	0.29	4ϕ16	0.50	12ϕ16	0.93	12ϕ18	1.17	12ϕ20	1.45
750	450	200000	2ϕ14	0.21	4ϕ14	0.68	12ϕ14	0.92	12ϕ16	1.21	12ϕ18	1.53
	500	210000	2ϕ14	0.21	4ϕ14	0.62	12ϕ14	0.88	12ϕ16	1.15	12ϕ18	1.45
	550	220000	2ϕ14	0.21	4ϕ14	0.56	12ϕ14	0.84	12ϕ16	1.10	12ϕ18	1.39
	600	230000	2ϕ14	0.21	4ϕ14	0.51	12ϕ14	0.80	12ϕ16	1.05	12ϕ18	1.33
	650	240000	2ϕ16	0.27	4ϕ16	0.62	12ϕ16	1.01	12ϕ18	1.27		
	700	250000	2ϕ16	0.27	4ϕ16	0.57	12ϕ16	0.97	12ϕ18	1.22	12ϕ20	1.51
	750	260000	2ϕ16	0.27	4ϕ16	0.54	12ϕ16	0.93	12ϕ18	1.17	12ϕ20	1.45
	800	270000	2ϕ16	0.27	4ϕ16	0.50	12ϕ16	0.89	12ϕ18	1.13	12ϕ20	1.40

b_f（mm）	h_c（mm）	A_c（mm²）	翼缘肢端		腹板肢端		全截面		全截面		全截面	
			纵筋	ρ_s（%）	纵筋	ρ_s（%）	纵筋	ρ（%）	纵筋	ρ（%）	纵筋	ρ（%）
800	500	220000	2φ16	0.25	4φ16	0.80	12φ16	1.10	12φ18	1.39		
	550	230000	2φ16	0.25	4φ16	0.73	12φ16	1.05	12φ18	1.33		
	600	240000	2φ16	0.25	4φ16	0.67	12φ16	1.01	12φ18	1.27		
	650	250000	2φ16	0.25	4φ16	0.62	12φ16	0.97	12φ18	1.22	12φ20	1.51
	700	260000	2φ16	0.25	4φ16	0.57	12φ16	0.93	12φ18	1.17	12φ20	1.45
	750	270000	2φ16	0.25	4φ16	0.54	12φ16	0.89	12φ18	1.13	12φ20	1.40
	800	280000	2φ16	0.25	4φ16	0.50	12φ16	0.86	12φ18	1.09	12φ20	1.35

T 字形截面（$b_c = h_f = 250$mm）柱满足截面肢端最小配筋率和全截面最小配筋率的纵向钢筋直径　表 1-2b

b_f（mm）	h_c（mm）	A_c（mm²）	翼缘肢端		腹板肢端		全截面		全截面		全截面	
			纵筋	ρ_s（%）	纵筋	ρ_s（%）	纵筋	ρ（%）	纵筋	ρ（%）	纵筋	ρ（%）
400	400	137500	2φ14	0.31	4φ14	0.62	12φ14	1.34				
	450	150000	2φ14	0.31	4φ14	0.55	12φ14	1.23	12φ16	1.61		
	500	162500	2φ14	0.31	4φ14	0.49	12φ14	1.14	12φ16	1.49		
	550	175000	2φ14	0.31	4φ14	0.45	12φ14	1.06	12φ16	1.38		
	600	187500	2φ14	0.31	4φ14	0.41	12φ14	0.99	12φ16	1.29		
	650	200000	2φ16	0.40	4φ16	0.50	12φ16	1.21	12φ18	1.53		

b_f (mm)	h_c (mm)	A_c (mm²)	翼缘肢端		腹板肢端		全截面		全截面		全截面	
			纵筋	ρ_s (%)	纵筋	ρ_s (%)	纵筋	ρ (%)	纵筋	ρ (%)	纵筋	ρ (%)
450	400	150000	2φ14	0.27	4φ14	0.62	12φ14	1.23	12φ16	1.61		
	450	162500	2φ14	0.27	4φ14	0.55	12φ14	1.14	12φ16	1.49		
	500	175000	2φ14	0.27	4φ14	0.49	12φ14	1.06	12φ16	1.38		
	550	187500	2φ14	0.27	4φ14	0.45	12φ14	0.99	12φ16	1.29		
	600	200000	2φ14	0.27	4φ14	0.41	12φ14	0.92	12φ16	1.21	12φ18	1.53
	650	212500	2φ16	0.36	4φ16	0.50	12φ16	1.14	12φ18	1.44		
	700	225000	2φ16	0.36	4φ16	0.46	12φ16	1.07	12φ18	1.36		
	750	237500	2φ16	0.36	4φ16	0.43	12φ16	1.02	12φ18	1.29		
500	400	162500	2φ14	0.25	4φ14	0.62	12φ14	1.14	12φ16	1.49		
	450	175000	2φ14	0.25	4φ14	0.55	12φ14	1.06	12φ16	1.38		
	500	187500	2φ14	0.25	4φ14	0.49	12φ14	0.99	12φ16	1.29		
	550	200000	2φ14	0.25	4φ14	0.45	12φ14	0.92	12φ16	1.21	12φ18	1.53
	600	212500	2φ14	0.25	4φ14	0.41	12φ14	0.87	12φ16	1.14	12φ18	1.44
	650	225000	2φ16	0.32	4φ16	0.50	12φ16	1.07	12φ18	1.36		
	700	237500	2φ16	0.32	4φ16	0.46	12φ16	1.02	12φ18	1.29		
	750	250000	2φ16	0.32	4φ16	0.43	12φ16	0.97	12φ18	1.22	12φ20	1.51
	800	262500	2φ16	0.32	4φ16	0.40	12φ16	0.92	12φ18	1.16	12φ20	1.44

b_f (mm)	h_c (mm)	A_c (mm²)	翼缘肢端		腹板肢端		全截面		全截面		全截面	
			纵筋	ρ_s (%)	纵筋	ρ_s (%)	纵筋	ρ (%)	纵筋	ρ (%)	纵筋	ρ (%)
550	400	175000	2φ14	0.22	4φ14	0.62	12φ14	1.06	12φ16	1.38		
	450	187500	2φ14	0.22	4φ14	0.55	12φ14	0.99	12φ16	1.29		
	500	200000	2φ14	0.22	4φ14	0.49	12φ14	0.92	12φ16	1.21	12φ18	1.53
	550	212500	2φ14	0.22	4φ14	0.45	12φ14	0.87	12φ16	1.14	12φ18	1.44
	600	225000	2φ14	0.22	4φ14	0.41	12φ14	0.82	12φ16	1.07	12φ18	1.36
	650	237500	2φ16	0.29	4φ16	0.50	12φ16	1.02	12φ18	1.29		
	700	250000	2φ16	0.29	4φ16	0.46	12φ16	0.97	12φ18	1.22	12φ20	1.51
	750	262500	2φ16	0.29	4φ16	0.43	12φ16	0.92	12φ18	1.16	12φ20	1.44
	800	275000	2φ16	0.29	4φ16	0.40	12φ16	0.88	12φ18	1.11	12φ20	1.37
600	400	187500	2φ14	0.21	4φ14	0.62	12φ14	0.99	12φ16	1.29		
	450	200000	2φ14	0.21	4φ14	0.55	12φ14	0.92	12φ16	1.21	12φ18	1.53
	500	212500	2φ14	0.21	4φ14	0.49	12φ14	0.87	12φ16	1.14	12φ18	1.44
	550	225000	2φ14	0.21	4φ14	0.45	12φ14	0.82	12φ16	1.07	12φ18	1.36
	600	237500	2φ16	0.27	4φ16	0.54	12φ16	1.02	12φ16	1.29		
	650	250000	2φ16	0.27	4φ16	0.50	12φ16	0.97	12φ18	1.22	12φ20	1.51
	700	262500	2φ16	0.27	4φ16	0.46	12φ16	0.92	12φ18	1.16	12φ20	1.44
	750	275000	2φ16	0.27	4φ16	0.43	12φ16	0.88	12φ18	1.11	12φ20	1.37
	800	287500	2φ16	0.27	4φ16	0.40	12φ16	0.84	12φ18	1.06	12φ20	1.31

b_f（mm）	h_c（mm）	A_c（mm²）	翼缘肢端		腹板肢端		全截面		全截面		全截面	
			纵筋	ρ_s（%）	纵筋	ρ_s（%）	纵筋	ρ（%）	纵筋	ρ（%）	纵筋	ρ（%）
650	400	200000	2φ16	0.25	4φ16	0.80	12φ16	1.21	12φ18	1.53		
	450	212500	2φ16	0.25	4φ16	0.72	12φ16	1.14	12φ18	1.44		
	500	225000	2φ16	0.25	4φ16	0.64	12φ16	1.07	12φ18	1.36		
	550	237500	2φ16	0.25	4φ16	0.59	12φ16	1.02	12φ18	1.29		
	600	250000	2φ16	0.25	4φ16	0.54	12φ16	0.97	12φ18	1.22	12φ20	1.51
	650	262500	2φ16	0.25	4φ16	0.50	12φ16	0.92	12φ18	1.16	12φ20	1.44
	700	275000	2φ16	0.25	4φ16	0.46	12φ16	0.88	12φ18	1.11	12φ20	1.37
	750	287500	2φ16	0.25	4φ16	0.43	12φ16	0.84	12φ18	1.06	12φ20	1.31
	800	300000	2φ16	0.25	4φ16	0.40	12φ16	0.80	12φ18	1.02	12φ20	1.26
700	450	225000	2φ16	0.23	4φ16	0.72	12φ16	1.07	12φ18	1.36		
	500	237500	2φ16	0.23	4φ16	0.64	12φ16	1.02	12φ18	1.29		
	550	250000	2φ16	0.23	4φ16	0.59	12φ16	0.97	12φ18	1.22	12φ20	1.51
	600	262500	2φ16	0.23	4φ16	0.54	12φ16	0.92	12φ18	1.16	12φ20	1.44
	650	275000	2φ16	0.23	4φ16	0.50	12φ16	0.88	12φ18	1.11	12φ20	1.37
	700	287500	2φ16	0.23	4φ16	0.46	12φ16	0.84	12φ18	1.06	12φ20	1.31
	750	300000	2φ16	0.23	4φ16	0.43	12φ16	0.80	12φ18	1.02	12φ20	1.26
	800	312500	2φ18	0.29	4φ18	0.51	12φ18	0.98	12φ20	1.21	12φ22	1.46

b_f（mm）	h_c（mm）	A_c（mm²）	翼缘肢端		腹板肢端		全截面		全截面		全截面	
			纵筋	ρ_s（%）	纵筋	ρ_s（%）	纵筋	ρ（%）	纵筋	ρ（%）	纵筋	ρ（%）
750	450	237500	2ϕ16	0.21	4ϕ16	0.72	12ϕ16	1.02	12ϕ18	1.29		
	500	250000	2ϕ16	0.21	4ϕ16	0.64	12ϕ16	0.97	12ϕ18	1.22	12ϕ20	1.51
	550	262500	2ϕ16	0.21	4ϕ16	0.59	12ϕ16	0.92	12ϕ18	1.16	12ϕ20	1.44
	600	275000	2ϕ16	0.21	4ϕ16	0.54	12ϕ16	0.88	12ϕ18	1.11	12ϕ20	1.37
	650	287500	2ϕ16	0.21	4ϕ16	0.50	12ϕ16	0.84	12ϕ18	1.06	12ϕ20	1.31
	700	300000	2ϕ16	0.21	4ϕ16	0.46	12ϕ16	0.80	12ϕ18	1.02	12ϕ20	1.26
	750	312500	2ϕ18	0.27	4ϕ18	0.54	12ϕ18	0.98	12ϕ20	1.21	12ϕ22	1.46
	800	325000	2ϕ18	0.27	4ϕ18	0.51	12ϕ18	0.94	12ϕ20	1.16	12ϕ22	1.40
800	500	262500	2ϕ16	0.20	4ϕ16	0.64	12ϕ16	0.92	12ϕ18	1.16	12ϕ20	1.44
	550	275000	2ϕ16	0.20	4ϕ16	0.59	12ϕ16	0.88	12ϕ18	1.11	12ϕ20	1.37
	600	287500	2ϕ16	0.20	4ϕ16	0.54	12ϕ16	0.84	12ϕ18	1.06	12ϕ20	1.31
	650	300000	2ϕ16	0.20	4ϕ16	0.50	12ϕ16	0.80	12ϕ18	1.02	12ϕ20	1.26
	700	312500	2ϕ18	0.25	4ϕ18	0.58	12ϕ18	0.98	12ϕ20	1.21	12ϕ22	1.46
	750	325000	2ϕ18	0.25	4ϕ18	0.54	12ϕ18	0.94	12ϕ20	1.16	12ϕ22	1.40
	800	337500	2ϕ18	0.25	4ϕ18	0.51	12ϕ18	0.91	12ϕ20	1.12	12ϕ22	1.35

十字形截面（$b_c＝h_f＝200mm$）柱满足截面肢端最小配筋率和全截面最小配筋率的纵向钢筋直径　　表 1-2c

h_c (mm)	b_f (mm)	A_c (mm²)	肢端纵筋	肢端 ρ_s（%）	全截面纵筋	ρ（%）	全截面纵筋	ρ（%）	全截面纵筋	ρ（%）	全截面纵筋	ρ（%）
400	400	120000	2φ14	0.39	12φ14	1.54						
	450	130000	2φ14	0.34	12φ14	1.42						
	500	140000	2φ14	0.31	12φ14	1.32						
	550	150000	2φ14	0.28	12φ14	1.23	12φ16	1.61				
	600	160000	2φ14	0.26	12φ14	1.16	12φ16	1.51				
	650	170000	2φ14	0.24	12φ14	1.09	12φ16	1.42				
450	450	140000	2φ14	0.34	12φ14	1.32						
	500	150000	2φ14	0.31	12φ14	1.23	12φ16	1.61				
	550	160000	2φ14	0.28	12φ14	1.16	12φ16	1.51				
	600	170000	2φ14	0.26	12φ14	1.09	12φ16	1.42				
	650	180000	2φ14	0.24	12φ14	1.03	12φ16	1.34				
	700	190000	2φ14	0.22	12φ14	0.97	12φ16	1.27				
	750	200000	2φ14	0.21	12φ14	0.92	12φ16	1.21	12φ18	1.53		
500	500	160000	2φ14	0.31	12φ14	1.15	12φ16	1.51				
	550	170000	2φ14	0.28	12φ14	1.09	12φ16	1.42				
	600	180000	2φ14	0.26	12φ14	1.03	12φ16	1.34				
	650	190000	2φ14	0.24	12φ14	0.97	12φ16	1.27				
	700	200000	2φ14	0.22	12φ14	0.92	12φ16	1.21	12φ18	1.53		
	750	210000	2φ14	0.21	12φ14	0.88	12φ16	1.15	12φ18	1.45		
	800	220000	2φ16	0.25	12φ16	1.10	12φ18	1.39				

h_c (mm)	b_f (mm)	A_c (mm²)	肢端纵筋	肢端 ρ_s（%）	全截面纵筋	ρ（%）	全截面纵筋	ρ（%）	全截面纵筋	ρ（%）	全截面纵筋	ρ（%）
550	550	180000	2ϕ14	0.28	12ϕ14	1.03	12ϕ16	1.34				
	600	190000	2ϕ14	0.26	12ϕ14	0.97	12ϕ16	1.27				
	650	200000	2ϕ14	0.24	12ϕ14	0.92	12ϕ16	1.21	12ϕ18	1.53		
	700	210000	2ϕ14	0.22	12ϕ14	0.88	12ϕ16	1.15	12ϕ18	1.45		
	750	220000	2ϕ14	0.21	12ϕ14	0.84	12ϕ16	1.10	12ϕ18	1.39		
	800	230000	2ϕ16	0.25	12ϕ16	1.05	12ϕ18	1.33				
600	600	200000	2ϕ14	0.26	12ϕ14	0.92	12ϕ16	1.21	12ϕ18	1.53		
	650	210000	2ϕ14	0.24	12ϕ14	0.88	12ϕ16	1.15	12ϕ18	1.45		
	700	220000	2ϕ14	0.22	12ϕ14	0.84	12ϕ16	1.10	12ϕ18	1.39		
	750	230000	2ϕ14	0.20	12ϕ14	0.80	12ϕ16	1.05	12ϕ18	1.33		
	800	240000	2ϕ16	0.25	12ϕ16	1.01	12ϕ18	1.27				
650	650	220000	2ϕ14	0.24	12ϕ14	0.84	12ϕ16	1.10	12ϕ18	1.39		
	700	230000	2ϕ14	0.22	12ϕ14	0.80	12ϕ16	1.05	12ϕ18	1.33		
	750	240000	2ϕ14	0.21	12ϕ14	0.77	12ϕ16	1.01	12ϕ18	1.27		
	800	250000	2ϕ16	0.25	12ϕ16	0.97	12ϕ16	1.22	12ϕ20	1.51		
700	700	240000	2ϕ14	0.22	12ϕ14	0.77	12ϕ16	1.01	12ϕ18	1.27		
	750	250000	2ϕ14	0.21	12ϕ14	0.74	12ϕ16	0.97	12ϕ18	1.22	12ϕ20	1.51
	800	260000	2ϕ16	0.25	12ϕ16	0.93	12ϕ18	1.17	12ϕ20	1.45		
750	750	260000	2ϕ14	0.21	12ϕ14	0.71	12ϕ16	0.93	12ϕ18	1.17	12ϕ20	1.45
	800	270000	2ϕ16	0.25	12ϕ16	0.89	12ϕ18	1.13	12ϕ20	1.40		
800	800	280000	2ϕ16	0.25	12ϕ16	0.86	12ϕ18	1.09	12ϕ20	1.35		

十字形截面（$b_c = h_f = 250mm$）柱满足截面肢端最小配筋率和全截面最小配筋率的纵向钢筋直径　表 1-2c

h_c (mm)	b_f (mm)	A_c (mm²)	肢端纵筋	肢端 ρ_s (%)	全截面纵筋	ρ (%)	全截面纵筋	ρ (%)	全截面纵筋	ρ (%)	全截面纵筋	ρ (%)
400	400	137500	2φ14	0.31	12φ14	1.34						
	450	150000	2φ14	0.27	12φ14	1.23	12φ16	1.61				
	500	162500	2φ14	0.25	12φ14	1.14	12φ16	1.49				
	550	175000	2φ14	0.22	12φ14	1.06	12φ16	1.38				
	600	187500	2φ14	0.21	12φ14	0.99	12φ16	1.29				
	650	200000	2φ16	0.25	12φ16	1.21	12φ18	1.53				
450	450	162500	2φ14	0.27	12φ14	1.14	12φ16	1.49				
	500	175000	2φ14	0.25	12φ14	1.06	12φ16	1.38				
	550	187500	2φ14	0.22	12φ14	0.99	12φ16	1.29				
	600	200000	2φ14	0.21	12φ14	0.92	12φ16	1.21	12φ18	1.53		
	650	212500	2φ16	0.25	12φ16	1.14	12φ18	1.44				
	700	225000	2φ16	0.23	12φ16	1.07	12φ18	1.36				
	750	237500	2φ16	0.21	12φ16	1.02	12φ18	1.29				
500	500	187500	2φ14	0.25	12φ14	0.99	12φ16	1.29				
	550	200000	2φ14	0.22	12φ14	0.92	12φ16	1.21	12φ18	1.53		
	600	212500	2φ14	0.21	12φ14	0.87	12φ16	1.14	12φ18	1.44		
	650	225000	2φ16	0.25	12φ16	1.07	12φ18	1.36				
	700	237500	2φ16	0.23	12φ16	1.02	12φ18	1.36				
	750	250000	2φ16	0.21	12φ16	0.97	12φ18	1.22	12φ20	1.51		
	800	262500	2φ16	0.20	12φ16	0.92	12φ18	1.16	12φ20	1.44		

h_c (mm)	b_f (mm)	A_c (mm²)	肢端纵筋	肢端 ρ_s (%)	全截面纵筋	ρ (%)	全截面纵筋	ρ (%)	全截面纵筋	ρ (%)	全截面纵筋	ρ (%)
550	550	212500	2ϕ14	0.22	12ϕ14	0.87	12ϕ16	1.14	12ϕ18	1.44		
	600	225000	2ϕ14	0.21	12ϕ14	0.82	12ϕ16	1.07	12ϕ18	1.36		
	650	237500	2ϕ16	0.25	12ϕ16	1.02	12ϕ18	1.29				
	700	250000	2ϕ16	0.23	12ϕ16	0.97	12ϕ18	1.22	12ϕ20	1.51		
	750	262500	2ϕ16	0.21	12ϕ16	0.92	12ϕ18	1.16	12ϕ20	1.44		
	800	275000	2ϕ16	0.20	12ϕ16	0.88	12ϕ18	1.11	12ϕ20	1.37		
600	600	237500	2ϕ14	0.21	12ϕ14	0.78	12ϕ16	1.02	12ϕ18	1.29		
	650	250000	2ϕ16	0.25	12ϕ16	0.97	12ϕ18	1.22	12ϕ20	1.51		
	700	262500	2ϕ16	0.23	12ϕ16	0.92	12ϕ18	1.16	12ϕ20	1.44		
	750	275000	2ϕ16	0.21	12ϕ16	0.88	12ϕ18	1.11	12ϕ20	1.37		
	800	287500	2ϕ16	0.20	12ϕ16	0.84	12ϕ18	1.06	12ϕ20	1.31		
650	650	262500	2ϕ16	0.25	12ϕ16	0.92	12ϕ18	1.16	12ϕ20	1.44		
	700	275000	2ϕ16	0.23	12ϕ16	0.88	12ϕ18	1.11	12ϕ20	1.37		
	750	287500	2ϕ16	0.21	12ϕ16	0.84	12ϕ18	1.06	12ϕ20	1.31		
	800	300000	2ϕ16	0.20	12ϕ16	0.80	12ϕ18	1.02	12ϕ20	1.26		
700	700	287500	2ϕ16	0.23	12ϕ16	0.84	12ϕ18	1.06	12ϕ20	1.31		
	750	300000	2ϕ16	0.21	12ϕ16	0.80	12ϕ18	1.02	12ϕ20	1.26		
	800	312500	2ϕ16	0.20	12ϕ16	0.77	12ϕ18	0.98	12ϕ20	1.21	12ϕ22	1.46
750	750	312500	2ϕ16	0.21	12ϕ16	0.77	12ϕ18	0.98	12ϕ20	1.21	12ϕ22	1.46
	800	325000	2ϕ16	0.20	12ϕ16	0.74	12ϕ18	0.94	12ϕ20	1.16	12ϕ22	1.40
800	800	337500	2ϕ16	0.20	12ϕ16	0.72	12ϕ18	0.91	12ϕ20	1.12	12ϕ22	1.35

Z 形截面 （$b_c = h_f = 200$mm） 柱满足截面肢端最小配筋率和全截面最小配筋率的纵向钢筋直径表 表 1-2d

b_f （mm）	h_c （mm）	h_c'（mm）	A_c （mm²）	肢端纵筋	肢端 ρ_s （%）	全截面纵筋	ρ （%）	全截面纵筋	ρ （%）
600	400	400	200000	2ϕ16	0.20	12ϕ16	1.21	12ϕ18	1.53
		450	210000	2ϕ18	0.24	12ϕ18	1.45		
		500	220000	2ϕ18	0.23	12ϕ18	1.39		
		550	230000	2ϕ18	0.22	12ϕ18	1.33		
		600	240000	2ϕ18	0.21	12ϕ18	1.27		
	450	450	220000	2ϕ18	0.23	12ϕ18	1.39		
		500	230000	2ϕ18	0.22	12ϕ18	1.33		
		550	240000	2ϕ18	0.21	12ϕ18	1.27		
	500	500	240000	2ϕ18	0.21	12ϕ18	1.27		
650	400	400	210000	2ϕ18	0.24	12ϕ18	1.45		
		450	220000	2ϕ18	0.23	12ϕ18	1.39		
		500	230000	2ϕ18	0.22	12ϕ18	1.33		
		550	240000	2ϕ18	0.21	12ϕ18	1.27		
		600	250000	2ϕ18	0.20	12ϕ18	1.22	12ϕ20	1.51
	450	450	230000	2ϕ18	0.22	12ϕ18	1.33		
		500	240000	2ϕ18	0.21	12ϕ18	1.27		
		550	250000	2ϕ18	0.20	12ϕ18	1.22	12ϕ20	1.51
	500	500	250000	2ϕ18	0.20	12ϕ18	1.22	12ϕ20	1.51

b_f（mm）	h_c（mm）	h_c'（mm）	A_c（mm²）	肢端纵筋	肢端 ρ_s（%）	全截面纵筋	ρ（%）	全截面纵筋	ρ（%）
700	400	400	220000	2φ18	0.23	12φ18	1.39		
		450	230000	2φ18	0.22	12φ18	1.33		
		500	240000	2φ18	0.21	12φ18	1.27		
		550	250000	2φ18	0.20	12φ18	1.22	12φ20	1.51
		600	260000	2φ18	0.20	12φ18	1.17	12φ20	1.45
	450	450	240000	2φ18	0.21	12φ18	1.27		
		500	250000	2φ18	0.20	12φ18	1.22	12φ20	1.51
		550	260000	2φ18	0.20	12φ18	1.17	12φ20	1.45
	500	500	260000	2φ18	0.20	12φ18	1.17	12φ20	1.45
750	400	400	230000	2φ18	0.22	12φ18	1.33		
		450	240000	2φ18	0.21	12φ18	1.27		
		500	250000	2φ18	0.20	12φ18	1.22	12φ20	1.51
		550	260000	2φ18	0.20	12φ18	1.17	12φ20	1.45
		600	270000	2φ20	0.23	12φ20	1.40		
	450	450	250000	2φ18	0.20	12φ18	1.22	12φ20	1.51
		500	260000	2φ18	0.20	12φ18	1.17	12φ20	1.45
		550	270000	2φ20	0.23	12φ20	1.40		
	500	500	270000	2φ20	0.23	12φ20	1.40		

b_f（mm）	h_c（mm）	h_c'(mm)	A_c（mm²）	肢端纵筋	肢端ρ_s（%）	全截面纵筋	ρ（%）	全截面纵筋	ρ（%）
800	400	400	240000	2ϕ18	0.21	12ϕ18	1.27		
		450	250000	2ϕ18	0.20	12ϕ18	1.22	12ϕ20	1.51
		500	260000	2ϕ18	0.20	12ϕ18	1.17	12ϕ20	1.45
		550	270000	2ϕ20	0.23	12ϕ20	1.40		
		600	280000	2ϕ20	0.20	12ϕ20	1.35		
	450	450	260000	2ϕ18	0.20	12ϕ18	1.17	12ϕ20	1.45
		500	270000	2ϕ20	0.23	12ϕ20	1.40		
		550	280000	2ϕ20	0.20	12ϕ20	1.35		
	500	500	280000	2ϕ20	0.20	12ϕ20	1.35		

Z形截面（$b_c=h_f=250$mm）柱满足截面肢端最小配筋率和全截面最小配筋率的纵向钢筋直径表 表 1-2d

b_f（mm）	h_c（mm）	h_c'(mm)	A_c（mm²）	肢端纵筋	肢端ρ_s（%）	全截面纵筋	ρ（%）	全截面纵筋	ρ（%）
700	400	400	250000	2ϕ18	0.20	12ϕ18	1.22	12ϕ20	1.51
		450	262500	2ϕ20	0.24	12ϕ20	1.44		
		500	275000	2ϕ20	0.23	12ϕ20	1.37		
		550	287500	2ϕ20	0.22	12ϕ20	1.31		
		600	300000	2ϕ20	0.21	12ϕ20	1.26		
		650	312500	2ϕ20	0.20	12ϕ20	1.21	12ϕ22	1.46
	450	450	275000	2ϕ20	0.23	12ϕ20	1.37		
		500	287500	2ϕ20	0.22	12ϕ20	1.31		
		550	300000	2ϕ20	0.21	12ϕ20	1.26		
		600	312500	2ϕ20	0.20	12ϕ20	1.21	12ϕ22	1.46

b_f（mm）	h_c（mm）	h_c'(mm)	A_c（mm²）	肢端纵筋	肢端 ρ_s（%）	全截面纵筋	ρ（%）	全截面纵筋	ρ（%）
700	500	500	300000	2ϕ20	0.21	12ϕ20	1.26		
		550	312500	2ϕ20	0.20	12ϕ20	1.21	12ϕ22	1.46
750	400	400	262500	2ϕ20	0.24	12ϕ20	1.44		
		450	275000	2ϕ20	0.23	12ϕ20	1.37		
		500	287500	2ϕ20	0.22	12ϕ20	1.31		
		550	300000	2ϕ20	0.21	12ϕ20	1.26		
		600	312500	2ϕ20	0.20	12ϕ20	1.21	12ϕ22	1.46
		650	325000	2ϕ22	0.23	12ϕ22	1.40		
	450	450	287500	2ϕ20	0.22	12ϕ20	1.31		
		500	300000	2ϕ20	0.21	12ϕ20	1.26		
		550	312500	2ϕ20	0.20	12ϕ20	1.21	12ϕ22	1.46
		600	325000	2ϕ22	0.23	12ϕ22	1.40		
	500	500	312500	2ϕ20	0.20	12ϕ20	1.21	12ϕ22	1.46
		550	325000	2ϕ22	0.23	12ϕ22	1.40		
800	400	400	275000	2ϕ20	0.23	12ϕ20	1.37		
		450	287500	2ϕ20	0.22	12ϕ20	1.31		
		500	300000	2ϕ20	0.21	12ϕ20	1.26		
		550	312500	2ϕ20	0.20	12ϕ20	1.21	12ϕ22	1.46
		600	325000	2ϕ22	0.23	12ϕ22	1.40		
		650	337500	2ϕ22	0.23	12ϕ22	1.35		

b_f (mm)	h_c (mm)	h_c'(mm)	A_c (mm²)	肢端纵筋	肢端 ρ_s (%)	全截面纵筋	ρ (%)	全截面纵筋	ρ (%)
800	450	450	300000	2ϕ20	0.21	12ϕ20	1.26		
		500	312500	2ϕ20	0.20	12ϕ20	1.21	12ϕ22	1.46
		550	325000	2ϕ22	0.23	12ϕ22	1.40		
		600	337500	2ϕ22	0.23	12ϕ22	1.35		
	500	500	325000	2ϕ22	0.23	12ϕ22	1.40		
		550	337500	2ϕ22	0.23	12ϕ22	1.35		

第2章 异形柱受力纵筋和箍筋配置表

2.1 编制说明及例题

遵照《混凝土异形柱结构技术规程》第 6.2.3 条 2 款，截面折角处的钢筋为纵向受力钢筋，当钢筋根数较多时，可采取《规程》图 6.2.4 方式布筋，即本书表 1-1 中图示。本书表 1-1 中图示只画出了纵向受力钢筋，即截面两正交肢交叉处和肢端处的纵向钢筋为纵向受力钢筋。不在截面两正交肢交叉处和肢端处的纵向钢筋为纵向构造钢筋，其直径可取 12mm，其截面积不能算在纵筋配筋率中。表中 ϕ 仅代表钢筋直径，不代表钢筋种类。表中 S_z 为纵向钢筋间距（mm）。

（1）截面尺寸范围

长肢长≤800mm，原因是异形柱不允许采用极短柱（剪跨比 $\lambda < 1.5$），住宅柱净高不得小于 $2 \times 1.5 \times 800mm = 2400mm$，如长肢>800mm 就会出现极短柱。短肢长≥400mm，且 L、T、十字形截面长短肢长比≥1.6，以避免计算这三种形状截面异形柱的斜向受剪承载力[?]。

（2）纵筋直径

按照《规程》规定，受力钢筋直径 14～25mm。全截面最小配筋率≥0.6%，肢端最小配筋率≥0.2%。最大配筋率≤4%。涵盖了 400MPa、500MPa 钢种，非抗震和各抗震等级，角柱、非角柱各情况。

（3）配箍率计算

箍筋保护层厚度均取 20mm，不论混凝土强度等级是否不低于 C40。核心区面积 A_{cor} 按《混凝土结构设计规范》GB 50010—2010 第 11.4.17 条 1 款和第 6.6.3 条取"从箍筋内边缘算起的箍筋包裹范围内的混凝土核心面积"。计算中扣除了重叠部分的箍筋体积。柱箍筋间距均按@100 编制，当箍筋间距 $s\neq100$mm 时，则 $\rho_v=100\rho_{v,100}/s$。

（4）非加密区箍筋间距见本书 4 章的说明及其表格。

针对某软件将纵向钢筋分为"固定钢筋（即《规程》规定的纵向受力钢筋）"和"分布钢筋（即《规程》规定的纵向构造钢筋）"，使用表 2-1、表 2-2、表 2-3 或表 2-4 选筋时，先配"分布钢筋"，就是按《规程》构造纵筋位置配置 $\phi12$ 的纵向构造钢筋，当其总面积不小于"分布钢筋"面积时，即认为满足计算要求；否则，将"分布钢筋"比已配构造纵筋多出的面积，累加进"固定钢筋"面积值，用此值去配纵向受力钢筋。

构造纵筋	$2\phi12$	$4\phi12$	$6\phi12$	$8\phi12$
截面面积（cm²）	2.3	4.5	6.8	9.0

各形状截面纵向受力钢筋位置示意图和总根数见表 1-1。

例题：

【**例 1**】 二级抗震等级的 L 形柱，混凝土强度等级 C45，柱肢厚度 200mm，柱肢长度两向均为 600mm，柱轴压比 0.48，计算纵向受力钢筋（有些计算软件称为"固定钢筋"）面积 29cm²，计算纵向构造钢筋（有些计算软件称为"分布钢筋"）面积 4.2cm²，用 HPB300 箍筋，计算箍筋面积 1.4cm²（箍筋间距@100），试选配钢筋。

【**解**】 查本书表 3-1a，用插值法得规程要求的最小配箍率 $\rho_v = 1.407 + 0.03 \times (1.641 - 1.407)/(0.50 - 0.45) = 1.547\%$，选用本书表 2-1 序号 52 截面，4$\phi$12 纵向构造钢筋面积 4.5cm²＞4.2cm²，纵向受力钢筋 8ϕ18 面积 30.41cm²＞29cm²，箍筋、拉筋 ϕ10@100，$\rho_v = 1.761\% ＞ 1.547\%$，2$\phi$10 箍筋面积＝1.57cm²＞1.4cm²，箍（拉）筋肢距≤200mm，符合要求。

【**例 2**】 三级抗震等级的 T 形柱，混凝土强度等级 C35，柱肢厚度 200mm，翼缘向柱肢长度 500mm、腹板向肢长 800mm，柱轴压比 0.66，计算纵向受力钢筋面积 24cm²，计算纵向构造钢筋（有些计算软件称为"分布钢筋"）面积 4.4cm²，用 HPB300 箍筋，计算箍筋面积 1.3cm²（箍筋间距@100），试选配钢筋。

【**解**】 查本书表 3-1b，用插值法得规程要求的最小配箍率 $\rho_v = 1.361 + 0.01 \times (1.484 - 1.361)/(0.70 - 0.65) = 1.386\%$，选用本书表 2-2 序号 36 截面，4$\phi$12 纵向构造钢筋面积 4.5cm²＞4.4cm²，纵向受力钢筋 12ϕ16 面积 24.13cm²＞24cm²，箍筋、拉筋 ϕ10@100，$\rho_v = 1.78\% ＞ 1.386\%$，2$\phi$10 箍筋面积＝1.57cm²＞1.3cm²，箍（拉）筋肢距≤250mm，符合要求。

【**例 3**】 四级抗震等级的十字形柱，混凝土强度等级 C30，柱肢厚度 250mm，一向柱肢长 650mm，另一向肢长 800mm，柱轴压比 0.77，计算纵向受力钢筋面积 27cm²，计算纵向构造钢筋（有些计算软件称为"分布钢筋")面积 $4.0cm^2$，用 HPB400 箍筋，计算箍筋面积 $0.9cm^2$（箍筋间距@100），试选配钢筋。

【解】 查本书表 3-1c，用插值法得规程要求的最小配箍率 $\rho_v=1.299+0.01\times(1.546-1.299)/(0.80-0.75)=1.398\%$，选用本书表 2-3 序号 120$^{\#}$ 截面，4ϕ12 纵向构造钢筋面积 $4.5cm^2>4.0cm^2$，纵向受力钢筋 12ϕ18 面积 $30.54cm^2>27cm^2$，箍筋、拉筋 ϕ10@100，$\rho_v=1.414\%>1.398\%$，2ϕ10 箍筋面积 $=1.57cm^2>0.9cm^2$，箍（拉）筋肢距 $\leqslant250mm$，符合要求。

2.2 L 形柱配筋表

L 形柱配筋表

表 2-1

序号	截面钢筋布置	纵力受力钢筋			箍筋@100	
		根数 ϕ 直径	A_s（mm^2）	ρ（%）	ϕ 直径	ρ_v（%）
1		8ϕ14	1231	1.026	ϕ6	0.655
		8ϕ16	1608	1.340	ϕ8	1.196
		8ϕ18	2036	1.696	ϕ10	1.922
		8ϕ20	2513	2.094		
		8ϕ22	3041	2.534		

序号	截面钢筋布置	纵力受力钢筋			箍筋@100	
		根数 ϕ 直径	A_s（mm^2）	ρ（%）	ϕ 直径	ρ_v（%）
2	200 200 250 200 200mm<S_z≤250mm	8ϕ14	1231	0.947	ϕ6	0.632
		8ϕ16	1608	1.237	ϕ8	1.154
		8ϕ18	2036	1.566	ϕ10	1.854
		8ϕ20	2513	1.933		
		8ϕ22	3041	2.339		
		8ϕ25	3927	3.021		
		12ϕ22	4561	3.508		
3	200 200 250 200 S_z≤200mm	8ϕ14	1231	0.947	ϕ6	0.681
		8ϕ16	1608	1.237	ϕ8	1.243
		8ϕ18	2036	1.566	ϕ10	1.997
		8ϕ20	2513	1.933		
		8ϕ22	3041	2.339		
		8ϕ25	3927	3.021		
		12ϕ22	4561	3.508		

序号	截面钢筋布置	纵力受力钢筋			箍筋@100	
		根数 ϕ 直径	A_s （mm²）	ρ （%）	ϕ 直径	ρ_v （%）
4	 250mm<S_z≤300mm	8ϕ14	1231	0.879	ϕ6	0.613
		8ϕ16	1608	1.149	ϕ8	1.119
		8ϕ18	2036	1.454	ϕ10	1.797
		8ϕ20	2513	1.795		
		8ϕ22	3041	2.172		
		8ϕ25	3927	2.805		
		12ϕ22	4561	3.258		
5	 S_z≤200mm	8ϕ14	1231	0.879	ϕ6	0.658
		8ϕ16	1608	1.149	ϕ8	1.201
		8ϕ18	2036	1.454	ϕ10	1.928
		8ϕ20	2513	1.795		
		8ϕ22	3041	2.172		
		8ϕ25	3927	2.805		
		12ϕ22	4561	3.258		

续表

序号	截面钢筋布置	纵力受力钢筋			箍筋@100	
		根数φ直径	A_s（mm^2）	ρ（%）	φ直径	ρ_v（%）
6	200 200 350 200 $S_z \leqslant 200mm$	8φ14	1231	0.821	φ6	0.638
		8φ16	1608	1.072	φ8	1.165
		8φ18	2036	1.357	φ10	1.870
		8φ20	2513	1.675		
		8φ22	3041	2.027		
		8φ25	3927	2.618		
		12φ22	4561	3.041		
		12φ25	5891	3.927		
7	200 200 400 200 $S_z \leqslant 200mm$	8φ16	1608	1.005	φ6	0.621
		8φ18	2036	1.273	φ8	1.134
		8φ20	2513	1.571	φ10	1.819
		8φ22	3041	1.901		
		8φ25	3927	2.454		
		12φ22	4561	2.851		
		12φ25	5891	3.682		

序号	截面钢筋布置	纵力受力钢筋				箍筋@100	
		根数ϕ直径	A_s（mm^2）	ρ（%）		ϕ直径	ρ_v（%）
8	200 200 450 200 200mm<S_z≤250mm	8ϕ16	1608	0.946		ϕ6	0.606
		8ϕ18	2036	1.198		ϕ8	1.106
		8ϕ20	2513	1.478		ϕ10	1.775
		8ϕ22	3041	1.789			
		8ϕ25	3927	2.310			
		12ϕ22	4561	2.683			
		12ϕ25	5891	3.465			
9	200 200 450 200 S_z≤200mm	8ϕ16	1608	0.946		ϕ6	0.643
		8ϕ18	2036	1.198		ϕ8	1.173
		8ϕ20	2513	1.478		ϕ10	1.882
		8ϕ22	3041	1.789			
		8ϕ25	3927	2.310			
		12ϕ22	4561	2.683			
		12ϕ25	5891	3.465			

序号	截面钢筋布置	纵力受力钢筋			箍筋@100	
		根数 ϕ 直径	A_s (mm²)	ρ (%)	ϕ 直径	ρ_v (%)
10	200mm<S_z≤250mm	8ϕ14	1231	0.879	ϕ6	0.703
		8ϕ16	1608	1.149	ϕ8	1.284
		8ϕ18	2036	1.454	ϕ10	1.797
		8ϕ20	2513	1.795		
		8ϕ22	3041	2.172		
		8ϕ25	3927	2.805		
		12ϕ22	4561	3.258		
11	S_z≤200mm	8ϕ14	1231	0.879	ϕ6	0.730
		8ϕ16	1608	1.149	ϕ8	1.333
		8ϕ18	2036	1.454	ϕ10	2.060
		8ϕ20	2513	1.795		
		8ϕ22	3041	2.172		
		8ϕ25	3927	2.805		
		12ϕ22	4561	3.258		

序号	截面钢筋布置	纵力受力钢筋				箍筋@100	
		根数 ϕ 直径	A_s (mm²)	ρ (%)		ϕ 直径	ρ_v (%)
12	 250mm＜S_z≤300mm	8ϕ14	1231	0.821		ϕ6	0.596
		8ϕ16	1608	1.072		ϕ8	1.088
		8ϕ18	2036	1.357		ϕ10	1.748
		8ϕ20	2513	1.675			
		8ϕ22	3041	2.027			
		8ϕ25	3927	2.618			
		12ϕ22	4561	3.041			
		12ϕ25	5891	3.927			
13	 200mm＜S_z≤250mm	8ϕ14	1231	0.821		ϕ6	0.638
		8ϕ16	1608	1.072		ϕ8	1.165
		8ϕ18	2036	1.357		ϕ10	1.870
		8ϕ20	2513	1.675			
		8ϕ22	3041	2.027			
		8ϕ25	3927	2.618			
		12ϕ22	4561	3.041			
		12ϕ25	5891	3.927			

序号	截面钢筋布置	纵力受力钢筋			箍筋@100	
		根数ϕ直径	A_s（mm²）	ρ（%）	ϕ直径	ρ_v（%）
14	$S_z \leqslant 200$mm	8ϕ14	1231	0.821	ϕ6	0.680
		8ϕ16	1608	1.072	ϕ8	1.241
		8ϕ18	2036	1.357	ϕ10	1.992
		8ϕ20	2513	1.675		
		8ϕ22	3041	2.027		
		8ϕ25	3927	2.618		
		12ϕ22	4561	3.041		
		12ϕ25	5891	3.927		
15	200mm<S_z≤250mm	8ϕ16	1608	1.005	ϕ6	0.621
		8ϕ18	2036	1.273	ϕ8	1.134
		8ϕ20	2513	1.571	ϕ10	1.819
		8ϕ22	3041	1.901		
		8ϕ25	3927	2.454		
		12ϕ22	4561	2.851		
		12ϕ25	5891	3.682		
16	$S_z \leqslant 200$mm	8ϕ16	1608	1.005	ϕ6	0.660
		8ϕ18	2036	1.273	ϕ8	1.205
		8ϕ20	2513	1.571	ϕ10	1.933
		8ϕ22	3041	1.901		
		8ϕ25	3927	2.454		
		12ϕ22	4561	2.851		
		12ϕ25	5891	3.682		

序号	截面钢筋布置	纵力受力钢筋			箍筋@100	
		根数ϕ直径	A_s（mm²）	ρ（%）	ϕ直径	ρ_v（%）
17	 200 250 400 200 200mm<S_z≤250mm	8ϕ16	1608	0.946	ϕ6	0.606
		8ϕ18	2036	1.198	ϕ8	1.106
		8ϕ20	2513	1.478	ϕ10	1.775
		8ϕ22	3041	1.789		
		8ϕ25	3927	2.310		
		12ϕ22	4561	2.683		
		12ϕ25	5891	3.465		
18	 200 250 400 200 S_z≤200mm	8ϕ16	1608	0.946	ϕ6	0.643
		8ϕ18	2036	1.198	ϕ8	1.173
		8ϕ20	2513	1.478	ϕ10	1.882
		8ϕ22	3041	1.789		
		8ϕ25	3927	2.310		
		12ϕ22	4561	2.683		
		12ϕ25	5891	3.465		

序号	截面钢筋布置	纵力受力钢筋			箍筋@100	
		根数ϕ直径	A_s（mm²）	ρ（%）	ϕ直径	ρ_v（%）
19	200 250 450 200 200mm<S_z≤250mm	8ϕ16	1608	0.893	ϕ6	0.593
		8ϕ18	2036	1.131	ϕ8	1.082
		8ϕ20	2513	1.396	ϕ10	1.736
		8ϕ22	3041	1.689		
		8ϕ25	3927	2.182		
		12ϕ22	4561	2.534		
		12ϕ25	5891	3.273		
20	200 250 450 200 S_z≤200mm	8ϕ16	1608	0.893	ϕ6	0.662
		8ϕ18	2036	1.131	ϕ8	1.208
		8ϕ20	2513	1.396	ϕ10	1.937
		8ϕ22	3041	1.689		
		8ϕ25	3927	2.182		
		12ϕ22	4561	2.534		
		12ϕ25	5891	3.273		

序号	截面钢筋布置	纵力受力钢筋			箍筋@100	
		根数ϕ直径	A_s（mm²）	ρ（%）	ϕ直径	ρ_v（%）
21	200mm<S_z≤250mm	$8\phi16$	1608	0.846	$\phi6$	0.581
		$8\phi18$	2036	1.072	$\phi8$	1.060
		$8\phi20$	2513	1.323	$\phi10$	1.702
		$8\phi22$	3041	1.601		
		$8\phi25$	3927	2.067		
		$12\phi22$	4561	2.401		
		$12\phi25$	5891	3.101		
22	S_z≤200mm	$8\phi16$	1608	0.846	$\phi6$	0.647
		$8\phi18$	2036	1.072	$\phi8$	1.179
		$8\phi20$	2513	1.323	$\phi10$	1.891
		$8\phi22$	3041	1.601		
		$8\phi25$	3927	2.067		
		$12\phi22$	4561	2.401		
		$12\phi25$	5891	3.101		

序号	截面钢筋布置	纵力受力钢筋			箍筋@100	
		根数ϕ直径	A_s（mm²）	ρ（%）	ϕ直径	ρ_v（%）
23	200 250 550 200 250mm<S_z≤300mm	8ϕ16	1608	0.804	ϕ6	0.571
		8ϕ18	2036	1.018	ϕ8	1.041
		8ϕ20	2513	1.257	ϕ10	1.671
		8ϕ22	3041	1.521		
		8ϕ25	3927	2.067		
		12ϕ22	4561	2.401		
		12ϕ25	5891	3.101		
24	200 250 550 200 200mm<S_z≤250mm	8ϕ16	1608	0.804	ϕ6	0.602
		8ϕ18	2036	1.018	ϕ8	1.097
		8ϕ20	2513	1.257	ϕ10	1.761
		8ϕ22	3041	1.521		
		8ϕ25	3927	2.067		
		12ϕ22	4561	2.401		
		12ϕ25	5891	3.101		

序号	截面钢筋布置	纵力受力钢筋			箍筋@100	
		根数 ϕ 直径	A_s（mm²）	ρ（%）	ϕ 直径	ρ_v（%）
25	200 250 550 200 $S_z \leqslant 200mm$	$8\phi16$	1608	0.804	$\phi6$	0.633
		$8\phi18$	2036	1.018	$\phi8$	1.154
		$8\phi20$	2513	1.257	$\phi10$	1.850
		$8\phi22$	3041	1.521		
		$8\phi25$	3927	2.067		
		$12\phi22$	4561	2.401		
		$12\phi25$	5891	3.101		
26	200 300 300 200 $250mm < S_z \leqslant 300mm$	$8\phi16$	1608	1.005	$\phi6$	0.582
		$8\phi18$	2036	1.273	$\phi8$	1.062
		$8\phi20$	2513	1.571	$\phi10$	1.706
		$8\phi22$	3041	1.901		
		$8\phi25$	3927	2.454		
		$12\phi22$	4561	2.851		
		$12\phi25$	5891	3.682		

序号	截面钢筋布置	纵力受力钢筋			箍筋@100	
		根数 ϕ 直径	A_s（mm²）	ρ（%）	ϕ 直径	ρ_v（%）
27	200 300 300 200 $S_z \leqslant 200mm$	8ϕ16	1608	1.005	ϕ6	0.660
		8ϕ18	2036	1.273	ϕ8	1.205
		8ϕ20	2513	1.571	ϕ10	1.933
		8ϕ22	3041	1.901		
		8ϕ25	3927	2.454		
		12ϕ22	4561	2.851		
		12ϕ25	5891	3.682		
28	200 300 350 200 $250mm < S_z \leqslant 300mm$	8ϕ16	1608	0.946	ϕ6	0.606
		8ϕ18	2036	1.198	ϕ8	1.106
		8ϕ20	2513	1.478	ϕ10	1.775
		8ϕ22	3041	1.789		
		8ϕ25	3927	2.310		
		12ϕ22	4561	2.683		
		12ϕ25	5891	3.465		

序号	截面钢筋布置	纵力受力钢筋			箍筋@100	
		根数 ϕ 直径	A_s（mm²）	ρ（％）	ϕ 直径	ρ_v（％）
29	200 | 300 350 200 $S_z \leqslant 200\text{mm}$	$8\phi16$	1608	0.946	$\phi6$	0.643
		$8\phi18$	2036	1.198	$\phi8$	1.173
		$8\phi20$	2513	1.478	$\phi10$	1.882
		$8\phi22$	3041	1.789		
		$8\phi25$	3927	2.310		
		$12\phi22$	4561	2.683		
		$12\phi25$	5891	3.465		
30	200 | 300 400 200 $250\text{mm} < S_z \leqslant 300\text{mm}$	$8\phi16$	1608	0.893	$\phi6$	0.593
		$8\phi18$	2036	1.131	$\phi8$	1.082
		$8\phi20$	2513	1.396	$\phi10$	1.736
		$8\phi22$	3041	1.689		
		$8\phi25$	3927	2.182		
		$12\phi22$	4561	2.534		
		$12\phi25$	5891	3.273		

序号	截面钢筋布置	纵力受力钢筋			箍筋@100	
		根数ϕ直径	A_s（mm²）	ρ（%）	ϕ直径	ρ_v（%）
31	200 | 300 400 200 $S_z \leqslant 200mm$	8ϕ16	1608	0.893	ϕ6	0.628
		8ϕ18	2036	1.131	ϕ8	1.145
		8ϕ20	2513	1.396	ϕ10	1.837
		8ϕ22	3041	1.689		
		8ϕ25	3927	2.182		
		12ϕ22	4561	2.534		
		12ϕ25	5891	3.273		
32	200 | 300 450 200 $250mm < S_z \leqslant 300mm$	8ϕ16	1608	0.846	ϕ6	0.581
		8ϕ18	2036	1.072	ϕ8	1.060
		8ϕ20	2513	1.323	ϕ10	1.702
		8ϕ22	3041	1.601		
		8ϕ25	3927	2.067		
		12ϕ22	4561	2.401		
		12ϕ25	5891	3.101		

序号	截面钢筋布置	纵力受力钢筋			箍筋@100	
		根数 ϕ 直径	A_s（mm²）	ρ（%）	ϕ 直径	ρ_v（%）
33	200mm<S_z≤250mm	8ϕ16	1608	0.846	ϕ6	0.614
		8ϕ18	2036	1.072	ϕ8	1.120
		8ϕ20	2513	1.323	ϕ10	1.796
		8ϕ22	3041	1.601		
		8ϕ25	3927	2.067		
		12ϕ22	4561	2.401		
		12ϕ25	5891	3.101		
34	S_z≤200mm	8ϕ16	1608	0.846	ϕ6	0.647
		8ϕ18	2036	1.072	ϕ8	1.179
		8ϕ20	2513	1.323	ϕ10	1.891
		8ϕ22	3041	1.601		
		8ϕ25	3927	2.067		
		12ϕ22	4561	2.401		
		12ϕ25	5891	3.101		

序号	截面钢筋布置	纵力受力钢筋			箍筋@100	
		根数 ϕ 直径	A_s (mm²)	ρ (%)	ϕ 直径	ρ_v (%)
35	250mm<S_z≤300mm	8ϕ16	1608	0.804	ϕ6	0.571
		8ϕ18	2036	1.018	ϕ8	1.041
		8ϕ20	2513	1.257	ϕ10	1.671
		8ϕ22	3041	1.521		
		8ϕ25	3927	2.067		
		12ϕ22	4561	2.401		
		12ϕ25	5891	3.101		
36	200mm<S_z≤250mm	8ϕ16	1608	0.804	ϕ6	0.593
		8ϕ18	2036	1.018	ϕ8	1.082
		8ϕ20	2513	1.257	ϕ10	1.736
		8ϕ22	3041	1.521		
		8ϕ25	3927	2.067		
		12ϕ22	4561	2.401		
		12ϕ25	5891	3.101		

序号	截面钢筋布置	纵力受力钢筋			箍筋@100	
		根数ϕ直径	A_s（mm²）	ρ（%）	ϕ直径	ρ_v（%）
37	 $S_z \leqslant 200$mm	8ϕ16	1608	0.804	ϕ6	0.633
		8ϕ18	2036	1.018	ϕ8	1.154
		8ϕ20	2513	1.257	ϕ10	1.850
		8ϕ22	3041	1.521		
		8ϕ25	3927	2.067		
		12ϕ22	4561	2.401		
		12ϕ25	5891	3.101		
38	 250mm<$S_z \leqslant 300$mm	8ϕ18	2036	0.970	ϕ6	0.561
		8ϕ20	2513	1.197	ϕ8	1.024
		8ϕ22	3041	1.448	ϕ10	1.643
		8ϕ25	3927	1.870		
		12ϕ22	4561	2.172		
		12ϕ25	5891	2.805		

序号	截面钢筋布置	纵力受力钢筋			箍筋@100	
		根数 ϕ 直径	A_s（mm²）	ρ（%）	ϕ 直径	ρ_v（%）
39	200 300 550 200 $S_z \leqslant 200mm$	8ϕ18	2036	0.970	ϕ6	0.620
		8ϕ20	2513	1.197	ϕ8	1.131
		8ϕ22	3041	1.448	ϕ10	1.813
		8ϕ25	3927	1.870		
		12ϕ22	4561	2.172		
		12ϕ25	5891	2.805		
40	200 300 600 200 $250mm<S_z \leqslant 300mm$	8ϕ18	2036	0.925	ϕ6	0.553
		8ϕ20	2513	1.142	ϕ8	1.008
		8ϕ22	3041	1.382	ϕ10	1.618
		8ϕ25	3927	1.785		
		12ϕ22	4561	2.073		
		12ϕ25	5891	2.678		

序号	截面钢筋布置	纵力受力钢筋			箍筋@100	
		根数 ϕ 直径	A_s（mm²）	ρ（%）	ϕ 直径	ρ_v（%）
41	$S_z \leqslant 200\text{mm}$	8ϕ18	2036	0.925	ϕ6	0.609
		8ϕ20	2513	1.142	ϕ8	1.110
		8ϕ22	3041	1.382	ϕ10	1.780
		8ϕ25	3927	1.785		
		12ϕ22	4561	2.073		
		12ϕ25	5891	2.678		
42	$S_z \leqslant 200\text{mm}$	8ϕ16	1608	0.893	ϕ6	0.628
		8ϕ18	2036	1.131	ϕ8	1.145
		8ϕ20	2513	1.396	ϕ10	1.837
		8ϕ22	3041	1.689		
		8ϕ25	3927	2.182		
		12ϕ22	4561	2.534		
		12ϕ25	5891	3.273		

序号	截面钢筋布置	纵力受力钢筋			箍筋@100	
		根数 ϕ 直径	A_s（mm²）	ρ（%）	ϕ 直径	ρ_v（%）
43	 $S_z \leqslant 200mm$	8ϕ16	1608	0.846	ϕ6	0.614
		8ϕ18	2036	1.072	ϕ8	1.120
		8ϕ20	2513	1.323	ϕ10	1.796
		8ϕ22	3041	1.601		
		8ϕ25	3927	2.067		
		12ϕ22	4561	2.401		
		12ϕ25	5891	3.101		
44	 200mm$<$S_z$\leqslant$250mm	8ϕ16	1608	0.804	ϕ6	0.602
		8ϕ18	2036	1.018	ϕ8	1.097
		8ϕ20	2513	1.257	ϕ10	1.761
		8ϕ22	3041	1.521		
		8ϕ25	3927	2.067		
		12ϕ22	4561	2.401		
		12ϕ25	5891	3.101		

序号	截面钢筋布置	纵力受力钢筋			箍筋@100	
		根数 ϕ 直径	A_s （mm²）	ρ （%）	ϕ 直径	ρ_v （%）
45	200 350 450 200 $S_z \leqslant 200\text{mm}$	8ϕ16	1608	0.804	ϕ6	0.633
		8ϕ18	2036	1.018	ϕ8	1.154
		8ϕ20	2513	1.257	ϕ10	1.850
		8ϕ22	3041	1.521		
		8ϕ25	3927	2.067		
		12ϕ22	4561	2.401		
		12ϕ25	5891	3.101		
46	200 350 500 200 $200\text{mm}<S_z \leqslant 250\text{mm}$	8ϕ18	2036	0.970	ϕ6	0.591
		8ϕ20	2513	1.197	ϕ8	1.077
		8ϕ22	3041	1.448	ϕ10	1.728
		8ϕ25	3927	1.870		
		12ϕ22	4561	2.172		
		12ϕ25	5891	2.805		

序号	截面钢筋布置	纵力受力钢筋			箍筋@100	
		根数 ϕ 直径	A_s（mm²）	ρ（%）	ϕ 直径	ρ_v（%）
47	$S_z \leqslant 200mm$	8ϕ18	2036	0.970	ϕ6	0.620
		8ϕ20	2513	1.197	ϕ8	1.131
		8ϕ22	3041	1.448	ϕ10	1.813
		8ϕ25	3927	1.870		
		12ϕ22	4561	2.172		
		12ϕ25	5891	2.805		
48	$250mm < S_z \leqslant 300mm$	8ϕ18	2036	0.925	ϕ6	0.581
		8ϕ20	2513	1.142	ϕ8	1.059
		8ϕ22	3041	1.382	ϕ10	1.699
		8ϕ25	3927	1.785		
		12ϕ22	4561	2.073		
		12ϕ25	5891	2.678		

序号	截面钢筋布置	纵力受力钢筋			箍筋@100	
		根数 ϕ 直径	A_s（mm²）	ρ（%）	ϕ 直径	ρ_v（%）
49	200 350 550 200 $S_z \leqslant 200mm$	8ϕ18	2036	0.925	ϕ6	0.609
		8ϕ20	2513	1.142	ϕ8	1.110
		8ϕ22	3041	1.382	ϕ10	1.780
		8ϕ25	3927	1.785		
		12ϕ22	4561	2.073		
		12ϕ25	5891	2.678		
50	200 350 600 200 250mm$<S_z \leqslant 300mm$	8ϕ18	2036	0.885	ϕ6	0.572
		8ϕ20	2513	1.093	ϕ8	1.043
		8ϕ22	3041	1.322	ϕ10	1.673
		8ϕ25	3927	1.707		
		12ϕ22	4561	1.983		
		12ϕ25	5891	2.561		

序号	截面钢筋布置	纵力受力钢筋			箍筋@100	
		根数ϕ直径	A_s（mm²）	ρ（%）	ϕ直径	ρ_v（%）
51	$S_z \leqslant 200\text{mm}$	8ϕ18	2036	0.885	ϕ6	0.599
		8ϕ20	2513	1.093	ϕ8	1.091
		8ϕ22	3041	1.322	ϕ10	1.750
		8ϕ25	3927	1.707		
		12ϕ22	4561	1.983		
		12ϕ25	5891	2.561		
52	$S_z \leqslant 200\text{mm}$	8ϕ16	1608	0.804	ϕ6	0.602
		8ϕ18	2036	1.018	ϕ8	1.097
		8ϕ20	2513	1.257	ϕ10	1.761
		8ϕ22	3041	1.521		
		8ϕ25	3927	2.067		
		12ϕ22	4561	2.401		
		12ϕ25	5891	3.101		

序号	截面钢筋布置	纵力受力钢筋			箍筋@100	
		根数ϕ直径	A_s（mm²）	ρ（%）	ϕ直径	ρ_v（%）
53	200mm<S_z≤250mm	8ϕ18	2036	0.970	ϕ6	0.591
		8ϕ20	2513	1.197	ϕ8	1.077
		8ϕ22	3041	1.448	ϕ10	1.728
		8ϕ25	3927	1.870		
		12ϕ22	4561	2.172		
		12ϕ25	5891	2.805		
54	S_z≤200mm	8ϕ18	2036	0.970	ϕ6	0.620
		8ϕ20	2513	1.197	ϕ8	1.131
		8ϕ22	3041	1.448	ϕ10	1.813
		8ϕ25	3927	1.870		
		12ϕ22	4561	2.172		
		12ϕ25	5891	2.805		

序号	截面钢筋布置	纵力受力钢筋			箍筋@100	
		根数 ϕ 直径	A_s（mm²）	ρ（%）	ϕ 直径	ρ_v（%）
55	200 400 500 200 200mm<S_z≤250mm	8ϕ18	2036	0.925	ϕ6	0.581
		8ϕ20	2513	1.142	ϕ8	1.059
		8ϕ22	3041	1.382	ϕ10	1.699
		8ϕ25	3927	1.785		
		12ϕ22	4561	2.073		
		12ϕ25	5891	2.678		
56	200 400 500 200 S_z≤200mm	8ϕ18	2036	0.925	ϕ6	0.609
		8ϕ20	2513	1.142	ϕ8	1.110
		8ϕ22	3041	1.382	ϕ10	1.780
		8ϕ25	3927	1.785		
		12ϕ22	4561	2.073		
		12ϕ25	5891	2.678		

序号	截面钢筋布置	纵力受力钢筋			箍筋@100	
		根数ϕ直径	A_s（mm²）	ρ（%）	ϕ直径	ρ_v（%）
57	200 400 550 200 250mm<S_z≤300mm	8ϕ18	2036	0.885	ϕ6	0.572
		8ϕ20	2513	1.093	ϕ8	1.043
		8ϕ22	3041	1.322	ϕ10	1.673
		8ϕ25	3927	1.707		
		12ϕ22	4561	1.983		
		12ϕ25	5891	2.561		
58	200 400 550 200 S_z≤200mm	8ϕ18	2036	0.885	ϕ6	0.599
		8ϕ20	2513	1.093	ϕ8	1.091
		8ϕ22	3041	1.322	ϕ10	1.750
		8ϕ25	3927	1.707		
		12ϕ22	4561	1.983		
		12ϕ25	5891	2.561		

序号	截面钢筋布置	纵力受力钢筋			箍筋@100	
		根数 ϕ 直径	A_s（mm²）	ρ（%）	ϕ 直径	ρ_v（%）
59	200 400 600 200 250mm<S_z≤300mm	8ϕ18	2036	0.849	ϕ6	0.563
		8ϕ20	2513	1.047	ϕ8	1.028
		8ϕ22	3041	1.267	ϕ10	1.649
		8ϕ25	3927	1.636		
		12ϕ22	4561	1.900		
		12ϕ25	5891	2.455		
60	200 400 600 200 S_z≤200mm	8ϕ18	2036	0.849	ϕ6	0.589
		8ϕ20	2513	1.047	ϕ8	1.074
		8ϕ22	3041	1.267	ϕ10	1.722
		8ϕ25	3927	1.636		
		12ϕ22	4561	1.900		
		12ϕ25	5891	2.455		

序号	截面钢筋布置	纵力受力钢筋			箍筋@100	
		根数φ直径	A_s（mm²）	ρ（%）	φ直径	ρ_v（%）
61	200 450 450 200 200mm<S_z≤250mm	8φ18	2036	0.925	φ6	0.581
		8φ20	2513	1.142	φ8	1.059
		8φ22	3041	1.382	φ10	1.699
		8φ25	3927	1.785		
		12φ22	4561	2.073		
		12φ25	5891	2.678		
62	200 450 450 200 S_z≤200mm	8φ18	2036	0.925	φ6	0.637
		8φ20	2513	1.142	φ8	1.161
		8φ22	3041	1.382	φ10	1.861
		8φ25	3927	1.785		
		12φ22	4561	2.073		
		12φ25	5891	2.678		

序号	截面钢筋布置	纵力受力钢筋			箍筋@100	
		根数φ直径	A_s（mm²）	ρ（%）	φ直径	ρ_v（%）
63	 200mm<S_z≤250mm	8φ18	2036	0.885	φ6	0.572
		8φ20	2513	1.093	φ8	1.043
		8φ22	3041	1.322	φ10	1.673
		8φ25	3927	1.707		
		12φ22	4561	1.983		
		12φ25	5891	2.561		
64	 S_z≤200mm	8φ18	2036	0.885	φ6	0.625
		8φ20	2513	1.093	φ8	1.140
		8φ22	3041	1.322	φ10	1.827
		8φ25	3927	1.707		
		12φ22	4561	1.983		
		12φ25	5891	2.561		

序号	截面钢筋布置	纵力受力钢筋			箍筋@100	
		根数 ϕ 直径	A_s（mm²）	ρ（%）	ϕ 直径	ρ_v（%）
65	200 450 550 200 250mm<S_z≤300mm	8ϕ18	2036	0.849	ϕ6	0.563
		8ϕ20	2513	1.047	ϕ8	1.028
		8ϕ22	3041	1.267	ϕ10	1.649
		8ϕ25	3927	1.636		
		12ϕ22	4561	1.900		
		12ϕ25	5891	2.455		
66	200 450 550 200 200mm<S_z≤250mm	8ϕ18	2036	0.849	ϕ6	0.589
		8ϕ20	2513	1.047	ϕ8	1.074
		8ϕ22	3041	1.267	ϕ10	1.722
		8ϕ25	3927	1.636		
		12ϕ22	4561	1.900		
		12ϕ25	5891	2.455		

序号	截面钢筋布置	纵力受力钢筋			箍筋@100	
		根数 ϕ 直径	A_s（mm²）	ρ（%）	ϕ 直径	ρ_v（%）
67	⌐200⌐ 450 ⌐ 550 200 $S_z \leqslant 200\text{mm}$	8ϕ18	2036	0.849	ϕ6	0.615
		8ϕ20	2513	1.047	ϕ8	1.120
		8ϕ22	3041	1.267	ϕ10	1.796
		8ϕ25	3927	1.636		
		12ϕ22	4561	1.900		
		12ϕ25	5891	2.455		
68	⌐200⌐ 450 ⌐ 600 200 $250\text{mm} < S_z \leqslant 300\text{mm}$	8ϕ18	2036	0.814	ϕ6	0.556
		8ϕ20	2513	1.005	ϕ8	1.014
		8ϕ22	3041	1.216	ϕ10	1.626
		8ϕ25	3927	1.571		
		12ϕ22	4561	1.824		
		12ϕ25	5891	2.356		

序号	截面钢筋布置	纵力受力钢筋			箍筋@100	
		根数 ϕ 直径	A_s （mm²）	ρ （%）	ϕ 直径	ρ_v （%）
69	200 450 600 200 200mm＜S_z≤250mm	8ϕ18	2036	0.814	ϕ6	0.580
		8ϕ20	2513	1.005	ϕ8	1.058
		8ϕ22	3041	1.216	ϕ10	1.697
		8ϕ25	3927	1.571		
		12ϕ22	4561	1.824		
		12ϕ25	5891	2.356		
70	200 450 600 200 S_z≤200mm	8ϕ18	2036	0.814	ϕ6	0.605
		8ϕ20	2513	1.005	ϕ8	1.103
		8ϕ22	3041	1.216	ϕ10	1.768
		8ϕ25	3927	1.571		
		12ϕ22	4561	1.824		
		12ϕ25	5891	2.356		

序号	截面钢筋布置	纵力受力钢筋			箍筋@100	
		根数φ直径	A_s（mm²）	ρ（%）	φ直径	ρ_v（%）
71	200 500 500 200 200mm<S_z≤250mm	8φ18	2036	0.849	φ6	0.563
		8φ20	2513	1.047	φ8	1.028
		8φ22	3041	1.267	φ10	1.649
		8φ25	3927	1.636		
		12φ22	4561	1.900		
		12φ25	5891	2.455		
72	200 500 500 200 S_z≤200mm	8φ18	2036	0.849	φ6	0.615
		8φ20	2513	1.047	φ8	1.120
		8φ22	3041	1.267	φ10	1.796
		8φ25	3927	1.636		
		12φ22	4561	1.900		
		12φ25	5891	2.455		

序号	截面钢筋布置	纵力受力钢筋			箍筋@100	
		根数ϕ直径	A_s（mm²）	ρ（%）	ϕ直径	ρ_v（%）
73	200 500 550 200 250mm<S_z≤300mm	8ϕ18	2036	0.814	ϕ6	0.556
		8ϕ20	2513	1.005	ϕ8	1.014
		8ϕ22	3041	1.216	ϕ10	1.626
		8ϕ25	3927	1.571		
		12ϕ22	4561	1.824		
		12ϕ25	5891	2.356		
74	200 500 550 200 200mm<S_z≤250mm	8ϕ18	2036	0.814	ϕ6	0.580
		8ϕ20	2513	1.005	ϕ8	1.058
		8ϕ22	3041	1.216	ϕ10	1.697
		8ϕ25	3927	1.571		
		12ϕ22	4561	1.824		
		12ϕ25	5891	2.356		

序号	截面钢筋布置	纵力受力钢筋			箍筋@100	
		根数ϕ直径	A_s（mm²）	ρ（%）	ϕ直径	ρ_v（%）
75	200 500 550 200 $S_z \leqslant 200mm$	8ϕ18	2036	0.814	ϕ6	0.605
		8ϕ20	2513	1.005	ϕ8	1.103
		8ϕ22	3041	1.216	ϕ10	1.768
		8ϕ25	3927	1.571		
		12ϕ22	4561	1.824		
		12ϕ25	5891	2.356		
76	200 500 600 200 $250mm < S_z \leqslant 300mm$	8ϕ20	2513	0.966	ϕ6	0.549
		8ϕ22	3041	1.170	ϕ8	1.001
		8ϕ25	3927	1.510	ϕ10	1.606
		12ϕ22	4561	1.754		
		12ϕ25	5891	2.266		

序号	截面钢筋布置	纵力受力钢筋				箍筋@100	
		根数 ϕ 直径	A_s（mm^2）	ρ（%）		ϕ 直径	ρ_v（%）
77	200mm<S_z≤250mm	8ϕ20	2513	0.966		ϕ6	0.573
		8ϕ22	3041	1.170		ϕ8	1.044
		8ϕ25	3927	1.510		ϕ10	1.674
		12ϕ22	4561	1.754			
		12ϕ25	5891	2.266			
78	S_z≤200mm	8ϕ20	2513	0.966		ϕ6	0.596
		8ϕ22	3041	1.170		ϕ8	1.086
		8ϕ25	3927	1.510		ϕ10	1.742
		12ϕ22	4561	1.754			
		12ϕ25	5891	2.266			

序号	截面钢筋布置	纵力受力钢筋			箍筋@100	
		根数ϕ直径	A_s（mm²）	ρ（%）	ϕ直径	ρ_v（%）
79	200 550 550 200 250mm<S_z≤300mm	8ϕ20	2513	0.966	ϕ6	0.549
		8ϕ22	3041	1.170	ϕ8	1.001
		8ϕ25	3927	1.510	ϕ10	1.606
		12ϕ22	4561	1.754		
		12ϕ25	5891	2.266		
80	200 550 550 200 S_z≤200mm	8ϕ20	2513	0.966	ϕ6	0.596
		8ϕ22	3041	1.170	ϕ8	1.086
		8ϕ25	3927	1.510	ϕ10	1.742
		12ϕ22	4561	1.754		
		12ϕ25	5891	2.266		

序号	截面钢筋布置	纵力受力钢筋			箍筋@100	
		根数 ϕ 直径	A_s（mm²）	ρ（%）	ϕ 直径	ρ_v（%）
81	200 550 600 200 250mm<S_z≤300mm	8ϕ20	2513	0.931	ϕ6	0.543
		8ϕ22	3041	1.126	ϕ8	0.989
		8ϕ25	3927	1.454	ϕ10	1.587
		12ϕ22	4561	1.689		
		12ϕ25	5891	2.182		
82	200 550 600 200 S_z≤200mm	8ϕ20	2513	0.931	ϕ6	0.588
		8ϕ22	3041	1.126	ϕ8	1.071
		8ϕ25	3927	1.454	ϕ10	1.718
		12ϕ22	4561	1.689		
		12ϕ25	5891	2.182		

序号	截面钢筋布置	纵力受力钢筋			箍筋@100	
		根数 ϕ 直径	A_s（mm²）	ρ（%）	ϕ 直径	ρ_v（%）
83	200 600 600 200 250mm<S_z≤300mm	8ϕ20	2513	0.898	ϕ6	0.537
		8ϕ22	3041	1.086	ϕ8	0.979
		8ϕ25	3927	1.403	ϕ10	1.570
		12ϕ22	4561	1.629		
		12ϕ25	5891	2.104		
84	200 600 600 200 S_z≤200mm	8ϕ20	2513	0.898	ϕ6	0.580
		8ϕ22	3041	1.086	ϕ8	1.058
		8ϕ25	3927	1.403	ϕ10	1.696
		12ϕ22	4561	1.629		
		12ϕ25	5891	2.104		
85	250 150 150 250 S_z≤200mm	8ϕ14	1231	0.895	ϕ6	0.582
		8ϕ16	1608	1.169	ϕ8	1.056
		8ϕ18	2036	1.481	ϕ10	1.687
		8ϕ20	2513	1.828		
		8ϕ22	3041	2.212		
		8ϕ25	3927	2.856		
		12ϕ22	4561	3.317		

序号	截面钢筋布置	纵力受力钢筋			箍筋@100	
		根数 ϕ 直径	A_s（mm²）	ρ（%）	ϕ 直径	ρ_v（%）
86	250 | 150 / 200 250 / $S_z \leqslant 200mm$	8ϕ14	1231	0.821	ϕ6	0.555
		8ϕ16	1608	1.072	ϕ8	1.007
		8ϕ18	2036	1.357	ϕ10	1.608
		8ϕ20	2513	1.675		
		8ϕ22	3041	2.027		
		8ϕ25	3927	2.618		
		12ϕ22	4561	3.041		
		12ϕ25	5891	3.927		
87	250 |150/ 250 250 / $200mm < S_z \leqslant 250mm$	8ϕ16	1608	0.990	ϕ6	0.532
		8ϕ18	2036	1.253	ϕ8	0.966
		8ϕ20	2513	1.546	ϕ10	1.541
		8ϕ22	3041	1.871		
		8ϕ25	3927	2.417		
		12ϕ22	4561	2.807		
		12ϕ25	5891	3.625		

74

序号	截面钢筋布置	纵力受力钢筋			箍筋@100	
		根数ϕ直径	A_s（mm²）	ρ（%）	ϕ直径	ρ_v（%）
88	250 150 250 250 $S_z \leqslant 200mm$	8ϕ16	1608	0.990	ϕ6	0.581
		8ϕ18	2036	1.253	ϕ8	1.054
		8ϕ20	2513	1.546	ϕ10	1.681
		8ϕ22	3041	1.871		
		8ϕ25	3927	2.417		
		12ϕ22	4561	2.807		
		12ϕ25	5891	3.625		
89	250 150 300 250 250mm<$S_z \leqslant 300mm$	8ϕ16	1608	0.919	ϕ6	0.513
		8ϕ18	2036	1.163	ϕ8	0.931
		8ϕ20	2513	1.436	ϕ10	1.486
		8ϕ22	3041	1.738		
		8ϕ25	3927	2.244		
		12ϕ22	4561	2.606		
		12ϕ25	5891	3.366		

序号	截面钢筋布置	纵力受力钢筋				箍筋@100	
		根数 ϕ 直径	A_s （mm²）	ρ （%）		ϕ 直径	ρ_v （%）
90	250 150 / 300 / 250 / $S_z \leqslant 200$mm	8ϕ16	1608	0.919		ϕ6	0.558
		8ϕ18	2036	1.163		ϕ8	1.012
		8ϕ20	2513	1.436		ϕ10	1.615
		8ϕ22	3041	1.738			
		8ϕ25	3927	2.244			
		12ϕ22	4561	2.606			
		12ϕ25	5891	3.366			
91	250 150 / 350 / 250 / $S_z \leqslant 200$mm	8ϕ16	1608	0.858		ϕ6	0.538
		8ϕ18	2036	1.086		ϕ8	0.977
		8ϕ20	2513	1.340		ϕ10	1.558
		8ϕ22	3041	1.622			
		8ϕ25	3927	2.094			
		12ϕ22	4561	2.433			
		12ϕ25	5891	3.142			
		14ϕ25	6872	3.665			

序号	截面钢筋布置	纵力受力钢筋			箍筋@100	
		根数 ϕ 直径	A_s（mm²）	ρ（%）	ϕ 直径	ρ_v（%）
92	250 150 400 250 $S_z{\leqslant}200$mm	8ϕ16	1608	0.804	ϕ6	0.522
		8ϕ18	2036	1.018	ϕ8	0.946
		8ϕ20	2513	1.257	ϕ10	1.508
		8ϕ22	3041	1.507		
		8ϕ25	3927	1.964		
		12ϕ22	4561	2.281		
		12ϕ25	5891	2.946		
		14ϕ25	6872	3.436		
93	250 200 200 250 $S_z{\leqslant}200$mm	8ϕ16	1608	0.990	ϕ6	0.581
		8ϕ18	2036	1.253	ϕ8	1.054
		8ϕ20	2513	1.546	ϕ10	1.681
		8ϕ22	3041	1.871		
		8ϕ25	3927	2.417		
		12ϕ22	4561	2.807		
		12ϕ25	5891	3.625		

序号	截面钢筋布置	纵力受力钢筋			箍筋@100	
		根数 ϕ 直径	A_s（mm²）	ρ（%）	ϕ 直径	ρ_v（%）
94	250 200 250 250 200mm<S_z≤250mm	8ϕ16	1608	0.919	ϕ6	0.513
		8ϕ18	2036	1.163	ϕ8	0.931
		8ϕ20	2513	1.436	ϕ10	1.486
		8ϕ22	3041	1.738		
		8ϕ25	3927	2.244		
		12ϕ22	4561	2.606		
		12ϕ25	5891	3.366		
		14ϕ25	6872	3.927		
95	250 200 250 250 S_z≤200mm	8ϕ16	1608	0.919	ϕ6	0.558
		8ϕ18	2036	1.163	ϕ8	1.012
		8ϕ20	2513	1.436	ϕ10	1.615
		8ϕ22	3041	1.738		
		8ϕ25	3927	2.244		
		12ϕ22	4561	2.606		
		12ϕ25	5891	3.366		
		14ϕ25	6872	3.927		

序号	截面钢筋布置	纵力受力钢筋			箍筋@100	
		根数 ϕ 直径	A_s（mm²）	ρ（%）	ϕ 直径	ρ_v（%）
96	 250 200 300 250 $250mm < S_z \leqslant 300mm$	8ϕ16	1608	0.858	ϕ6	0.497
		8ϕ18	2036	1.086	ϕ8	0.901
		8ϕ20	2513	1.340	ϕ10	1.438
		8ϕ22	3041	1.622		
		8ϕ25	3927	2.094		
		12ϕ22	4561	2.433		
		12ϕ25	5891	3.142		
		14ϕ25	6872	3.665		
97	 250 200 300 250 $S_z \leqslant 200mm$	8ϕ16	1608	0.858	ϕ6	0.538
		8ϕ18	2036	1.086	ϕ8	0.977
		8ϕ20	2513	1.340	ϕ10	1.558
		8ϕ22	3041	1.622		
		8ϕ25	3927	2.094		
		12ϕ22	4561	2.433		
		12ϕ25	5891	3.142		
		14ϕ25	6872	3.665		

序号	截面钢筋布置	纵力受力钢筋			箍筋@100	
		根数 ϕ 直径	A_s（mm²）	ρ（%）	ϕ 直径	ρ_v（%）
98	250 200 350 250 $S_z \leqslant 200$mm	8ϕ16	1608	0.804	ϕ6	0.522
		8ϕ18	2036	1.018	ϕ8	0.946
		8ϕ20	2513	1.257	ϕ10	1.508
		8ϕ22	3041	1.507		
		8ϕ25	3927	1.964		
		12ϕ22	4561	2.281		
		12ϕ25	5891	2.946		
		14ϕ25	6872	3.436		
99	250 200 400 250 $S_z \leqslant 200$mm	8ϕ18	2036	0.958	ϕ6	0.507
		8ϕ20	2513	1.183	ϕ8	0.919
		8ϕ22	3041	1.431	ϕ10	1.465
		8ϕ25	3927	1.848		
		12ϕ22	4561	2.146		
		12ϕ25	5891	2.772		
		14ϕ25	6872	3.234		

序号	截面钢筋布置	纵力受力钢筋			箍筋@100	
		根数ϕ直径	A_s（mm²）	ρ（%）	ϕ直径	ρ_v（%）
100	250 | 200 450 250 200mm＜S_z≤250mm	8ϕ18	2036	0.904	ϕ6	0.494
		8ϕ20	2513	1.117	ϕ8	0.895
		8ϕ22	3041	1.352	ϕ10	1.427
		8ϕ25	3927	1.745		
		12ϕ22	4561	2.027		
		12ϕ25	5891	2.618		
		14ϕ25	6872	3.054		
		16ϕ25	7854	3.490		
101	250 | 200 450 250 S_z≤200mm	8ϕ18	2036	0.904	ϕ6	0.528
		8ϕ20	2513	1.117	ϕ8	0.957
		8ϕ22	3041	1.352	ϕ10	1.526
		8ϕ25	3927	1.745		
		12ϕ22	4561	2.027		
		12ϕ25	5891	2.618		
		14ϕ25	6872	3.054		
		16ϕ25	7854	3.490		

序号	截面钢筋布置	纵力受力钢筋				箍筋@100	
		根数ϕ直径	A_s（mm²）	ρ（%）		ϕ直径	ρ_v（%）
102	 200mm＜S_z≤250mm	8ϕ18	2036	0.857		ϕ6	0.482
		8ϕ20	2513	1.058		ϕ8	0.874
		8ϕ22	3041	1.280		ϕ10	1.393
		8ϕ25	3927	1.653			
		12ϕ22	4561	1.920			
		12ϕ25	5891	2.480			
		14ϕ25	6872	2.893			
		16ϕ25	7854	3.307			
103	 S_z≤200mm	8ϕ18	2036	0.857		ϕ6	0.515
		8ϕ20	2513	1.058		ϕ8	0.933
		8ϕ22	3041	1.280		ϕ10	1.486
		8ϕ25	3927	1.653			
		12ϕ22	4561	1.920			
		12ϕ25	5891	2.480			
		14ϕ25	6872	2.893			
		16ϕ25	7854	3.307			

序号	截面钢筋布置	纵力受力钢筋			箍筋@100	
		根数 φ直径	A_s（mm²）	ρ（%）	φ直径	ρ_v（%）
104	250 | 250 250 250 200mm＜S_z≤250mm	8φ16	1608	0.858	φ6	0.497
		8φ18	2036	1.086	φ8	0.901
		8φ20	2513	1.340	φ10	1.438
		8φ22	3041	1.622		
		8φ25	3927	2.094		
		12φ22	4561	2.433		
		12φ25	5891	3.142		
		14φ25	6872	3.665		
105	250 | 250 250 250 S_z≤200mm	8φ16	1608	0.858	φ6	0.580
		8φ18	2036	1.086	φ8	1.052
		8φ20	2513	1.340	φ10	1.677
		8φ22	3041	1.622		
		8φ25	3927	2.094		
		12φ22	4561	2.433		
		12φ25	5891	3.142		
		14φ25	6872	3.665		

序号	截面钢筋布置	纵力受力钢筋			箍筋@100	
		根数 ϕ 直径	A_s（mm²）	ρ（%）	ϕ 直径	ρ_v（%）
106	250 250 300 250 250mm<S_z≤300mm	8ϕ16	1608	0.804	ϕ6	0.483
		8ϕ18	2036	1.018	ϕ8	0.876
		8ϕ20	2513	1.257	ϕ10	1.397
		8ϕ22	3041	1.507		
		8ϕ25	3927	1.964		
		12ϕ22	4561	2.281		
		12ϕ25	5891	2.946		
		14ϕ25	6872	3.436		
		16ϕ25	7854	3.927		
107	250 250 300 250 200mm<S_z≤250mm	8ϕ16	1608	0.804	ϕ6	0.522
		8ϕ18	2036	1.018	ϕ8	0.946
		8ϕ20	2513	1.257	ϕ10	1.508
		8ϕ22	3041	1.507		
		8ϕ25	3927	1.964		
		12ϕ22	4561	2.281		
		12ϕ25	5891	2.946		
		14ϕ25	6872	3.436		
		16ϕ25	7854	3.927		

序号	截面钢筋布置	纵力受力钢筋			箍筋@100	
		根数 ϕ 直径	A_s (mm²)	ρ (%)	ϕ 直径	ρ_v (%)
108	250 250 300 250 $S_z \leqslant 200mm$	8ϕ16	1608	0.804	ϕ6	0.561
		8ϕ18	2036	1.018	ϕ8	1.016
		8ϕ20	2513	1.257	ϕ10	1.620
		8ϕ22	3041	1.507		
		8ϕ25	3927	1.964		
		12ϕ22	4561	2.281		
		12ϕ25	5891	2.946		
		14ϕ25	6872	3.436		
		16ϕ25	7854	3.927		
109	250 250 350 250 $200mm < S_z \leqslant 250mm$	8ϕ18	2036	0.958	ϕ6	0.507
		8ϕ20	2513	1.183	ϕ8	0.919
		8ϕ22	3041	1.431	ϕ10	1.465
		8ϕ25	3927	1.848		
		12ϕ22	4561	2.146		
		12ϕ25	5891	2.772		
		14ϕ25	6872	3.234		
		16ϕ25	7854	3.696		

序号	截面钢筋布置	纵力受力钢筋			箍筋@100	
		根数 ϕ 直径	A_s (mm²)	ρ (%)	ϕ 直径	ρ_v (%)
110	250 250 350 250 $S_z \leqslant 200mm$	$8\phi18$	2036	0.958	$\phi6$	0.543
		$8\phi20$	2513	1.183	$\phi8$	0.985
		$8\phi22$	3041	1.431	$\phi10$	1.570
		$8\phi25$	3927	1.848		
		$12\phi22$	4561	2.146		
		$12\phi25$	5891	2.772		
		$14\phi25$	6872	3.234		
		$16\phi25$	7854	3.696		
111	250 250 400 250 $200mm < S_z \leqslant 250mm$	$8\phi18$	2036	0.905	$\phi6$	0.494
		$8\phi20$	2513	1.117	$\phi8$	0.895
		$8\phi22$	3041	1.352	$\phi10$	1.427
		$8\phi25$	3927	1.745		
		$12\phi22$	4561	2.027		
		$12\phi25$	5891	2.618		
		$14\phi25$	6872	3.054		
		$16\phi25$	7854	3.490		

序号	截面钢筋布置	纵力受力钢筋			箍筋@100	
		根数φ直径	A_s (mm²)	ρ (%)	φ直径	ρ_v (%)
112	250 250 400 250 $S_z \leqslant 200mm$	8φ18	2036	0.905	φ6	0.528
		8φ20	2513	1.117	φ8	0.957
		8φ22	3041	1.352	φ10	1.526
		8φ25	3927	1.745		
		12φ22	4561	2.027		
		12φ25	5891	2.618		
		14φ25	6872	3.054		
		16φ25	7854	3.490		
113	250 250 450 250 $200mm < S_z \leqslant 250mm$	8φ18	2036	0.857	φ6	0.482
		8φ20	2513	1.058	φ8	0.874
		8φ22	3041	1.280	φ10	1.393
		8φ25	3927	1.653		
		12φ22	4561	1.920		
		12φ25	5891	2.480		
		14φ25	6872	2.893		
		16φ25	7854	3.307		

序号	截面钢筋布置	纵力受力钢筋			箍筋@100	
		根数 ϕ 直径	A_s（mm²）	ρ（%）	ϕ 直径	ρ_v（%）
114	250 250 450 250 $S_z \leqslant 200mm$	8ϕ18	2036	0.857	ϕ6	0.547
		8ϕ20	2513	1.058	ϕ8	0.991
		8ϕ22	3041	1.280	ϕ10	1.579
		8ϕ25	3927	1.653		
		12ϕ22	4561	1.920		
		12ϕ25	5891	2.480		
		14ϕ25	6872	2.893		
		16ϕ25	7854	3.307		
115	250 250 500 250 $200mm < S_z \leqslant 250mm$	8ϕ18	2036	0.814	ϕ6	0.472
		8ϕ20	2513	1.005	ϕ8	0.855
		8ϕ22	3041	1.216	ϕ10	1.363
		8ϕ25	3927	1.571		
		12ϕ22	4561	1.824		
		12ϕ25	5891	2.356		
		14ϕ25	6872	2.749		
		16ϕ25	7854	3.142		

序号	截面钢筋布置	纵力受力钢筋			箍筋@100	
		根数 ϕ 直径	A_s （mm^2）	ρ （%）	ϕ 直径	ρ_v （%）
116	250 250 / 500 / 250 / 200mm$<S_z\leqslant$250mm	$8\phi18$	2036	0.814	$\phi6$	0.533
		$8\phi20$	2513	1.005	$\phi8$	0.960
		$8\phi22$	3041	1.216	$\phi10$	1.539
		$8\phi25$	3927	1.571		
		$12\phi22$	4561	1.824		
		$12\phi25$	5891	2.356		
		$14\phi25$	6872	2.749		
		$16\phi25$	7854	3.142		
117	250 250 / 550 / 250 / 250mm$<S_z\leqslant$300mm	$8\phi20$	2513	0.957	$\phi6$	0.462
		$8\phi22$	3041	1.158	$\phi8$	0.838
		$8\phi25$	3927	1.496	$\phi10$	1.336
		$12\phi22$	4561	1.737		
		$12\phi25$	5891	2.244		
		$14\phi25$	6872	2.618		
		$16\phi25$	7854	2.992		

序号	截面钢筋布置	纵力受力钢筋			箍筋@100	
		根数 ϕ 直径	A_s (mm²)	ρ (%)	ϕ 直径	ρ_v (%)
118	200<S_z≤250	8ϕ20	2513	0.957	ϕ6	0.492
		8ϕ22	3041	1.158	ϕ8	0.891
		8ϕ25	3927	1.496	ϕ10	1.420
		12ϕ22	4561	1.737		
		12ϕ25	5891	2.244		
		14ϕ25	6872	2.618		
		16ϕ25	7854	2.992		
119	S_z≤200mm	8ϕ20	2513	0.957	ϕ6	0.521
		8ϕ22	3041	1.158	ϕ8	0.944
		8ϕ25	3927	1.496	ϕ10	1.503
		12ϕ22	4561	1.737		
		12ϕ25	5891	2.244		
		14ϕ25	6872	2.618		
		16ϕ25	7854	2.992		

序号	截面钢筋布置	纵力受力钢筋			箍筋@100	
		根数 φ 直径	A_s （mm²）	ρ （%）	φ 直径	ρ_v （%）
120	250 300 300 250 250mm<S_z≤300mm	8φ18	2036	0.958	φ6	0.470
		8φ20	2513	1.183	φ8	0.853
		8φ22	3041	1.431	φ10	1.360
		8φ25	3927	1.848		
		12φ22	4561	2.146		
		12φ25	5891	2.772		
		14φ25	6872	3.234		
		16φ25	7854	3.696		
121	250 300 300 250 S_z≤200mm	8φ18	2036	0.958	φ6	0.543
		8φ20	2513	1.183	φ8	0.985
		8φ22	3041	1.431	φ10	1.570
		8φ25	3927	1.848		
		12φ22	4561	2.146		
		12φ25	5891	2.772		
		14φ25	6872	3.234		
		16φ25	7854	3.696		

序号	截面钢筋布置	纵力受力钢筋			箍筋@100	
		根数 ϕ 直径	A_s（mm²）	ρ（%）	ϕ 直径	ρ_v（%）
122	250 300 350 250 250mm<S_z≤300mm	8ϕ18	2036	0.905	ϕ6	0.494
		8ϕ20	2513	1.117	ϕ8	0.895
		8ϕ22	3041	1.352	ϕ10	1.427
		8ϕ25	3927	1.745		
		12ϕ22	4561	2.027		
		12ϕ25	5891	2.618		
		14ϕ25	6872	3.054		
		16ϕ25	7854	3.490		
123	250 300 350 250 S_z≤200mm	8ϕ18	2036	0.905	ϕ6	0.528
		8ϕ20	2513	1.117	ϕ8	0.957
		8ϕ22	3041	1.352	ϕ10	1.526
		8ϕ25	3927	1.745		
		12ϕ22	4561	2.027		
		12ϕ25	5891	2.618		
		14ϕ25	6872	3.054		
		16ϕ25	7854	3.490		

序号	截面钢筋布置	纵力受力钢筋			箍筋@100	
		根数 ϕ 直径	A_s （mm²）	ρ （%）	ϕ 直径	ρ_v （%）
124	250 300 400 250 250mm＜S_z≤300mm	8ϕ18	2036	0.857	ϕ6	0.482
		8ϕ20	2513	1.058	ϕ8	0.874
		8ϕ22	3041	1.280	ϕ10	1.393
		8ϕ25	3927	1.653		
		12ϕ22	4561	1.920		
		12ϕ25	5891	2.480		
		14ϕ25	6872	2.893		
		16ϕ25	7854	3.307		
125	250 300 400 250 S_z≤200mm	8ϕ18	2036	0.857	ϕ6	0.515
		8ϕ20	2513	1.058	ϕ8	0.933
		8ϕ22	3041	1.280	ϕ10	1.486
		8ϕ25	3927	1.653		
		12ϕ22	4561	1.920		
		12ϕ25	5891	2.480		
		14ϕ25	6872	2.893		
		16ϕ25	7854	3.307		

序号	截面钢筋布置	纵力受力钢筋			箍筋@100	
		根数 ϕ 直径	A_s （mm²）	ρ （%）	ϕ 直径	ρ_v （%）
126	250 | 300 / 450 / 250 / 250mm<S_z≤300mm	8ϕ18	2036	0.814	ϕ6	0.472
		8ϕ20	2513	1.005	ϕ8	0.855
		8ϕ22	3041	1.216	ϕ10	1.363
		8ϕ25	3927	1.571		
		12ϕ22	4561	1.824		
		12ϕ25	5891	2.356		
		14ϕ25	6872	2.749		
		16ϕ25	7854	3.142		
127	250 | 300 / 450 / 250 / 200mm<S_z≤250mm	8ϕ18	2036	0.814	ϕ6	0.503
		8ϕ20	2513	1.005	ϕ8	0.911
		8ϕ22	3041	1.216	ϕ10	1.451
		8ϕ25	3927	1.571		
		12ϕ22	4561	1.824		
		12ϕ25	5891	2.356		
		14ϕ25	6872	2.749		
		16ϕ25	7854	3.142		

序号	截面钢筋布置	纵力受力钢筋			箍筋@100	
		根数 ϕ 直径	A_s（mm²）	ρ（%）	ϕ 直径	ρ_v（%）
128	$S_z \leqslant 200mm$	8ϕ18	2036	0.814	ϕ6	0.533
		8ϕ20	2513	1.005	ϕ8	0.966
		8ϕ22	3041	1.216	ϕ10	1.539
		8ϕ25	3927	1.571		
		12ϕ22	4561	1.824		
		12ϕ25	5891	2.356		
		14ϕ25	6872	2.749		
		16ϕ25	7854	3.142		
129	$250mm < S_z \leqslant 300mm$	8ϕ20	2513	0.957	ϕ6	0.462
		8ϕ22	3041	1.158	ϕ8	0.838
		8ϕ25	3927	1.496	ϕ10	1.336
		12ϕ22	4561	1.737		
		12ϕ25	5891	2.244		
		14ϕ25	6872	2.618		
		16ϕ25	7854	2.992		

序号	截面钢筋布置	纵力受力钢筋			箍筋@100	
		根数 ϕ 直径	A_s（mm²）	ρ（%）	ϕ 直径	ρ_v（%）
130	250 300 500 250 200mm<S_z≤250mm	8ϕ20	2513	0.957	ϕ6	0.492
		8ϕ22	3041	1.158	ϕ8	0.891
		8ϕ25	3927	1.496	ϕ10	1.420
		12ϕ22	4561	1.737		
		12ϕ25	5891	2.244		
		14ϕ25	6872	2.618		
		16ϕ25	7854	2.992		
131	250 300 500 250 S_z≤200mm	8ϕ20	2513	0.957	ϕ6	0.521
		8ϕ22	3041	1.158	ϕ8	0.944
		8ϕ25	3927	1.496	ϕ10	1.503
		12ϕ22	4561	1.737		
		12ϕ25	5891	2.244		
		14ϕ25	6872	2.618		
		16ϕ25	7854	2.992		

序号	截面钢筋布置	纵力受力钢筋			箍筋@100	
		根数ϕ直径	A_s（mm²）	ρ（%）	ϕ直径	ρ_v（%）
132	250 | 300 550 250 250mm<S_z≤300mm	8ϕ20	2513	0.914	ϕ6	0.454
		8ϕ22	3041	1.106	ϕ8	0.823
		8ϕ25	3927	1.428	ϕ10	1.312
		12ϕ22	4561	1.659		
		12ϕ25	5891	2.142		
		14ϕ25	6872	2.499		
		16ϕ25	7854	2.856		
133	250 | 300 550 250 S_z≤200mm	8ϕ20	2513	0.914	ϕ6	0.510
		8ϕ22	3041	1.106	ϕ8	0.923
		8ϕ25	3927	1.428	ϕ10	1.471
		12ϕ22	4561	1.659		
		12ϕ25	5891	2.142		
		14ϕ25	6872	2.499		
		16ϕ25	7854	2.856		

序号	截面钢筋布置	纵力受力钢筋			箍筋@100	
		根数 ϕ 直径	A_s （mm²）	ρ （%）	ϕ 直径	ρ_v （%）
134	250 350 350 250 $S_z \leqslant 200$mm	8ϕ18	2036	0.857	ϕ6	0.515
		8ϕ20	2513	1.058	ϕ8	0.933
		8ϕ22	3041	1.280	ϕ10	1.486
		8ϕ25	3927	1.653		
		12ϕ22	4561	1.920		
		12ϕ25	5891	2.480		
		14ϕ25	6872	2.893		
		16ϕ25	7854	3.307		
135	250 350 400 250 $S_z \leqslant 200$mm	8ϕ18	2036	0.814	ϕ6	0.503
		8ϕ20	2513	1.005	ϕ8	0.911
		8ϕ22	3041	1.216	ϕ10	1.451
		8ϕ25	3927	1.571		
		12ϕ22	4561	1.824		
		12ϕ25	5891	2.356		
		14ϕ25	6872	2.749		
		16ϕ25	7854	3.142		

序号	截面钢筋布置	纵力受力钢筋			箍筋@100	
		根数 ϕ 直径	A_s（mm²）	ρ（%）	ϕ 直径	ρ_v（%）
136	250 ǀ 350 450 250 200mm<S_z≤250mm	8ϕ20	2513	0.957	ϕ6	0.492
		8ϕ22	3041	1.158	ϕ8	0.891
		8ϕ25	3927	1.496	ϕ10	1.420
		12ϕ22	4561	1.737		
		12ϕ25	5891	2.244		
		14ϕ25	6872	2.618		
		16ϕ25	7854	2.992		
137	250 ǀ 350 450 250 S_z≤200mm	8ϕ20	2513	0.957	ϕ6	0.521
		8ϕ22	3041	1.158	ϕ8	0.944
		8ϕ25	3927	1.496	ϕ10	1.503
		12ϕ22	4561	1.737		
		12ϕ25	5891	2.244		
		14ϕ25	6872	2.618		
		16ϕ25	7854	2.992		

序号	截面钢筋布置	纵力受力钢筋			箍筋@100	
		根数ϕ直径	A_s（mm^2）	ρ（%）	ϕ直径	ρ_v（%）
138	250 | 350 500 250 200mm<S_z≤250mm	8ϕ20	2513	0.914	ϕ6	0.482
		8ϕ22	3041	1.106	ϕ8	0.873
		8ϕ25	3927	1.428	ϕ10	1.391
		12ϕ22	4561	1.659		
		12ϕ25	5891	2.142		
		14ϕ25	6872	2.499		
		16ϕ25	7854	2.856		
139	250 | 350 500 250 S_z≤200mm	8ϕ20	2513	0.914	ϕ6	0.510
		8ϕ22	3041	1.106	ϕ8	0.923
		8ϕ25	3927	1.428	ϕ10	1.471
		12ϕ22	4561	1.659		
		12ϕ25	5891	2.142		
		14ϕ25	6872	2.499		
		16ϕ25	7854	2.856		

序号	截面钢筋布置	纵力受力钢筋			箍筋@100	
		根数 ϕ 直径	A_s（mm²）	ρ（%）	ϕ 直径	ρ_v（%）
140	250 | 350 550 250 250mm<S_z≤300mm	8ϕ20	2513	0.874	ϕ6	0.473
		8ϕ22	3041	1.058	ϕ8	0.857
		8ϕ25	3927	1.366	ϕ10	1.365
		12ϕ22	4561	1.586		
		12ϕ25	5891	2.049		
		14ϕ25	6872	2.390		
		16ϕ25	7854	2.732		
141	250 | 350 550 250 S_z≤200mm	8ϕ20	2513	0.874	ϕ6	0.499
		8ϕ22	3041	1.058	ϕ8	0.905
		8ϕ25	3927	1.366	ϕ10	1.441
		12ϕ22	4561	1.586		
		12ϕ25	5891	2.049		
		14ϕ25	6872	2.390		
		16ϕ25	7854	2.732		

序号	截面钢筋布置	纵力受力钢筋			箍筋@100	
		根数ϕ直径	A_s（mm²)	ρ（%)	ϕ直径	ρ_v（%)
142	250 | 400 400 250 $S_z \leqslant 200mm$	8ϕ20	2513	0.957	ϕ6	0.492
		8ϕ22	3041	1.158	ϕ8	0.891
		8ϕ25	3927	1.496	ϕ10	1.420
		12ϕ22	4561	1.737		
		12ϕ25	5891	2.244		
		14ϕ25	6872	2.618		
		16ϕ25	7854	2.992		
143	250 | 400 450 250 $200mm < S_z \leqslant 250mm$	8ϕ20	2513	0.914	ϕ6	0.482
		8ϕ22	3041	1.106	ϕ8	0.873
		8ϕ25	3927	1.428	ϕ10	1.391
		12ϕ22	4561	1.659		
		12ϕ25	5891	2.142		
		14ϕ25	6872	2.499		
		16ϕ25	7854	2.856		

序号	截面钢筋布置	纵力受力钢筋			箍筋@100	
		根数 ϕ 直径	A_s（mm²）	ρ（%）	ϕ 直径	ρ_v（%）
144	250 400 450 250 $S_z \leqslant 200mm$	8ϕ20	2513	0.914	ϕ6	0.510
		8ϕ22	3041	1.106	ϕ8	0.923
		8ϕ25	3927	1.428	ϕ10	1.471
		12ϕ22	4561	1.659		
		12ϕ25	5891	2.142		
		14ϕ25	6872	2.499		
		16ϕ25	7854	2.856		
145	250 400 500 250 $200mm < S_z \leqslant 250mm$	8ϕ20	2513	0.874	ϕ6	0.473
		8ϕ22	3041	1.058	ϕ8	0.857
		8ϕ25	3927	1.366	ϕ10	1.365
		12ϕ22	4561	1.586		
		12ϕ25	5891	2.049		
		14ϕ25	6872	2.390		
		16ϕ25	7854	2.732		

序号	截面钢筋布置	纵力受力钢筋			箍筋@100	
		根数 ϕ 直径	A_s （mm²）	ρ （%）	ϕ 直径	ρ_v （%）
146	250 400 500 250 $S_z \leqslant 200mm$	8ϕ20	2513	0.874	ϕ6	0.499
		8ϕ22	3041	1.058	ϕ8	0.905
		8ϕ25	3927	1.366	ϕ10	1.441
		12ϕ22	4561	1.586		
		12ϕ25	5891	2.049		
		14ϕ25	6872	2.390		
		16ϕ25	7854	2.732		
147	250 400 550 250 $200mm < S_z \leqslant 250mm$	8ϕ20	2513	0.837	ϕ6	0.465
		8ϕ22	3041	1.014	ϕ8	0.842
		8ϕ25	3927	1.309	ϕ10	1.342
		12ϕ22	4561	1.520		
		12ϕ25	5891	1.964		
		14ϕ25	6872	2.291		
		16ϕ25	7854	2.618		

序号	截面钢筋布置	纵力受力钢筋			箍筋@100	
		根数 ϕ 直径	A_s（mm²）	ρ（%）	ϕ 直径	ρ_v（%）
148	250 400 550 250 $S_z \leqslant 200mm$	8ϕ20	2513	0.837	ϕ6	0.490
		8ϕ22	3041	1.014	ϕ8	0.888
		8ϕ25	3927	1.309	ϕ10	1.414
		12ϕ22	4561	1.520		
		12ϕ25	5891	1.964		
		14ϕ25	6872	2.291		
		16ϕ25	7854	2.618		
149	250 450 450 250 $200mm < S_z \leqslant 250mm$	8ϕ20	2513	0.874	ϕ6	0.473
		8ϕ22	3041	1.058	ϕ8	0.857
		8ϕ25	3927	1.366	ϕ10	1.365
		12ϕ22	4561	1.586		
		12ϕ25	5891	2.049		
		14ϕ25	6872	2.390		
		16ϕ25	7854	2.732		

序号	截面钢筋布置	纵力受力钢筋			箍筋@100	
		根数 ϕ 直径	A_s（mm^2）	ρ（％）	ϕ 直径	ρ_v（％）
150	250 450 450 250 $S_z \leqslant 200$mm	8ϕ20	2513	0.874	ϕ6	0.526
		8ϕ22	3041	1.058	ϕ8	0.953
		8ϕ25	3927	1.366	ϕ10	1.517
		12ϕ22	4561	1.586		
		12ϕ25	5891	2.049		
		14ϕ25	6872	2.390		
		16ϕ25	7854	2.732		
151	250 450 500 250 200mm＜$S_z \leqslant 250$mm	8ϕ20	2513	0.837	ϕ6	0.465
		8ϕ22	3041	1.014	ϕ8	0.842
		8ϕ25	3927	1.309	ϕ10	1.342
		12ϕ22	4561	1.520		
		12ϕ25	5891	1.964		
		14ϕ25	6872	2.291		
		16ϕ25	7854	2.618		

序号	截面钢筋布置	纵力受力钢筋			箍筋@100	
		根数 ϕ 直径	A_s（mm²）	ρ（%）	ϕ 直径	ρ_v（%）
152	250|450, 500, 250, $S_z \leqslant 200mm$	8ϕ20	2513	0.837	ϕ6	0.515
		8ϕ22	3041	1.014	ϕ8	0.934
		8ϕ25	3927	1.309	ϕ10	1.487
		12ϕ22	4561	1.520		
		12ϕ25	5891	1.964		
		14ϕ25	6872	2.291		
		16ϕ25	7854	2.618		
153	250|450, 550, 250, $250 < S_z \leqslant 300$	8ϕ20	2513	0.804	ϕ6	0.457
		8ϕ22	3041	0.973	ϕ8	0.829
		8ϕ25	3927	1.257	ϕ10	1.320
		12ϕ22	4561	1.460		
		12ϕ25	5891	1.885		
		14ϕ25	6872	2.199		
		16ϕ25	7854	2.513		

序号	截面钢筋布置	纵力受力钢筋			箍筋@100	
		根数 ϕ 直径	A_s（mm²）	ρ（%）	ϕ 直径	ρ_v（%）
154	250 450 550 250 $200 < S_z \leqslant 250$	8ϕ20	2513	0.804	ϕ6	0.482
		8ϕ22	3041	0.973	ϕ8	0.872
		8ϕ25	3927	1.257	ϕ10	1.389
		12ϕ22	4561	1.460		
		12ϕ25	5891	1.885		
		14ϕ25	6872	2.199		
		16ϕ25	7854	2.513		
155	250 450 550 250 $S_z \leqslant 200$	8ϕ20	2513	0.804	ϕ6	0.506
		8ϕ22	3041	0.973	ϕ8	0.916
		8ϕ25	3927	1.257	ϕ10	1.459
		12ϕ22	4561	1.460		
		12ϕ25	5891	1.885		
		14ϕ25	6872	2.199		
		16ϕ25	7854	2.513		

序号	截面钢筋布置	纵力受力钢筋			箍筋@100	
		根数ϕ直径	A_s（mm²）	ρ（%）	ϕ直径	ρ_v（%）
156	 250 500 500 250 $200 < S_z \leqslant 250$	8ϕ20	2513	0.804	ϕ6	0.457
		8ϕ22	3041	0.973	ϕ8	0.829
		8ϕ25	3927	1.257	ϕ10	1.320
		12ϕ22	4561	1.460		
		12ϕ25	5891	1.885		
		14ϕ25	6872	2.199		
		16ϕ25	7854	2.513		
157	 250 500 500 250 $S_z \leqslant 200$	8ϕ20	2513	0.804	ϕ6	0.506
		8ϕ22	3041	0.973	ϕ8	0.916
		8ϕ25	3927	1.257	ϕ10	1.459
		12ϕ22	4561	1.460		
		12ϕ25	5891	1.885		
		14ϕ25	6872	2.199		
		16ϕ25	7854	2.513		

序号	截面钢筋布置	纵力受力钢筋			箍筋@100	
		根数 ϕ 直径	A_s（mm²）	ρ（%）	ϕ 直径	ρ_v（%）
158	250 500 550 250 250<S_z≤300	8ϕ22	3041	0.936	ϕ6	0.450
		8ϕ25	3927	1.208	ϕ8	0.816
		12ϕ22	4561	1.403	ϕ10	1.300
		12ϕ25	5891	1.813		
		14ϕ25	6872	2.114		
		16ϕ25	7854	2.417		
159	250 500 550 250 200<S_z≤250	8ϕ22	3041	0.936	ϕ6	0.474
		8ϕ25	3927	1.208	ϕ8	0.858
		12ϕ22	4561	1.403	ϕ10	1.367
		12ϕ25	5891	1.813		
		14ϕ25	6872	2.114		
		16ϕ25	7854	2.417		

序号	截面钢筋布置	纵力受力钢筋			箍筋@100	
		根数 ϕ 直径	A_s （mm²）	ρ （%）	ϕ 直径	ρ_v （%）
160	250 500 550 250 $S_z \leqslant 200$	8ϕ22	3041	0.936	ϕ6	0.497
		8ϕ25	3927	1.208	ϕ8	0.900
		12ϕ22	4561	1.403	ϕ10	1.433
		12ϕ25	5891	1.813		
		14ϕ25	6872	2.114		
		16ϕ25	7854	2.417		
161	250 550 550 250 200mm<$S_z\leqslant$250mm	8ϕ22	3041	0.901	ϕ6	0.444
		8ϕ25	3927	1.164	ϕ8	0.805
		12ϕ22	4561	1.351	ϕ10	1.282
		12ϕ25	5891	1.745		
		14ϕ25	6872	2.036		
		16ϕ25	7854	2.327		

序号	截面钢筋布置	纵力受力钢筋			箍筋@100	
		根数 ϕ 直径	A_s（mm²）	ρ（%）	ϕ 直径	ρ_v（%）
162	250 550 550 250 $S_z \leqslant 200$	8ϕ22	3041	0.901	ϕ6	0.489
		8ϕ25	3927	1.164	ϕ8	0.885
		12ϕ22	4561	1.351	ϕ10	1.410
		12ϕ25	5891	1.745		
		14ϕ25	6872	2.036		
		16ϕ25	7854	2.327		

2.3 T形柱配筋表

T形柱配筋表　　　　　　　　　　　　　表 2-2

序号	截面钢筋布置	纵力受力钢筋			箍筋@100	
		根数 ϕ 直径	A_s（mm²）	ρ（%）	ϕ 直径	ρ_v（%）
1	100 200 100 200 200 $S_z \leqslant 200$	12ϕ14	1847	1.539	ϕ6	0.641
		12ϕ16	2413	2.011	ϕ8	1.166
		12ϕ18	3054	2.545	ϕ10	1.866
		12ϕ20	3770	3.142		
		12ϕ22	4561	3.801		

序号	截面钢筋布置	纵力受力钢筋			箍筋@100	
		根数 ϕ 直径	A_s（mm²）	ρ（%）	ϕ 直径	ρ_v（%）
2	200<S_z≤250	12ϕ14	1847	1.421	ϕ6	0.608
		12ϕ16	2413	1.856	ϕ8	1.106
		12ϕ18	3054	2.349	ϕ10	1.769
		12ϕ20	3770	2.900		
		12ϕ22	4561	3.508		
3	S_z≤200	12ϕ14	1847	1.421	ϕ6	0.661
		12ϕ16	2413	1.856	ϕ8	1.203
		12ϕ18	3054	2.349	ϕ10	1.923
		12ϕ20	3770	2.900		
		12ϕ22	4561	3.508		

序号	截面钢筋布置	纵力受力钢筋			箍筋@100	
		根数 ϕ 直径	A_s（mm²）	ρ（%）	ϕ 直径	ρ_v（%）
4	100 200 100 300 200 $250 < S_z \leqslant 300$	$12\phi14$	1847	1.319	$\phi6$	0.581
		$12\phi16$	2413	1.724	$\phi8$	1.057
		$12\phi18$	3054	2.181	$\phi10$	1.689
		$12\phi20$	3770	2.693		
		$12\phi22$	4561	3.258		
5	100 200 100 300 200 $S_z \leqslant 200$	$12\phi14$	1847	1.319	$\phi6$	0.630
		$12\phi16$	2413	1.724	$\phi8$	1.145
		$12\phi18$	3054	2.181	$\phi10$	1.830
		$12\phi20$	3770	2.693		
		$12\phi22$	4561	3.258		

序号	截面钢筋布置	纵力受力钢筋			箍筋@100	
		根数 φ 直径	A_s (mm²)	ρ (%)	φ 直径	ρ_v (%)
6	100 200 100 350 200 $S_z \leqslant 200$	12φ14	1847	1.231	φ6	0.603
		12φ16	2413	1.609	φ8	1.096
		12φ18	3054	2.036	φ10	1.751
		12φ20	3770	2.513		
		12φ22	4561	3.041		
		12φ25	5891	3.927		
7	100 200 100 400 200 $S_z \leqslant 200$	12φ14	1847	1.154	φ6	0.581
		12φ16	2413	1.508	φ8	1.054
		12φ18	3054	1.909	φ10	1.684
		12φ20	3770	2.356		
		12φ22	4561	2.851		
		12φ25	5891	3.682		

序号	截面钢筋布置	纵力受力钢筋			箍筋@100	
		根数 ϕ 直径	A_s（mm^2）	ρ（%）	ϕ 直径	ρ_v（%）
8	100 200 100 450 200 $200 < S_z \leqslant 250$	12ϕ14	1847	1.086	ϕ6	0.561
		12ϕ16	2413	1.419	ϕ8	1.018
		12ϕ18	3054	1.796	ϕ10	1.626
		12ϕ20	3770	2.218		
		12ϕ22	4561	2.683		
		12ϕ25	5891	3.465		
9	100 200 100 450 200 $S_z \leqslant 200$	12ϕ14	1847	1.086	ϕ6	0.600
		12ϕ16	2413	1.419	ϕ8	1.089
		12ϕ18	3054	1.796	ϕ10	1.738
		12ϕ20	3770	2.218		
		12ϕ22	4561	2.683		
		12ϕ25	5891	3.465		

序号	截面钢筋布置	纵力受力钢筋			箍筋@100	
		根数ϕ直径	A_s（mm²）	ρ（%）	ϕ直径	ρ_v（%）
10	125 200 125, 200, 200, $S_z \leqslant 200$	12ϕ14	1847	1.421	ϕ6	0.623
		12ϕ16	2413	1.856	ϕ8	1.133
		12ϕ18	3054	2.349	ϕ10	1.814
		12ϕ20	3770	2.900		
		12ϕ22	4561	3.508		
11	125 200 125, 250, 200, $200 < S_z \leqslant 250$	12ϕ14	1847	1.319	ϕ6	0.894
		12ϕ16	2413	1.724	ϕ8	1.080
		12ϕ18	3054	2.181	ϕ10	1.728
		12ϕ20	3770	2.693		
		12ϕ22	4561	3.258		
12	125 200 125, 250, 200, $S_z \leqslant 200$	12ϕ14	1847	1.319	ϕ6	0.644
		12ϕ16	2413	1.724	ϕ8	1.170
		12ϕ18	3054	2.181	ϕ10	1.872
		12ϕ20	3770	2.693		
		12ϕ22	4561	3.258		

117

序号	截面钢筋布置	纵力受力钢筋			箍筋@100	
		根数 φ 直径	A_s (mm²)	ρ (%)	φ 直径	ρ_v (%)
13	125 200 125 300 200 $250 < S_z \leqslant 300$	12φ14	1847	1.231	φ6	0.570
		12φ16	2413	1.609	φ8	1.035
		12φ18	3054	2.036	φ10	1.656
		12φ20	3770	2.513		
		12φ22	4561	3.041		
		12φ25	5891	3.927		
14	125 200 125 300 200 $S_z \leqslant 200$	12φ14	1847	1.231	φ6	0.615
		12φ16	2413	1.609	φ8	1.119
		12φ18	3054	2.036	φ10	1.788
		12φ20	3770	2.513		
		12φ22	4561	3.041		
		12φ25	5891	3.927		

118

序号	截面钢筋布置	纵力受力钢筋			箍筋@100	
		根数 ϕ 直径	A_s（mm²）	ρ（%）	ϕ 直径	ρ_v（%）
15	125　200　125　350　200　$S_z \leqslant 200$	12ϕ14	1847	1.154	ϕ6	0.591
		12ϕ16	2413	1.508	ϕ8	1.074
		12ϕ18	3054	1.909	ϕ10	1.717
		12ϕ20	3770	2.356		
		12ϕ22	4561	2.851		
		12ϕ25	5891	3.682		
16	125　200　125　400　200　$S_z \leqslant 200$	12ϕ14	1847	1.086	ϕ6	0.623
		12ϕ16	2413	1.419	ϕ8	1.133
		12ϕ18	3054	1.796	ϕ10	1.814
		12ϕ20	3770	2.218		
		12ϕ22	4561	2.683		
		12ϕ25	5891	3.465		

序号	截面钢筋布置	纵力受力钢筋			箍筋@100	
		根数ϕ直径	A_s（mm²）	ρ（%）	ϕ直径	ρ_v（%）
17	125 200 125 / 450 / 200 / $200<S_z\leqslant250$	12ϕ14	1847	1.026	ϕ6	0.552
		12ϕ16	2413	1.341	ϕ8	1.003
		12ϕ18	3054	1.697	ϕ10	1.602
		12ϕ20	3770	2.094		
		12ϕ22	4561	2.534		
		12ϕ25	5891	3.273		
		18ϕ22	6842	3.801		
18	125 200 125 / 450 / 200 / $S_z\leqslant200$	12ϕ14	1847	1.026	ϕ6	0.589
		12ϕ16	2413	1.341	ϕ8	1.070
		12ϕ18	3054	1.697	ϕ10	1.709
		12ϕ20	3770	2.094		
		12ϕ22	4561	2.534		
		12ϕ25	5891	3.273		
		18ϕ22	6842	3.801		

序号	截面钢筋布置	纵力受力钢筋			箍筋@100	
		根数φ直径	A_s（mm²）	ρ（%）	φ直径	ρ_v（%）
19	 125 200 125 500 200 $200 < S_z \leqslant 250$	12φ14	1847	0.972	φ6	0.536
		12φ16	2413	1.270	φ8	0.974
		12φ18	3054	1.607	φ10	1.555
		12φ20	3770	1.984		
		12φ22	4561	2.401		
		12φ25	5891	3.101		
		18φ22	6842	3.601		
20	 125 200 125 500 200 $S_z \leqslant 200$	12φ14	1847	0.972	φ6	0.571
		12φ16	2413	1.270	φ8	1.037
		12φ18	3054	1.607	φ10	1.655
		12φ20	3770	1.984		
		12φ22	4561	2.401		
		12φ25	5891	3.101		
		18φ22	6842	3.601		

序号	截面钢筋布置	纵力受力钢筋			箍筋@100	
		根数 ϕ 直径	A_s（mm²）	ρ（%）	ϕ 直径	ρ_v（%）
21	 125 200 125 550 200 250＜S_z≤300	12ϕ14	1847	0.924	ϕ6	0.522
		12ϕ16	2413	1.207	ϕ8	0.948
		12ϕ18	3054	1.527	ϕ10	1.513
		12ϕ20	3770	1.885		
		12ϕ22	4561	2.281		
		12ϕ25	5891	2.946		
		18ϕ22	6842	3.421		
22	 125 200 125 550 200 S_z≤200	12ϕ14	1847	0.924	ϕ6	0.633
		12ϕ16	2413	1.207	ϕ8	1.154
		12ϕ18	3054	1.527	ϕ10	1.850
		12ϕ20	3770	1.885		
		12ϕ22	4561	2.281		
		12ϕ25	5891	2.946		
		18ϕ22	6842	3.421		

序号	截面钢筋布置	纵力受力钢筋			箍筋@100	
		根数 ϕ 直径	A_s (mm^2)	ρ (%)	ϕ 直径	ρ_v (%)
23	150 200 150 / 200 / 200 / $S_z \leqslant 200$	12ϕ14	1847	1.319	ϕ6	0.658
		12ϕ16	2413	1.724	ϕ8	1.201
		12ϕ18	3054	2.181	ϕ10	1.928
		12ϕ20	3770	2.693		
		12ϕ22	4561	3.258		
24	150 200 150 / 250 / 200 / $S_z \leqslant 250$	12ϕ14	1847	1.231	ϕ6	0.638
		12ϕ16	2413	1.609	ϕ8	1.165
		12ϕ18	3054	2.036	ϕ10	1.870
		12ϕ20	3770	2.513		
		12ϕ22	4561	3.041		
		12ϕ25	5891	3.927		

序号	截面钢筋布置	纵力受力钢筋				箍筋@100	
		根数 ϕ 直径	A_s （mm²）	ρ （%）		ϕ 直径	ρ_v （%）
25	 $S_z \leqslant 200$	12ϕ14	1847	1.231		ϕ6	0.680
		12ϕ16	2413	1.609		ϕ8	1.241
		12ϕ18	3054	2.036		ϕ10	1.992
		12ϕ20	3770	2.513			
		12ϕ22	4561	3.041			
		12ϕ25	5891	3.927			
26	 $250 < S_z \leqslant 300$	12ϕ14	1847	1.154		ϕ6	0.621
		12ϕ16	2413	1.508		ϕ8	1.134
		12ϕ18	3054	1.909		ϕ10	1.819
		12ϕ20	3770	2.356			
		12ϕ22	4561	2.851			
		12ϕ25	5891	3.682			

序号	截面钢筋布置	纵力受力钢筋			箍筋@100	
		根数 ϕ 直径	A_s（mm²）	ρ（%）	ϕ 直径	ρ_v（%）
27	150 200 150 300 200 $S_z \leqslant 200$	12ϕ14	1847	1.154	ϕ6	0.660
		12ϕ16	2413	1.508	ϕ8	1.205
		12ϕ18	3054	1.909	ϕ10	1.933
		12ϕ20	3770	2.356		
		12ϕ22	4561	2.851		
		12ϕ25	5891	3.682		
28	150 200 150 350 200 $S_z \leqslant 200$	12ϕ14	1847	1.086	ϕ6	0.643
		12ϕ16	2413	1.419	ϕ8	1.173
		12ϕ18	3054	1.796	ϕ10	1.882
		12ϕ20	3770	2.218		
		12ϕ22	4561	2.683		
		12ϕ25	5891	3.465		

序号	截面钢筋布置	纵力受力钢筋			箍筋@100	
		根数 ϕ 直径	A_s (mm²)	ρ (%)	ϕ 直径	ρ_v (%)
29	150 200 150 400 200 $S_z \leqslant 200$	12ϕ14	1847	1.026	ϕ6	0.628
		12ϕ16	2413	1.341	ϕ8	1.145
		12ϕ18	3054	1.697	ϕ10	1.837
		12ϕ20	3770	2.094		
		12ϕ22	4561	2.534		
		12ϕ25	5891	3.273		
		18ϕ22	6842	3.801		
30	150 200 150 450 200 $200 < S_z \leqslant 250$	12ϕ14	1847	0.972	ϕ6	0.614
		12ϕ16	2413	1.270	ϕ8	1.120
		12ϕ18	3054	1.607	ϕ10	1.796
		12ϕ20	3770	1.984		
		12ϕ22	4561	2.401		
		12ϕ25	5891	3.101		
		18ϕ22	6842	3.601		

序号	截面钢筋布置	纵力受力钢筋			箍筋@100	
		根数 ϕ 直径	A_s（mm²）	ρ（%）	ϕ 直径	ρ_v（%）
31	 $S_z \leqslant 200$	12ϕ14	1847	0.972	ϕ6	0.647
		12ϕ16	2413	1.270	ϕ8	1.179
		12ϕ18	3054	1.607	ϕ10	1.891
		12ϕ20	3770	1.984		
		12ϕ22	4561	2.401		
		12ϕ25	5891	3.101		
		18ϕ22	6842	3.601		
32	 $200 < S_z \leqslant 250$	12ϕ14	1847	0.924	ϕ6	0.602
		12ϕ16	2413	1.207	ϕ8	1.097
		12ϕ18	3054	1.527	ϕ10	1.761
		12ϕ20	3770	1.885		
		12ϕ22	4561.	2.281		
		12ϕ25	5891	2.946		
		18ϕ22	6842	3.421		

序号	截面钢筋布置	纵力受力钢筋			箍筋@100	
		根数ϕ直径	A_s（mm²）	ρ（%）	ϕ直径	ρ_v（%）
33	150 200 150 / 500 / 200 / $S_z \leqslant 200$	12ϕ14	1847	0.924	ϕ6	0.633
		12ϕ16	2413	1.207	ϕ8	1.154
		12ϕ18	3054	1.527	ϕ10	1.850
		12ϕ20	3770	1.885		
		12ϕ22	4561	2.281		
		12ϕ25	5891	2.946		
		18ϕ22	6842	3.421		
34	150 200 150 / 550 / 200 / 200<$S_z \leqslant 250$	12ϕ14	1847	0.879	ϕ6	0.591
		12ϕ16	2413	1.149	ϕ8	1.077
		12ϕ18	3054	1.454	ϕ10	1.728
		12ϕ20	3770	1.795		
		12ϕ22	4561	2.172		
		12ϕ25	5891	2.805		
		18ϕ22	6842	3.258		

序号	截面钢筋布置	纵力受力钢筋			箍筋@100	
		根数 ϕ 直径	A_s（mm²）	ρ（%）	ϕ 直径	ρ_v（%）
35	150 200 150 / 550 / 200 / $S_z \leqslant 200$	12ϕ14	1847	0.879	ϕ6	0.620
		12ϕ16	2413	1.149	ϕ8	1.131
		12ϕ18	3054	1.454	ϕ10	1.813
		12ϕ20	3770	1.795		
		12ϕ22	4561	2.172		
		12ϕ25	5891	2.805		
		18ϕ22	6842	3.258		
36	150 200 150 / 600 / 200 / 250<$S_z \leqslant$300	12ϕ16	2413	1.097	ϕ6	0.581
		12ϕ18	3054	1.388	ϕ8	1.059
		12ϕ20	3770	1.714	ϕ10	1.699
		12ϕ22	4561	2.073		
		12ϕ25	5891	2.678		
		18ϕ22	6842	3.110		

序号	截面钢筋布置	纵力受力钢筋			箍筋@100	
		根数ϕ直径	A_s（mm²）	ρ（%）	ϕ直径	ρ_v（%）
37	150 200 150 / 600 / 200 / $S_z \leqslant 200$	12ϕ16	2413	1.097	ϕ6	0.609
		12ϕ18	3054	1.388	ϕ8	1.110
		12ϕ20	3770	1.714	ϕ10	1.780
		12ϕ22	4561	2.073		
		12ϕ25	5891	2.678		
		18ϕ22	6842	3.110		
38	175 200 175 / 200 / 200 / $S_z \leqslant 200$	12ϕ14	1847	1.231	ϕ6	0.638
		12ϕ16	2413	1.609	ϕ8	1.165
		12ϕ18	3054	2.036	ϕ10	1.870
		12ϕ20	3770	2.513		
		12ϕ22	4561	3.041		
		12ϕ25	5891	3.927		

序号	截面钢筋布置	纵力受力钢筋			箍筋@100	
		根数 ϕ 直径	A_s（mm²）	ρ（%）	ϕ 直径	ρ_v（%）
39	175 200 175 / 250 / 200 / $200 < S_z \leqslant 250$	12ϕ14	1847	1.154	ϕ6	0.621
		12ϕ16	2413	1.508	ϕ8	1.134
		12ϕ18	3054	1.909	ϕ10	1.819
		12ϕ20	3770	2.356		
		12ϕ22	4561	2.851		
		12ϕ25	5891	3.682		
40	175 200 175 / 250 / 200 / $S_z \leqslant 200$	12ϕ14	1847	1.154	ϕ6	0.660
		12ϕ16	2413	1.508	ϕ8	1.205
		12ϕ18	3054	1.909	ϕ10	1.933
		12ϕ20	3770	2.356		
		12ϕ22	4561	2.851		
		12ϕ25	5891	3.682		

序号	截面钢筋布置	纵力受力钢筋			箍筋@100	
		根数 ϕ 直径	A_s （mm²）	ρ （%）	ϕ 直径	ρ_v （%）
41	250＜S_z≤300	12ϕ14	1847	1.086	ϕ6	0.606
		12ϕ16	2413	1.419	ϕ8	1.106
		12ϕ18	3054	1.796	ϕ10	1.775
		12ϕ20	3770	2.218		
		12ϕ22	4561	2.683		
		12ϕ25	5891	3.465		
42	S_z≤200	12ϕ14	1847	1.086	ϕ6	0.643
		12ϕ16	2413	1.419	ϕ8	1.173
		12ϕ18	3054	1.796	ϕ10	1.882
		12ϕ20	3770	2.218		
		12ϕ22	4561	2.683		
		12ϕ25	5891	3.465		

序号	截面钢筋布置	纵力受力钢筋			箍筋@100	
		根数 ϕ 直径	A_s（mm²）	ρ（%）	ϕ 直径	ρ_v（%）
43	175 200 175 / 350 / 200 / $S_z \leqslant 200$	12ϕ14	1847	1.026	ϕ6	0.628
		12ϕ16	2413	1.341	ϕ8	1.145
		12ϕ18	3054	1.697	ϕ10	1.837
		12ϕ20	3770	2.094		
		12ϕ22	4561	2.534		
		12ϕ25	5891	3.273		
		18ϕ22	6842	3.801		
44	175 200 175 / 400 / 200 / $S_z \leqslant 200$	12ϕ14	1847	0.972	ϕ6	0.614
		12ϕ16	2413	1.270	ϕ8	1.120
		12ϕ18	3054	1.607	ϕ10	1.796
		12ϕ20	3770	1.984		
		12ϕ22	4561	2.401		
		12ϕ25	5891	3.101		
		18ϕ22	6842	3.601		

序号	截面钢筋布置	纵力受力钢筋			箍筋@100	
		根数 ϕ 直径	A_s (mm²)	ρ (%)	ϕ 直径	ρ_v (%)
45	175 200 175 / 450 / 200 / 200<S_z≤250	12ϕ14	1847	0.924	ϕ6	0.602
		12ϕ16	2413	1.207	ϕ8	1.097
		12ϕ18	3054	1.527	ϕ10	1.761
		12ϕ20	3770	1.885		
		12ϕ22	4561	2.281		
		12ϕ25	5891	2.946		
		18ϕ22	6842	3.421		
46	175 200 175 / 450 / 200 / S_z≤200	12ϕ14	1847	0.924	ϕ6	0.633
		12ϕ16	2413	1.207	ϕ8	1.154
		12ϕ18	3054	1.527	ϕ10	1.850
		12ϕ20	3770	1.885		
		12ϕ22	4561	2.281		
		12ϕ25	5891	2.946		
		18ϕ22	6842	3.421		

序号	截面钢筋布置	纵力受力钢筋			箍筋@100	
		根数φ直径	A_s (mm²)	ρ (%)	φ直径	ρ_v (%)
47	175 200 175 / 500 / 200 / 250<S_z≤300	12φ14	1847	0.879	φ6	0.591
		12φ16	2413	1.149	φ8	1.077
		12φ18	3054	1.454	φ10	1.728
		12φ20	3770	1.795		
		12φ22	4561	2.172		
		12φ25	5891	2.805		
		18φ22	6842	3.258		
48	175 200 175 / 500 / 200 / S_z≤200	12φ14	1847	0.879	φ6	0.620
		12φ16	2413	1.149	φ8	1.131
		12φ18	3054	1.454	φ10	1.813
		12φ20	3770	1.795		
		12φ22	4561	2.172		
		12φ25	5891	2.805		
		18φ22	6842	3.258		

序号	截面钢筋布置	纵力受力钢筋			箍筋@100	
		根数 ϕ 直径	A_s（mm²）	ρ（%）	ϕ 直径	ρ_v（%）
49	175 200 175 550 200 $250 < S_z \leqslant 300$	12ϕ14	1847	0.840	ϕ6	0.581
		12ϕ16	2413	1.097	ϕ8	1.059
		12ϕ18	3054	1.388	ϕ10	1.699
		12ϕ20	3770	1.714		
		12ϕ22	4561	2.073		
		12ϕ25	5891	2.678		
		18ϕ22	6842	3.110		
50	175 200 175 550 200 $S_z \leqslant 200$	12ϕ14	1847	0.840	ϕ6	0.609
		12ϕ16	2413	1.097	ϕ8	1.110
		12ϕ18	3054	1.388	ϕ10	1.780
		12ϕ20	3770	1.714		
		12ϕ22	4561	2.073		
		12ϕ25	5891	2.678		
		18ϕ22	6842	3.110		

序号	截面钢筋布置	纵力受力钢筋			箍筋@100	
		根数 ϕ 直径	A_s（mm²）	ρ（%）	ϕ 直径	ρ_v（%）
51	 175 | 200 | 175 · 600 · 200 · $250 < S_z \leqslant 300$	12ϕ16	2413	1.049	ϕ6	0.572
		12ϕ18	3054	1.328	ϕ8	1.043
		12ϕ20	3770	1.639	ϕ10	1.673
		12ϕ22	4561	1.983		
		12ϕ25	5891	2.561		
		18ϕ22	6842	2.975		
		18ϕ25	8836	3.842		
52	 175 | 200 | 175 · 600 · 200 · $S_z \leqslant 200$	12ϕ16	2413	1.049	ϕ6	0.599
		12ϕ18	3054	1.328	ϕ8	1.091
		12ϕ20	3770	1.639	ϕ10	1.750
		12ϕ22	4561	1.983		
		12ϕ25	5891	2.561		
		18ϕ22	6842	2.975		
		18ϕ25	8836	3.842		

序号	截面钢筋布置	纵力受力钢筋			箍筋@100	
		根数ϕ直径	A_s（mm^2）	ρ（%）	ϕ直径	ρ_v（%）
53	200 200 200 200 200 $S_z \leqslant 200$	12ϕ14	1847	1.154	ϕ6	0.606
		12ϕ16	2413	1.508	ϕ8	1.106
		12ϕ18	3054	1.909	ϕ10	1.775
		12ϕ20	3770	2.356		
		12ϕ22	4561	2.851		
		12ϕ25	5891	3.682		
54	200 200 200 250 200 $200 < S_z \leqslant 250$	12ϕ14	1847	1.086	ϕ6	0.606
		12ϕ16	2413	1.419	ϕ8	1.106
		12ϕ18	3054	1.796	ϕ10	1.775
		12ϕ20	3770	2.218		
		12ϕ22	4561	2.683		
		12ϕ25	5891	3.465		

序号	截面钢筋布置	纵力受力钢筋			箍筋@100	
		根数 ϕ 直径	A_s (mm²)	ρ (%)	ϕ 直径	ρ_v (%)
55	200 200 200 250 200 $S_z \leqslant 200$	12ϕ14	1847	1.086	ϕ6	0.643
		12ϕ16	2413	1.419	ϕ8	1.173
		12ϕ18	3054	1.796	ϕ10	1.882
		12ϕ20	3770	2.218		
		12ϕ22	4561	2.683		
		12ϕ25	5891	3.465		
56	200 200 200 300 200 $250 < S_z \leqslant 300$	12ϕ14	1847	1.026	ϕ6	0.593
		12ϕ16	2413	1.341	ϕ8	1.082
		12ϕ18	3054	1.697	ϕ10	1.736
		12ϕ20	3770	2.094		
		12ϕ22	4561	2.534		
		12ϕ25	5891	3.273		
		18ϕ22	6842	3.801		

序号	截面钢筋布置	纵力受力钢筋			箍筋@100	
		根数 ϕ 直径	A_s (mm²)	ρ (%)	ϕ 直径	ρ_v (%)
57	200 200 200 300 200 $S_z \leqslant 200$	12ϕ14	1847	1.026	ϕ6	0.628
		12ϕ16	2413	1.341	ϕ8	1.145
		12ϕ18	3054	1.697	ϕ10	1.837
		12ϕ20	3770	2.094		
		12ϕ22	4561	2.534		
		12ϕ25	5891	3.273		
		18ϕ22	6842	3.801		
58	200 200 200 350 200 $S_z \leqslant 200$	12ϕ14	1847	0.972	ϕ6	0.614
		12ϕ16	2413	1.270	ϕ8	1.120
		12ϕ18	3054	1.607	ϕ10	1.796
		12ϕ20	3770	1.984		
		12ϕ22	4561	2.401		
		12ϕ25	5891	3.101		
		18ϕ22	6842	3.601		

序号	截面钢筋布置	纵力受力钢筋			箍筋@100	
		根数 ϕ 直径	A_s （mm²）	ρ （%）	ϕ 直径	ρ_v （%）
59	200 200 200 400 200 $S_z \leqslant 200$	12ϕ14	1847	0.924	ϕ6	0.602
		12ϕ16	2413	1.207	ϕ8	1.097
		12ϕ18	3054	1.527	ϕ10	1.761
		12ϕ20	3770	1.885		
		12ϕ22	4561	2.281		
		12ϕ25	5891	2.946		
		18ϕ22	6842	3.421		
60	200 200 200 450 200 $200 < S_z \leqslant 250$	12ϕ14	1847	0.879	ϕ6	0.591
		12ϕ16	2413	1.149	ϕ8	1.077
		12ϕ18	3054	1.454	ϕ10	1.728
		12ϕ20	3770	1.795		
		12ϕ22	4561	2.172		
		12ϕ25	5891	2.805		
		18ϕ22	6842	3.258		

序号	截面钢筋布置	纵力受力钢筋			箍筋@100	
		根数 ϕ 直径	A_s（mm²）	ρ（%）	ϕ 直径	ρ_v（%）
61	200 200 200 450 200 $S_z \leqslant 200$	12ϕ14	1847	0.879	ϕ6	0.620
		12ϕ16	2413	1.149	ϕ8	1.131
		12ϕ18	3054	1.454	ϕ10	1.813
		12ϕ20	3770	1.795		
		12ϕ22	4561	2.172		
		12ϕ25	5891	2.805		
		18ϕ22	6842	3.258		
62	200 200 200 500 200 $200 < S_z \leqslant 250$	12ϕ14	1847	0.840	ϕ6	0.581
		12ϕ16	2413	1.097	ϕ8	1.059
		12ϕ18	3054	1.388	ϕ10	1.699
		12ϕ20	3770	1.714		
		12ϕ22	4561	2.073		
		12ϕ25	5891	2.678		
		18ϕ22	6842	3.110		

序号	截面钢筋布置	纵力受力钢筋			箍筋@100	
		根数 ϕ 直径	A_s（mm²）	ρ（%）	ϕ 直径	ρ_v（%）
63	200 200 200 / 500 / 200 / $S_z \leqslant 200$	12ϕ14	1847	0.840	ϕ6	0.609
		12ϕ16	2413	1.097	ϕ8	1.110
		12ϕ18	3054	1.388	ϕ10	1.780
		12ϕ20	3770	1.714		
		12ϕ22	4561	2.073		
		12ϕ25	5891	2.678		
		18ϕ22	6842	3.110		
64	200 200 200 / 550 / 200 / $250 < S_z \leqslant 300$	12ϕ14	1847	0.803	ϕ6	0.572
		12ϕ16	2413	1.049	ϕ8	1.043
		12ϕ18	3054	1.328	ϕ10	1.675
		12ϕ20	3770	1.639		
		12ϕ22	4561	1.983		
		12ϕ25	5891	2.561		
		18ϕ22	6842	2.975		
		18ϕ25	8836	3.842		

序号	截面钢筋布置	纵力受力钢筋			箍筋@100	
		根数 ϕ 直径	A_s (mm²)	ρ (%)	ϕ 直径	ρ_v (%)
65	200 200 200 550 200 $S_z \leqslant 200$	12ϕ14	1847	0.803	ϕ6	0.599
		12ϕ16	2413	1.049	ϕ8	1.091
		12ϕ18	3054	1.328	ϕ10	1.750
		12ϕ20	3770	1.639		
		12ϕ22	4561	1.983		
		12ϕ25	5891	2.561		
		18ϕ22	6842	2.975		
		18ϕ25	8836	3.842		
66	200 200 200 600 200 $250 < S_z \leqslant 300$	12ϕ16	2413	1.005	ϕ6	0.563
		12ϕ18	3054	1.273	ϕ8	1.028
		12ϕ20	3770	1.571	ϕ10	1.649
		12ϕ22	4561	1.900		
		12ϕ25	5891	2.455		
		18ϕ22	6842	2.851		
		18ϕ25	8836	3.682		

序号	截面钢筋布置	纵力受力钢筋			箍筋@100	
		根数 ϕ 直径	A_s（mm²）	ρ（%）	ϕ 直径	ρ_v（%）
67	200 200 200 600 200 $S_z \leqslant 200$	12ϕ16	2413	1.005	ϕ6	0.589
		12ϕ18	3054	1.273	ϕ8	1.074
		12ϕ20	3770	1.571	ϕ10	1.722
		12ϕ22	4561	1.900		
		12ϕ25	5891	2.455		
		18ϕ22	6842	2.851		
		18ϕ25	8836	3.682		
68	225 200 225 200 200 $200 < S_z \leqslant 250$	12ϕ14	1847	1.086	ϕ6	0.606
		12ϕ16	2413	1.419	ϕ8	1.106
		12ϕ18	3054	1.796	ϕ10	1.775
		12ϕ20	3770	2.218		
		12ϕ22	4561	2.683		
		12ϕ25	5891	3.465		

序号	截面钢筋布置	纵力受力钢筋			箍筋@100	
		根数 ϕ 直径	A_s（mm²）	ρ（%）	ϕ 直径	ρ_v（%）
69	225 200 225 200 200 $S_z \leqslant 200$	12ϕ14	1847	1.086	ϕ6	0.680
		12ϕ16	2413	1.419	ϕ8	1.240
		12ϕ18	3054	1.796	ϕ10	1.988
		12ϕ20	3770	2.218		
		12ϕ22	4561	2.683		
		12ϕ25	5891	3.465		
70	225 200 225 250 200 $200 < S_z \leqslant 250$	12ϕ14	1847	1.026	ϕ6	0.593
		12ϕ16	2413	1.341	ϕ8	1.082
		12ϕ18	3054	1.697	ϕ10	1.736
		12ϕ20	3770	2.094		
		12ϕ22	4561	2.534		
		12ϕ25	5891	3.273		
		18ϕ22	6842	3.801		

序号	截面钢筋布置	纵力受力钢筋			箍筋@100	
		根数 ϕ 直径	A_s（mm²）	ρ（%）	ϕ 直径	ρ_v（%）
71	225 200 225 / 250 / 200 / $S_z \leqslant 200$	12ϕ14	1847	1.026	ϕ6	0.697
		12ϕ16	2413	1.341	ϕ8	1.271
		12ϕ18	3054	1.697	ϕ10	2.037
		12ϕ20	3770	2.094		
		12ϕ22	4561	2.534		
		12ϕ25	5891	3.273		
		18ϕ22	6842	3.801		
72	225 200 225 / 300 / 200 / $250 < S_z \leqslant 300$	12ϕ14	1847	0.972	ϕ6	0.581
		12ϕ16	2413	1.270	ϕ8	1.060
		12ϕ18	3054	1.607	ϕ10	1.702
		12ϕ20	3770	1.984		
		12ϕ22	4561	2.401		
		12ϕ25	5891	3.101		
		18ϕ22	6842	3.601		

序号	截面钢筋布置	纵力受力钢筋			箍筋@100	
		根数 ϕ 直径	A_s（mm²）	ρ（%）	ϕ 直径	ρ_v（%）
73	225 200 225 300 200 $200 < S_z \leqslant 250$	12ϕ14	1847	0.972	ϕ6	0.614
		12ϕ16	2413	1.270	ϕ8	1.120
		12ϕ18	3054	1.607	ϕ10	1.796
		12ϕ20	3770	1.984		
		12ϕ22	4561	2.401		
		12ϕ25	5891	3.101		
		18ϕ22	6842	3.601		
74	225 200 225 300 200 $S_z \leqslant 200$	12ϕ14	1847	0.972	ϕ6	0.680
		12ϕ16	2413	1.270	ϕ8	1.239
		12ϕ18	3054	1.607	ϕ10	1.986
		12ϕ20	3770	1.984		
		12ϕ22	4561	2.401		
		12ϕ25	5891	3.101		
		18ϕ22	6842	3.601		

序号	截面钢筋布置	纵力受力钢筋			箍筋@100	
		根数ϕ直径	A_s（mm^2）	ρ（%）	ϕ直径	ρ_v（%）
75	225 200 225 350 200 200<S$_z$≤250	12ϕ14	1847	0.924	ϕ6	0.602
		12ϕ16	2413	1.207	ϕ8	1.097
		12ϕ18	3054	1.527	ϕ10	1.761
		12ϕ20	3770	1.885		
		12ϕ22	4561	2.281		
		12ϕ25	5891	2.946		
		18ϕ22	6842	3.421		
76	225 200 225 350 200 S$_z$≤200	12ϕ14	1847	0.924	ϕ6	0.664
		12ϕ16	2413	1.207	ϕ8	1.210
		12ϕ18	3054	1.527	ϕ10	1.940
		12ϕ20	3770	1.885		
		12ϕ22	4561	2.281		
		12ϕ25	5891	2.946		
		18ϕ22	6842	3.421		

序号	截面钢筋布置	纵力受力钢筋				箍筋@100	
		根数 ϕ 直径	A_s（mm^2）	ρ（%）		ϕ 直径	ρ_v（%）
77	225 200 225 / 400 / 200 / $200<S_z\leqslant250$	12ϕ14	1847	0.879		ϕ6	0.591
		12ϕ16	2413	1.149		ϕ8	1.077
		12ϕ18	3054	1.454		ϕ10	1.728
		12ϕ20	3770	1.795			
		12ϕ22	4561	2.172			
		12ϕ25	5891	2.805			
		18ϕ22	6842	3.258			
78	225 200 225 / 400 / 200 / $S_z\leqslant200$	12ϕ14	1847	0.879		ϕ6	0.650
		12ϕ16	2413	1.149		ϕ8	1.184
		12ϕ18	3054	1.454		ϕ10	1.898
		12ϕ20	3770	1.795			
		12ϕ22	4561	2.172			
		12ϕ25	5891	2.805			
		18ϕ22	6842	3.258			

序号	截面钢筋布置	纵力受力钢筋			箍筋@100	
		根数 ϕ 直径	A_s（mm²）	ρ（%）	ϕ 直径	ρ_v（%）
79	225 200 225 450 200 $200<S_z\leqslant250$	12ϕ14	1847	0.840	ϕ6	0.581
		12ϕ16	2413	1.097	ϕ8	1.059
		12ϕ18	3054	1.388	ϕ10	1.699
		12ϕ20	3770	1.714		
		12ϕ22	4561	2.073		
		12ϕ25	5891	2.678		
		18ϕ22	6842	3.110		
80	225 200 225 450 200 $S_z\leqslant200$	12ϕ14	1847	0.840	ϕ6	0.665
		12ϕ16	2413	1.097	ϕ8	1.212
		12ϕ18	3054	1.388	ϕ10	1.942
		12ϕ20	3770	1.714		
		12ϕ22	4561	2.073		
		12ϕ25	5891	2.678		
		18ϕ22	6842	3.110		

序号	截面钢筋布置	纵力受力钢筋			箍筋@100	
		根数φ直径	A_s（mm²）	ρ（%）	φ直径	ρ_v（%）
81	225 200 225 500 200 200<S_z≤250	12φ14	1847	0.803	φ6	0.572
		12φ16	2413	1.049	φ8	1.043
		12φ18	3054	1.328	φ10	1.673
		12φ20	3770	1.639		
		12φ22	4561	1.983		
		12φ25	5891	2.561		
		18φ22	6842	2.975		
		18φ25	8836	3.842		
82	225 200 225 500 200 S_z≤200	12φ14	1847	0.803	φ6	0.652
		12φ16	2413	1.049	φ8	1.188
		12φ18	3054	1.328	φ10	1.904
		12φ20	3770	1.639		
		12φ22	4561	1.983		
		12φ25	5891	2.561		
		18φ22	6842	2.975		
		18φ25	8836	3.842		

序号	截面钢筋布置	纵力受力钢筋			箍筋@100	
		根数 ϕ 直径	A_s（mm²）	ρ（%）	ϕ 直径	ρ_v（%）
83	 225 200 225 550 200 $250<S_z\leqslant300$	$12\phi16$	2413	1.005	$\phi6$	0.563
		$12\phi18$	3054	1.273	$\phi8$	1.028
		$12\phi20$	3770	1.571	$\phi10$	1.649
		$12\phi22$	4561	1.900		
		$12\phi25$	5891	2.455		
		$18\phi22$	6842	2.851		
		$18\phi25$	8836	3.682		
84	 225 200 225 550 200 $200<S_z\leqslant250$	$12\phi16$	2413	1.005	$\phi6$	0.589
		$12\phi18$	3054	1.273	$\phi8$	1.074
		$12\phi20$	3770	1.571	$\phi10$	1.722
		$12\phi22$	4561	1.900		
		$12\phi25$	5891	2.455		
		$18\phi22$	6842	2.851		
		$18\phi25$	8836	3.682		

序号	截面钢筋布置	纵力受力钢筋				箍筋@100	
		根数 ϕ 直径	A_s（mm²）	ρ（%）		ϕ 直径	ρ_v（%）
85		12ϕ16	2413	1.005		ϕ6	0.640
		12ϕ18	3054	1.273		ϕ8	1.167
		12ϕ20	3770	1.571		ϕ10	1.870
		12ϕ22	4561	1.900			
		12ϕ25	5891	2.455			
		18ϕ22	6842	2.851			
		18ϕ25	8836	3.682			
86		12ϕ16	2413	0.965		ϕ6	0.556
		12ϕ18	3054	1.222		ϕ8	1.014
		12ϕ20	3770	1.508		ϕ10	1.626
		12ϕ22	4561	1.824			
		12ϕ25	5891	2.356			
		18ϕ22	6842	2.737			
		18ϕ25	8836	3.534			

序号	截面钢筋布置	纵力受力钢筋			箍筋@100	
		根数 ϕ 直径	A_s（mm²）	ρ（%）	ϕ 直径	ρ_v（%）
87	225 200 225 / 600 / 200 / $200 < S_z \leqslant 250$	12ϕ16	2413	0.965	ϕ6	0.580
		12ϕ18	3054	1.222	ϕ8	1.058
		12ϕ20	3770	1.508	ϕ10	1.697
		12ϕ22	4561	1.824		
		12ϕ25	5891	2.356		
		18ϕ22	6842	2.737		
		18ϕ25	8836	3.534		
88	225 200 225 / 600 / 200 / $S_z \leqslant 200$	12ϕ16	2413	0.965	ϕ6	0.630
		12ϕ18	3054	1.222	ϕ8	1.147
		12ϕ20	3770	1.508	ϕ10	1.839
		12ϕ22	4561	1.824		
		12ϕ25	5891	2.356		
		18ϕ22	6842	2.737		
		18ϕ25	8836	3.534		

155

序号	截面钢筋布置	纵力受力钢筋			箍筋@100	
		根数 ϕ 直径	A_s（mm²）	ρ（%）	ϕ 直径	ρ_v（%）
89	250 200 250 / 250 / 200 / $200 < S_z \leqslant 250$	12ϕ14	1847	0.972	ϕ6	0.581
		12ϕ16	2413	1.270	ϕ8	1.060
		12ϕ18	3054	1.607	ϕ10	1.702
		12ϕ20	3770	1.984		
		12ϕ22	4561	2.401		
		12ϕ25	5891	3.101		
		18ϕ22	6842	3.601		
90	250 200 250 / 250 / 200 / $S_z \leqslant 200$	12ϕ14	1847	0.972	ϕ6	0.680
		12ϕ16	2413	1.270	ϕ8	1.239
		12ϕ18	3054	1.607	ϕ10	1.986
		12ϕ20	3770	1.984		
		12ϕ22	4561	2.401		
		12ϕ25	5891	3.101		
		18ϕ22	6842	3.601		

序号	截面钢筋布置	纵力受力钢筋			箍筋@100	
		根数φ直径	A_s（mm²）	ρ（%）	φ直径	ρ_v（%）
91	250 200 250 / 300 / 200 / $250 < S_z \leqslant 300$	12φ14	1847	0.924	φ6	0.571
		12φ16	2413	1.207	φ8	1.041
		12φ18	3054	1.527	φ10	1.671
		12φ20	3770	1.885		
		12φ22	4561	2.281		
		12φ25	5891	2.946		
		18φ22	6842	3.421		
92	250 200 250 / 300 / 200 / $200 < S_z \leqslant 250$	12φ14	1847	0.924	φ6	0.602
		12φ16	2413	1.207	φ8	1.097
		12φ18	3054	1.527	φ10	1.761
		12φ20	3770	1.885		
		12φ22	4561	2.281		
		12φ25	5891	2.946		
		18φ22	6842	3.421		

序号	截面钢筋布置	纵力受力钢筋			箍筋@100	
		根数 ϕ 直径	A_s (mm²)	ρ (%)	ϕ 直径	ρ_v (%)
93	$S_z \leqslant 200$	12ϕ14	1847	0.924	ϕ6	0.664
		12ϕ16	2413	1.207	ϕ8	1.210
		12ϕ18	3054	1.527	ϕ10	1.940
		12ϕ20	3770	1.885		
		12ϕ22	4561	2.281		
		12ϕ25	5891	2.946		
		18ϕ22	6842	3.421		
94	$250 < S_z \leqslant 300$	12ϕ14	1847	0.879	ϕ6	0.591
		12ϕ16	2413	1.149	ϕ8	1.077
		12ϕ18	3054	1.454	ϕ10	1.728
		12ϕ20	3770	1.795		
		12ϕ22	4561	2.172		
		12ϕ25	5891	2.805		
		18ϕ22	6842	3.258		

序号	截面钢筋布置	纵力受力钢筋			箍筋@100	
		根数φ直径	A_s（mm²）	ρ（%）	φ直径	ρ_v（%）
95	 250 200 250 350 200 $S_z \leqslant 200$	12φ14	1847	0.879	φ6	0.650
		12φ16	2413	1.149	φ8	1.184
		12φ18	3054	1.454	φ10	1.898
		12φ20	3770	1.795		
		12φ22	4561	2.172		
		12φ25	5891	2.805		
		18φ22	6842	3.258		
96	 250 200 250 400 200 $200 < S_z \leqslant 250$	12φ14	1847	0.840	φ6	0.581
		12φ16	2413	1.097	φ8	1.059
		12φ18	3054	1.388	φ10	1.699
		12φ20	3770	1.714		
		12φ22	4561	2.073		
		12φ25	5891	2.678		
		18φ22	6842	3.110		

序号	截面钢筋布置	纵力受力钢筋				箍筋@100	
		根数ϕ直径	A_s（mm²）	ρ（%）		ϕ直径	ρ_v（%）
97	250 200 250 / 400 / 200 / $S_z \leqslant 200$	12ϕ14	1847	0.840		ϕ6	0.637
		12ϕ16	2413	1.097		ϕ8	1.161
		12ϕ18	3054	1.388		ϕ10	1.861
		12ϕ20	3770	1.714			
		12ϕ22	4561	2.073			
		12ϕ25	5891	2.678			
		18ϕ22	6842	3.110			
98	250 200 250 / 450 / 200 / $200 < S_z \leqslant 250$	12ϕ14	1847	0.803		ϕ6	0.572
		12ϕ16	2413	1.049		ϕ8	1.043
		12ϕ18	3054	1.328		ϕ10	1.673
		12ϕ20	3770	1.639			
		12ϕ22	4561	1.983			
		12ϕ25	5891	2.561			
		18ϕ22	6842	2.975			
		18ϕ25	8836	3.842			

序号	截面钢筋布置	纵力受力钢筋			箍筋@100	
		根数ϕ直径	A_s（mm²）	ρ（%）	ϕ直径	ρ_v（%）
99	250 200 250 450 200 $S_z \leqslant 200$	12ϕ14	1847	0.803	ϕ6	0.625
		12ϕ16	2413	1.049	ϕ8	1.140
		12ϕ18	3054	1.328	ϕ10	1.827
		12ϕ20	3770	1.639		
		12ϕ22	4561	1.983		
		12ϕ25	5891	2.561		
		18ϕ22	6842	2.975		
		18ϕ25	8836	3.842		
100	250 200 250 500 200 $200 < S_z \leqslant 250$	12ϕ16	2413	1.005	ϕ6	0.563
		12ϕ18	3054	1.273	ϕ8	1.028
		12ϕ20	3770	1.571	ϕ10	1.649
		12ϕ22	4561	1.900		
		12ϕ25	5891	2.455		
		18ϕ22	6842	2.851		
		18ϕ25	8836	3.682		

序号	截面钢筋布置	纵力受力钢筋			箍筋@100	
		根数 ϕ 直径	A_s（mm²）	ρ（%）	ϕ 直径	ρ_v（%）
101	250 200 250 500 200 $S_z \leqslant 200$	12ϕ16	2413	1.005	ϕ6	0.640
		12ϕ18	3054	1.273	ϕ8	1.167
		12ϕ20	3770	1.571	ϕ10	1.870
		12ϕ22	4561	1.900		
		12ϕ25	5891	2.455		
		18ϕ22	6842	2.851		
		18ϕ25	8836	3.682		
102	250 200 250 550 200 $250 < S_z \leqslant 300$	12ϕ16	2413	0.965	ϕ6	0.556
		12ϕ18	3054	1.222	ϕ8	1.014
		12ϕ20	3770	1.508	ϕ10	1.626
		12ϕ22	4561	1.824		
		12ϕ25	5891	2.356		
		18ϕ22	6842	2.737		
		18ϕ25	8836	3.534		

162

序号	截面钢筋布置	纵力受力钢筋			箍筋@100	
		根数 ϕ 直径	A_s（mm²）	ρ（%）	ϕ 直径	ρ_v（%）
103	250 200 250 550 200 $200 < S_z \leqslant 250$	12ϕ16	2413	0.965	ϕ6	0.580
		12ϕ18	3054	1.222	ϕ8	1.058
		12ϕ20	3770	1.508	ϕ10	1.697
		12ϕ22	4561	1.824		
		12ϕ25	5891	2.356		
		18ϕ22	6842	2.737		
		18ϕ25	8836	3.534		
104	250 200 250 550 200 $S_z \leqslant 200$	12ϕ16	2413	0.965	ϕ6	0.630
		12ϕ18	3054	1.222	ϕ8	1.147
		12ϕ20	3770	1.508	ϕ10	1.839
		12ϕ22	4561	1.824		
		12ϕ25	5891	2.356		
		18ϕ22	6842	2.737		
		18ϕ25	8836	3.534		

序号	截面钢筋布置	纵力受力钢筋			箍筋@100	
		根数φ直径	A_s（mm²）	ρ（%）	φ直径	ρ_v（%）
105	250 200 250 600 200 250<Sz≤300	12φ16	2413	0.928	φ6	0.549
		12φ18	3054	1.175	φ8	1.001
		12φ20	3770	1.450	φ10	1.606
		12φ22	4561	1.754		
		12φ25	5891	2.266		
		18φ22	6842	2.632		
		18φ25	8836	3.398		
106	250 200 250 600 200 200<Sz≤250	12φ16	2413	0.928	φ6	0.573
		12φ18	3054	1.175	φ8	1.044
		12φ20	3770	1.450	φ10	1.674
		12φ22	4561	1.754		
		12φ25	5891	2.266		
		18φ22	6842	2.632		
		18φ25	8836	3.398		

序号	截面钢筋布置	纵力受力钢筋			箍筋@100	
		根数 ϕ 直径	A_s（mm²）	ρ（%）	ϕ 直径	ρ_v（%）
107	250 200 250 600 200 $S_z \leqslant 200$	12ϕ16	2413	0.928	ϕ6	0.620
		12ϕ18	3054	1.175	ϕ8	1.129
		12ϕ20	3770	1.450	ϕ10	1.810
		12ϕ22	4561	1.754		
		12ϕ25	5891	2.266		
		18ϕ22	6842	2.632		
		18ϕ25	8836	3.398		
108	275 200 275 250 200 $250 < S_z \leqslant 300$	12ϕ14	1847	0.924	ϕ6	0.571
		12ϕ16	2413	1.207	ϕ8	1.041
		12ϕ18	3054	1.527	ϕ10	1.671
		12ϕ20	3770	1.885		
		12ϕ22	4561	2.281		
		12ϕ25	5891	2.946		
		18ϕ22	6842	3.421		

序号	截面钢筋布置	纵力受力钢筋			箍筋@100	
		根数 φ 直径	A_s (mm²)	ρ (%)	φ 直径	ρ_v (%)
109	275　200　275　250　200　200<Sz≤250	12φ14	1847	0.924	φ6	0.633
		12φ16	2413	1.207	φ8	1.154
		12φ18	3054	1.527	φ10	1.850
		12φ20	3770	1.885		
		12φ22	4561	2.281		
		12φ25	5891	2.946		
		18φ22	6842	3.421		
110	275　200　275　250　200　Sz≤200	12φ14	1847	0.924	φ6	0.664
		12φ16	2413	1.207	φ8	1.210
		12φ18	3054	1.527	φ10	1.940
		12φ20	3770	1.885		
		12φ22	4561	2.281		
		12φ25	5891	2.946		
		18φ22	6842	3.421		

序号	截面钢筋布置	纵力受力钢筋			箍筋@100	
		根数ϕ直径	A_s（mm^2）	ρ（%）	ϕ直径	ρ_v（%）
111	 $250 < S_z \leqslant 300$	12ϕ14	1847	0.879	ϕ6	0.561
		12ϕ16	2413	1.149	ϕ8	1.024
		12ϕ18	3054	1.454	ϕ10	1.643
		12ϕ20	3770	1.795		
		12ϕ22	4561	2.172		
		12ϕ25	5891	2.805		
		18ϕ22	6842	3.258		
112	 $S_z \leqslant 200$	12ϕ14	1847	0.879	ϕ6	0.650
		12ϕ16	2413	1.149	ϕ8	1.184
		12ϕ18	3054	1.454	ϕ10	1.898
		12ϕ20	3770	1.795		
		12ϕ22	4561	2.172		
		12ϕ25	5891	2.805		
		18ϕ22	6842	3.258		

序号	截面钢筋布置	纵力受力钢筋			箍筋@100	
		根数ϕ直径	A_s（mm²）	ρ（%）	ϕ直径	ρ_v（%）
113	275 200 275 350 200 250<S_z≤300	12ϕ14	1847	0.840	ϕ6	0.581
		12ϕ16	2413	1.097	ϕ8	1.059
		12ϕ18	3054	1.388	ϕ10	1.699
		12ϕ20	3770	1.714		
		12ϕ22	4561	2.073		
		12ϕ25	5891	2.678		
		18ϕ22	6842	3.110		
114	275 200 275 350 200 S_z≤200	12ϕ14	1847	0.840	ϕ6	0.637
		12ϕ16	2413	1.097	ϕ8	1.161
		12ϕ18	3054	1.388	ϕ10	1.861
		12ϕ20	3770	1.714		
		12ϕ22	4561	2.073		
		12ϕ25	5891	2.678		
		18ϕ22	6842	3.110		

序号	截面钢筋布置	纵力受力钢筋			箍筋@100	
		根数 ϕ 直径	A_s（mm²）	ρ（%）	ϕ 直径	ρ_v（%）
115	275 200 275 / 400 / 200 / $250 < S_z \leqslant 300$	$12\phi14$	1847	0.803	$\phi6$	0.572
		$12\phi16$	2413	1.049	$\phi8$	1.043
		$12\phi18$	3054	1.328	$\phi10$	1.673
		$12\phi20$	3770	1.639		
		$12\phi22$	4561	1.983		
		$12\phi25$	5891	2.561		
		$18\phi22$	6842	2.975		
		$18\phi25$	8836	3.842		
116	275 200 275 / 400 / 200 / $S_z \leqslant 200$	$12\phi14$	1847	0.803	$\phi6$	0.625
		$12\phi16$	2413	1.049	$\phi8$	1.140
		$12\phi18$	3054	1.328	$\phi10$	1.827
		$12\phi20$	3770	1.639		
		$12\phi22$	4561	1.983		
		$12\phi25$	5891	2.561		
		$18\phi22$	6842	2.975		
		$18\phi25$	8836	3.842		

序号	截面钢筋布置	纵力受力钢筋				箍筋@100	
		根数ϕ直径	A_s（mm²）	ρ（%）		ϕ直径	ρ_v（%）
117	275 200 275 450 200 $250<S_z\leqslant300$	12ϕ16	2413	1.005		ϕ6	0.563
		12ϕ18	3054	1.273		ϕ8	1.028
		12ϕ20	3770	1.571		ϕ10	1.649
		12ϕ22	4561	1.900			
		12ϕ25	5891	2.455			
		18ϕ22	6842	2.851			
		18ϕ25	8836	3.682			
118	275 200 275 450 200 $200<S_z\leqslant250$	12ϕ16	2413	1.005		ϕ6	0.615
		12ϕ18	3054	1.273		ϕ8	1.120
		12ϕ20	3770	1.571		ϕ10	1.796
		12ϕ22	4561	1.900			
		12ϕ25	5891	2.455			
		18ϕ22	6842	2.851			
		18ϕ25	8836	3.682			

序号	截面钢筋布置	纵力受力钢筋			箍筋@100	
		根数ϕ直径	A_s（mm²）	ρ（%）	ϕ直径	ρ_v（%）
119	275 200 275 / 450 / 200 / $S_z \leqslant 200$	12ϕ16	2413	1.005	ϕ6	0.640
		12ϕ18	3054	1.273	ϕ8	1.167
		12ϕ20	3770	1.571	ϕ10	1.870
		12ϕ22	4561	1.900		
		12ϕ25	5891	2.455		
		18ϕ22	6842	2.851		
		18ϕ25	8836	3.682		
120	275 200 275 / 500 / 200 / 250<$S_z \leqslant 300$	12ϕ16	2413	0.965	ϕ6	0.556
		12ϕ18	3054	1.222	ϕ8	1.014
		12ϕ20	3770	1.508	ϕ10	1.626
		12ϕ22	4561	1.824		
		12ϕ25	5891	2.356		
		18ϕ22	6842	2.737		
		18ϕ25	8836	3.534		

序号	截面钢筋布置	纵力受力钢筋			箍筋@100	
		根数 ϕ 直径	A_s（mm²）	ρ（%）	ϕ 直径	ρ_v（%）
121	275 200 275 500 200 200＜S$_z$≤250	12ϕ16	2413	0.965	ϕ6	0.605
		12ϕ18	3054	1.222	ϕ8	1.103
		12ϕ20	3770	1.508	ϕ10	1.768
		12ϕ22	4561	1.824		
		12ϕ25	5891	2.356		
		18ϕ22	6842	2.737		
		18ϕ25	8836	3.534		
122	275 200 275 500 200 S$_z$≤200	12ϕ16	2413	0.965	ϕ6	0.630
		12ϕ18	3054	1.222	ϕ8	1.147
		12ϕ20	3770	1.508	ϕ10	1.839
		12ϕ22	4561	1.824		
		12ϕ25	5891	2.356		
		18ϕ22	6842	2.737		
		18ϕ25	8836	3.534		

序号	截面钢筋布置	纵力受力钢筋			箍筋@100	
		根数 ϕ 直径	A_s（mm^2）	ρ（%）	ϕ 直径	ρ_v（%）
123	275 / 200 / 275, 550, 200, $250 < S_z \leqslant 300$	12ϕ16	2413	0.928	ϕ6	0.549
		12ϕ18	3054	1.175	ϕ8	1.001
		12ϕ20	3770	1.450	ϕ10	1.606
		12ϕ22	4561	1.754		
		12ϕ25	5891	2.266		
		18ϕ22	6842	2.632		
		18ϕ25	8836	3.398		
124	275 / 200 / 275, 550, 200, $S_z \leqslant 200$	12ϕ16	2413	0.928	ϕ6	0.620
		12ϕ18	3054	1.175	ϕ8	1.129
		12ϕ20	3770	1.450	ϕ10	1.810
		12ϕ22	4561	1.754		
		12ϕ25	5891	2.266		
		18ϕ22	6842	2.632		
		18ϕ25	8836	3.398		

序号	截面钢筋布置	纵力受力钢筋			箍筋@100	
		根数φ直径	A_s（mm²）	ρ（%）	φ直径	ρ_v（%）
125	275　200　275　600　200　$250 < S_z \leqslant 300$	12φ16	2413	0.894	φ6	0.543
		12φ18	3054	1.131	φ8	0.989
		12φ20	3770	1.396	φ10	1.587
		12φ22	4561	1.689		
		12φ25	5891	2.182		
		18φ22	6842	2.534		
		18φ25	8836	3.273		
126	275　200　275　600　200　$S_z \leqslant 200$	12φ16	2413	0.894	φ6	0.611
		12φ18	3054	1.131	φ8	1.112
		12φ20	3770	1.396	φ10	1.783
		12φ22	4561	1.689		
		12φ25	5891	2.182		
		18φ22	6842	2.534		
		18φ25	8836	3.273		

序号	截面钢筋布置	纵力受力钢筋			箍筋@100	
		根数ϕ直径	A_s（mm²）	ρ（%）	ϕ直径	ρ_v（%）
127	$250 < S_z \leqslant 300$	12ϕ16	2413	1.097	ϕ6	0.553
		12ϕ18	3054	1.388	ϕ8	1.008
		12ϕ20	3770	1.714	ϕ10	1.618
		12ϕ22	4561	2.073		
		12ϕ25	5891	2.678		
		18ϕ22	6842	3.110		
128	$S_z \leqslant 200$	12ϕ16	2413	1.097	ϕ6	0.637
		12ϕ18	3054	1.388	ϕ8	1.161
		12ϕ20	3770	1.714	ϕ10	1.861
		12ϕ22	4561	2.073		
		12ϕ25	5891	2.678		
		18ϕ22	6842	3.110		

序号	截面钢筋布置	纵力受力钢筋			箍筋@100	
		根数 ϕ 直径	A_s （mm^2）	ρ （%）	ϕ 直径	ρ_v （%）
129	 300　200　300 350 200 $250 < S_z \leqslant 300$	12ϕ16	2413	1.049	ϕ6	0.572
		12ϕ18	3054	1.328	ϕ8	1.043
		12ϕ20	3770	1.639	ϕ10	1.673
		12ϕ22	4561	1.983		
		12ϕ25	5891	2.561		
		18ϕ22	6842	2.975		
		18ϕ25	8836	3.842		
130	 300　200　300 350 200 $S_z \leqslant 200$	12ϕ16	2413	1.049	ϕ6	0.625
		12ϕ18	3054	1.328	ϕ8	1.140
		12ϕ20	3770	1.639	ϕ10	1.827
		12ϕ22	4561	1.983		
		12ϕ25	5891	2.561		
		18ϕ22	6842	2.975		
		18ϕ25	8836	3.842		

序号	截面钢筋布置	纵力受力钢筋			箍筋@100	
		根数ϕ直径	A_s（mm²）	ρ（%）	ϕ直径	ρ_v（%）
131	300 200 300 / 400 / 200 / 250<S_z≤300	12ϕ16	2413	1.005	ϕ6	0.563
		12ϕ18	3054	1.273	ϕ8	1.028
		12ϕ20	3770	1.571	ϕ10	1.649
		12ϕ22	4561	1.900		
		12ϕ25	5891	2.455		
		18ϕ22	6842	2.851		
		18ϕ25	8836	3.682		
132	300 200 300 / 400 / 200 / S_z≤200	12ϕ16	2413	1.005	ϕ6	0.615
		12ϕ18	3054	1.273	ϕ8	1.120
		12ϕ20	3770	1.571	ϕ10	1.796
		12ϕ22	4561	1.900		
		12ϕ25	5891	2.455		
		18ϕ22	6842	2.851		
		18ϕ25	8836	3.682		

序号	截面钢筋布置	纵力受力钢筋			箍筋@100	
		根数 ϕ 直径	A_s（mm²）	ρ（%）	ϕ 直径	ρ_v（%）
133	300 200 300 450 200 $250 < S_z \leqslant 300$	$12\phi16$	2413	0.965	$\phi6$	0.556
		$12\phi18$	3054	1.222	$\phi8$	1.014
		$12\phi20$	3770	1.508	$\phi10$	1.626
		$12\phi22$	4561	1.824		
		$12\phi25$	5891	2.356		
		$18\phi22$	6842	2.737		
		$18\phi25$	8836	3.534		
134	300 200 300 450 200 $200 < S_z \leqslant 250$	$12\phi16$	2413	0.965	$\phi6$	0.605
		$12\phi18$	3054	1.222	$\phi8$	1.103
		$12\phi20$	3770	1.508	$\phi10$	1.768
		$12\phi22$	4561	1.824		
		$12\phi25$	5891	2.356		
		$18\phi22$	6842	2.737		
		$18\phi25$	8836	3.534		

序号	截面钢筋布置	纵力受力钢筋			箍筋@100	
		根数ϕ直径	A_s（mm²）	ρ（%）	ϕ直径	ρ_v（%）
135	300 200 300 / 450 / 200 / $S_z \leqslant 200$	12ϕ16	2413	0.965	ϕ6	0.630
		12ϕ18	3054	1.222	ϕ8	1.147
		12ϕ20	3770	1.508	ϕ10	1.839
		12ϕ22	4561	1.824		
		12ϕ25	5891	2.356		
		18ϕ22	6842	2.737		
		18ϕ25	8836	3.534		
136	300 200 300 / 500 / 200 / $250 < S_z \leqslant 300$	12ϕ16	2413	0.928	ϕ6	0.549
		12ϕ18	3054	1.175	ϕ8	1.001
		12ϕ20	3770	1.450	ϕ10	1.606
		12ϕ22	4561	1.754		
		12ϕ25	5891	2.266		
		18ϕ22	6842	2.632		
		18ϕ25	8836	3.398		

序号	截面钢筋布置	纵力受力钢筋			箍筋@100	
		根数ϕ直径	A_s（mm^2）	ρ（%）	ϕ直径	ρ_v（%）
137	300 200 300 500 200 200<S_z≤250	12ϕ16	2413	0.928	ϕ6	0.596
		12ϕ18	3054	1.175	ϕ8	1.086
		12ϕ20	3770	1.450	ϕ10	1.742
		12ϕ22	4561	1.754		
		12ϕ25	5891	2.266		
		18ϕ22	6842	2.632		
		18ϕ25	8836	3.398		
138	300 200 300 500 200 S_z≤200	12ϕ16	2413	0.928	ϕ6	0.620
		12ϕ18	3054	1.175	ϕ8	1.129
		12ϕ20	3770	1.450	ϕ10	1.810
		12ϕ22	4561	1.754		
		12ϕ25	5891	2.266		
		18ϕ22	6842	2.632		
		18ϕ25	8836	3.398		

序号	截面钢筋布置	纵力受力钢筋			箍筋@100	
		根数 ϕ 直径	A_s（mm²）	ρ（%）	ϕ 直径	ρ_v（%）
139	300 200 300 550 200 $250<S_z\leqslant300$	12ϕ16	2413	0.894	ϕ6	0.543
		12ϕ18	3054	1.131	ϕ8	0.989
		12ϕ20	3770	1.396	ϕ10	1.587
		12ϕ22	4561	1.689		
		12ϕ25	5891	2.182		
		18ϕ22	6842	2.534		
		18ϕ25	8836	3.273		
140	300 200 300 550 200 $S_z\leqslant200$	12ϕ16	2413	0.894	ϕ6	0.611
		12ϕ18	3054	1.131	ϕ8	1.112
		12ϕ20	3770	1.396	ϕ10	1.783
		12ϕ22	4561	1.689		
		12ϕ25	5891	2.182		
		18ϕ22	6842	2.534		
		18ϕ25	8836	3.273		

序号	截面钢筋布置	纵力受力钢筋			箍筋@100	
		根数 ϕ 直径	A_s（mm²）	ρ（%）	ϕ 直径	ρ_v（%）
141	300 200 300 / 600 / 200 / 250＜S_z≤300	12ϕ16	2413	0.862	ϕ6	0.537
		12ϕ18	3054	1.091	ϕ8	0.979
		12ϕ20	3770	1.346	ϕ10	1.570
		12ϕ22	4561	1.629		
		12ϕ25	5891	2.104		
		18ϕ22	6842	2.444		
		18ϕ25	8836	3.156		
142	300 200 300 / 600 / 200 / S_z≤200	12ϕ16	2413	0.862	ϕ6	0.602
		12ϕ18	3054	1.091	ϕ8	1.097
		12ϕ20	3770	1.346	ϕ10	1.758
		12ϕ22	4561	1.629		
		12ϕ25	5891	2.104		
		18ϕ22	6842	2.444		
		18ϕ25	8836	3.156		

序号	截面钢筋布置	纵力受力钢筋			箍筋@100	
		根数 ϕ 直径	A_s (mm^2)	ρ (%)	ϕ 直径	ρ_v (%)
143	$S_z \leqslant 200$	12ϕ14	1847	1.343	ϕ6	0.640
		12ϕ16	2413	1.755	ϕ8	1.162
		12ϕ18	3054	2.221	ϕ10	1.856
		12ϕ20	3770	2.742		
		12ϕ22	4561	3.317		
144	$S_z \leqslant 200$	12ϕ14	1847	1.231	ϕ6	0.608
		12ϕ16	2413	1.609	ϕ8	1.103
		12ϕ18	3054	2.036	ϕ10	1.761
		12ϕ20	3770	2.513		
		12ϕ22	4561	3.041		
		12ϕ25	5891	3.927		

序号	截面钢筋布置	纵力受力钢筋			箍筋@100	
		根数ϕ直径	A_s（mm²）	ρ（%）	ϕ直径	ρ_v（%）
145	 75 250 75 250 250 $200 < S_z \leqslant 250$	12ϕ14	1847	1.137	ϕ6	0.581
		12ϕ16	2413	1.485	ϕ8	1.054
		12ϕ18	3054	1.879	ϕ10	1.681
		12ϕ20	3770	2.320		
		12ϕ22	4561	2.807		
		12ϕ25	5891	3.625		
146	 75 250 75 250 250 $S_z \leqslant 200$	12ϕ14	1847	1.137	ϕ6	0.629
		12ϕ16	2413	1.485	ϕ8	1.142
		12ϕ18	3054	1.879	ϕ10	1.822
		12ϕ20	3770	2.320		
		12ϕ22	4561	2.807		
		12ϕ25	5891	3.625		

序号	截面钢筋布置	纵力受力钢筋			箍筋@100	
		根数ϕ直径	A_s（mm²）	ρ（%）	ϕ直径	ρ_v（%）
147	75 250 75 300 250 $250 < S_z \leqslant 300$	12ϕ14	1847	1.055	ϕ6	0.558
		12ϕ16	2413	1.379	ϕ8	1.012
		12ϕ18	3054	1.745	ϕ10	1.615
		12ϕ20	3770	2.154		
		12ϕ22	4561	2.606		
		12ϕ25	5891	3.366		
		18ϕ22	6842	3.910		
148	75 250 75 300 250 $S_z \leqslant 200$	12ϕ14	1847	1.055	ϕ6	0.603
		12ϕ16	2413	1.379	ϕ8	1.094
		12ϕ18	3054	1.745	ϕ10	1.744
		12ϕ20	3770	2.154		
		12ϕ22	4561	2.606		
		12ϕ25	5891	3.366		
		18ϕ22	6842	3.910		

序号	截面钢筋布置	纵力受力钢筋			箍筋@100	
		根数 ϕ 直径	A_s (mm²)	ρ (%)	ϕ 直径	ρ_v (%)
149	75 250 75 350 250 $S_z \leqslant 200$	12ϕ14	1847	0.985	ϕ6	0.580
		12ϕ16	2413	1.287	ϕ8	1.052
		12ϕ18	3054	1.629	ϕ10	1.677
		12ϕ20	3770	2.011		
		12ϕ22	4561	2.433		
		12ϕ25	5891	3.142		
		18ϕ22	6842	3.649		
150	75 250 75 400 250 $S_z \leqslant 200$	12ϕ16	2413	1.207	ϕ6	0.561
		12ϕ18	3054	1.527	ϕ8	1.016
		12ϕ20	3770	1.885	ϕ10	1.620
		12ϕ22	4561	2.281		
		12ϕ25	5891	2.946		
		18ϕ22	6842	3.421		

序号	截面钢筋布置	纵力受力钢筋			箍筋@100	
		根数ϕ直径	A_s（mm²）	ρ（%）	ϕ直径	ρ_v（%）
151	 $S_z \leqslant 200$	12ϕ14	1847	1.231	ϕ6	0.608
		12ϕ16	2413	1.609	ϕ8	1.103
		12ϕ18	3054	2.036	ϕ10	1.761
		12ϕ20	3770	2.513		
		12ϕ22	4561	3.041		
		12ϕ25	5891	3.927		
152	 $S_z \leqslant 200$	12ϕ14	1847	1.137	ϕ6	0.581
		12ϕ16	2413	1.485	ϕ8	1.054
		12ϕ18	3054	1.879	ϕ10	1.681
		12ϕ20	3770	2.320		
		12ϕ22	4561	2.807		
		12ϕ25	5891	3.625		

序号	截面钢筋布置	纵力受力钢筋			箍筋@100	
		根数 ϕ 直径	A_s （mm²）	ρ （%）	ϕ 直径	ρ_v （%）
153	100 250 100 / 250 / 250 / $200<S_z\leqslant250$	12ϕ14	1847	1.055	ϕ6	0.558
		12ϕ16	2413	1.379	ϕ8	1.012
		12ϕ18	3054	1.745	ϕ10	1.615
		12ϕ20	3770	2.154		
		12ϕ22	4561	2.606		
		12ϕ25	5891	3.366		
		18ϕ22	6842	3.910		
154	100 250 100 / 250 / 250 / $S_z\leqslant200$	12ϕ14	1847	1.055	ϕ6	0.603
		12ϕ16	2413	1.379	ϕ8	1.094
		12ϕ18	3054	1.745	ϕ10	1.744
		12ϕ20	3770	2.154		
		12ϕ22	4561	2.606		
		12ϕ25	5891	3.366		
		18ϕ22	6842	3.910		

序号	截面钢筋布置	纵力受力钢筋			箍筋@100	
		根数 ϕ 直径	A_s（mm²）	ρ（%）	ϕ 直径	ρ_v（%）
155	250＜S_z≤300	12ϕ14	1847	0.985	ϕ6	0.538
		12ϕ16	2413	1.287	ϕ8	0.977
		12ϕ18	3054	1.629	ϕ10	1.558
		12ϕ20	3770	2.011		
		12ϕ22	4561	2.433		
		12ϕ25	5891	3.142		
		18ϕ22	6842	3.649		
156	S_z≤200	12ϕ14	1847	0.985	ϕ6	0.580
		12ϕ16	2413	1.287	ϕ8	1.052
		12ϕ18	3054	1.629	ϕ10	1.677
		12ϕ20	3770	2.011		
		12ϕ22	4561	2.433		
		12ϕ25	5891	3.142		
		18ϕ22	6842	3.649		

序号	截面钢筋布置	纵力受力钢筋			箍筋@100	
		根数 ϕ 直径	A_s（mm²）	ρ（%）	ϕ 直径	ρ_v（%）
157	100 250 100 350 250 $S_z \leqslant 200$	12ϕ14	1847	0.924	ϕ6	0.561
		12ϕ16	2413	1.207	ϕ8	1.016
		12ϕ18	3054	1.527	ϕ10	1.620
		12ϕ20	3770	1.885		
		12ϕ22	4561	2.281		
		12ϕ25	5891	2.946		
		18ϕ22	6842	3.421		
158	100 250 100 400 250 $S_z \leqslant 200$	12ϕ16	2413	1.136	ϕ6	0.543
		12ϕ18	3054	1.437	ϕ8	0.985
		12ϕ20	3770	1.774	ϕ10	1.570
		12ϕ22	4561	2.281		
		12ϕ25	5891	2.146		
		18ϕ22	6842	3.220		

序号	截面钢筋布置	纵力受力钢筋			箍筋@100	
		根数 ϕ 直径	A_s （mm²）	ρ （%）	ϕ 直径	ρ_v （%）
159	100 250 100 450 250 200<S_z≤250	12ϕ16	2413	1.072	ϕ6	0.528
		12ϕ18	3054	1.357	ϕ8	0.957
		12ϕ20	3770	1.676	ϕ10	1.526
		12ϕ22	4561	2.027		
		12ϕ25	5891	2.618		
		18ϕ22	6842	3.041		
		18ϕ25	8836	3.927		
160	100 250 100 450 250 S_z≤200	12ϕ16	2413	1.072	ϕ6	0.562
		12ϕ18	3054	1.357	ϕ8	1.019
		12ϕ20	3770	1.676	ϕ10	1.624
		12ϕ22	4561	2.027		
		12ϕ25	5891	2.618		
		18ϕ22	6842	3.041		
		18ϕ25	8836	3.927		

序号	截面钢筋布置	纵力受力钢筋				箍筋@100	
		根数 ϕ 直径	A_s （mm²）	ρ （%）		ϕ 直径	ρ_v （%）
161	100 250 100 500 250 200<S_z≤250	12ϕ16	2413	1.016		ϕ6	0.515
		12ϕ18	3054	1.286		ϕ8	0.933
		12ϕ20	3770	1.587		ϕ10	1.486
		12ϕ22	4561	1.920			
		12ϕ25	5891	2.480			
		18ϕ22	6842	2.881			
		18ϕ25	8836	3.720			
162	100 250 100 500 250 S_z≤200	12ϕ16	2413	1.016		ϕ6	0.541
		12ϕ18	3054	1.286		ϕ8	0.991
		12ϕ20	3770	1.587		ϕ10	1.579
		12ϕ22	4561	1.920			
		12ϕ25	5891	2.480			
		18ϕ22	6842	2.881			
		18ϕ25	8836	3.720			

序号	截面钢筋布置	纵力受力钢筋			箍筋@100	
		根数φ直径	A_s（mm²）	ρ（%）	φ直径	ρ_v（%）
163	125 250 125 150 250 $S_z \leqslant 200$	12φ14	1847	1.137	φ6	0.581
		12φ16	2413	1.485	φ8	1.054
		12φ18	3054	1.879	φ10	1.681
		12φ20	3770	2.320		
		12φ22	4561	2.807		
		12φ25	5891	3.625		
164	125 250 125 200 250 $S_z \leqslant 200$	12φ14	1847	1.055	φ6	0.558
		12φ16	2413	1.379	φ8	1.012
		12φ18	3054	1.745	φ10	1.615
		12φ20	3770	2.154		
		12φ22	4561	2.606		
		12φ25	5891	3.366		
		18φ22	6842	3.910		

序号	截面钢筋布置	纵力受力钢筋			箍筋@100	
		根数ϕ直径	A_s（mm²）	ρ（%）	ϕ直径	ρ_v（%）
165	125　250　125 250 250 $200{<}S_z{\leqslant}250$	12ϕ14	1847	0.985	ϕ6	0.538
		12ϕ16	2413	1.287	ϕ8	0.977
		12ϕ18	3054	1.629	ϕ10	1.558
		12ϕ20	3770	2.011		
		12ϕ22	4561	2.433		
		12ϕ25	5891	3.142		
		18ϕ22	6842	3.649		
166	125　250　125 250 250 $S_z{\leqslant}200$	12ϕ14	1847	0.985	ϕ6	0.580
		12ϕ16	2413	1.287	ϕ8	1.052
		12ϕ18	3054	1.629	ϕ10	1.677
		12ϕ20	3770	2.011		
		12ϕ22	4561	2.433		
		12ϕ25	5891	3.142		
		18ϕ22	6842	3.649		

序号	截面钢筋布置	纵力受力钢筋			箍筋@100	
		根数 ϕ 直径	A_s（mm²）	ρ（%）	ϕ 直径	ρ_v（%）
167	125 250 125 300 250 $250 < S_z \leqslant 300$	12ϕ14	1847	0.924	ϕ6	0.522
		12ϕ16	2413	1.207	ϕ8	0.946
		12ϕ18	3054	1.527	ϕ10	1.508
		12ϕ20	3770	1.885		
		12ϕ22	4561	2.281		
		12ϕ25	5891	2.946		
		18ϕ22	6842	3.421		
168	125 250 125 300 250 $S_z \leqslant 200$	12ϕ14	1847	0.924	ϕ6	0.561
		12ϕ16	2413	1.207	ϕ8	1.016
		12ϕ18	3054	1.527	ϕ10	1.620
		12ϕ20	3770	1.885		
		12ϕ22	4561	2.281		
		12ϕ25	5891	2.946		
		18ϕ22	6842	3.421		

序号	截面钢筋布置	纵力受力钢筋			箍筋@100	
		根数φ直径	A_s (mm²)	ρ (%)	φ直径	ρ_v (%)
169	125 250 125 350 250 $S_z \leqslant 200$	12φ14	1847	0.869	φ6	0.543
		12φ16	2413	1.136	φ8	0.985
		12φ18	3054	1.437	φ10	1.570
		12φ20	3770	1.774		
		12φ22	4561	2.281		
		12φ25	5891	2.146		
		18φ22	6842	3.220		
170	125 250 125 400 250 $S_z \leqslant 200$	12φ16	2413	1.072	φ6	0.528
		12φ18	3054	1.357	φ8	0.957
		12φ20	3770	1.676	φ10	1.526
		12φ22	4561	2.027		
		12φ25	5891	2.618		
		18φ22	6842	3.041		
		18φ25	8836	3.927		

序号	截面钢筋布置	纵力受力钢筋			箍筋@100	
		根数ϕ直径	A_s（mm^2）	ρ（%）	ϕ直径	ρ_v（%）
171	125 250 125 450 250 $200 < S_z \leqslant 250$	12ϕ16	2413	1.016	ϕ6	0.515
		12ϕ18	3054	1.286	ϕ8	0.933
		12ϕ20	3770	1.587	ϕ10	1.486
		12ϕ22	4561	1.920		
		12ϕ25	5891	2.480		
		18ϕ22	6842	2.881		
		18ϕ25	8836	3.720		
172	125 250 125 450 250 $S_z \leqslant 200$	12ϕ16	2413	1.016	ϕ6	0.547
		12ϕ18	3054	1.286	ϕ8	0.991
		12ϕ20	3770	1.587	ϕ10	1.579
		12ϕ22	4561	1.920		
		12ϕ25	5891	2.480		
		18ϕ22	6842	2.881		
		18ϕ25	8836	3.720		

序号	截面钢筋布置	纵力受力钢筋			箍筋@100	
		根数 ϕ 直径	A_s （mm^2）	ρ （%）	ϕ 直径	ρ_v （%）
173	125 250 125 500 250 $250 < S_z \leqslant 300$	12ϕ16	2413	0.965	ϕ6	0.503
		12ϕ18	3054	1.222	ϕ8	0.911
		12ϕ20	3770	1.508	ϕ10	1.451
		12ϕ22	4561	1.824		
		12ϕ25	5891	2.356		
		18ϕ22	6842	2.737		
		18ϕ25	8836	3.534		
174	125 250 125 500 250 $S_z \leqslant 200$	12ϕ16	2413	0.965	ϕ6	0.533
		12ϕ18	3054	1.222	ϕ8	0.966
		12ϕ20	3770	1.508	ϕ10	1.539
		12ϕ22	4561	1.824		
		12ϕ25	5891	2.356		
		18ϕ22	6842	2.737		
		18ϕ25	8836	3.534		

序号	截面钢筋布置	纵力受力钢筋			箍筋@100	
		根数ϕ直径	A_s（mm²）	ρ（%）	ϕ直径	ρ_v（%）
175	125 250 125 550 250 $250 < S_z \leqslant 300$	12ϕ16	2413	0.919	ϕ6	0.492
		12ϕ18	3054	1.163	ϕ8	0.891
		12ϕ20	3770	1.436	ϕ10	1.420
		12ϕ22	4561	1.738		
		12ϕ25	5891	2.244		
		18ϕ22	6842	2.606		
		18ϕ25	8836	3.366		
176	125 250 125 550 250 $S_z \leqslant 200$	12ϕ16	2413	0.919	ϕ6	0.521
		12ϕ18	3054	1.163	ϕ8	0.944
		12ϕ20	3770	1.436	ϕ10	1.503
		12ϕ22	4561	1.738		
		12ϕ25	5891	2.244		
		18ϕ22	6842	2.606		
		18ϕ25	8836	3.366		

序号	截面钢筋布置	纵力受力钢筋			箍筋@100	
		根数ϕ直径	A_s（mm²）	ρ（%）	ϕ直径	ρ_v（%）
177	150 250 150 150 250 $S_z \leqslant 200$	12ϕ14	1847	1.055	ϕ6	0.558
		12ϕ16	2413	1.379	ϕ8	1.012
		12ϕ18	3054	1.745	ϕ10	1.615
		12ϕ20	3770	2.154		
		12ϕ22	4561	2.606		
		12ϕ25	5891	3.366		
		18ϕ22	6842	3.910		
178	150 250 150 200 250 $S_z \leqslant 200$	12ϕ14	1847	0.985	ϕ6	0.538
		12ϕ16	2413	1.287	ϕ8	0.977
		12ϕ18	3054	1.629	ϕ10	1.558
		12ϕ20	3770	2.011		
		12ϕ22	4561	2.433		
		12ϕ25	5891	3.142		
		18ϕ22	6842	3.649		

序号	截面钢筋布置	纵力受力钢筋			箍筋@100	
		根数φ直径	A_s（mm²）	ρ（%）	φ直径	ρ_v（%）
179	150 250 150 250 250 $200 < S_z \leqslant 250$	12φ14	1847	0.924	φ6	0.522
		12φ16	2413	1.207	φ8	0.946
		12φ18	3054	1.527	φ10	1.508
		12φ20	3770	1.885		
		12φ22	4561	2.281		
		12φ25	5891	2.946		
		18φ22	6842	3.421		
180	150 250 150 250 250 $S_z \leqslant 200$	12φ14	1847	0.924	φ6	0.561
		12φ16	2413	1.207	φ8	1.016
		12φ18	3054	1.527	φ10	1.620
		12φ20	3770	1.885		
		12φ22	4561	2.281		
		12φ25	5891	2.946		
		18φ22	6842	3.421		

序号	截面钢筋布置	纵力受力钢筋			箍筋@100	
		根数ϕ直径	A_s（mm²）	ρ（%）	ϕ直径	ρ_v（%）
181	150 250 150 300 250 $250 < S_z \leqslant 300$	12ϕ14	1847	0.869	ϕ6	0.507
		12ϕ16	2413	1.136	ϕ8	0.919
		12ϕ18	3054	1.437	ϕ10	1.465
		12ϕ20	3770	1.774		
		12ϕ22	4561	2.281		
		12ϕ25	5891	2.146		
		18ϕ22	6842	3.220		
182	150 250 150 300 250 $S_z \leqslant 200$	12ϕ14	1847	0.869	ϕ6	0.543
		12ϕ16	2413	1.136	ϕ8	0.985
		12ϕ18	3054	1.437	ϕ10	1.570
		12ϕ20	3770	1.774		
		12ϕ22	4561	2.281		
		12ϕ25	5891	2.146		
		18ϕ22	6842	3.220		

序号	截面钢筋布置	纵力受力钢筋			箍筋@100	
		根数 ϕ 直径	A_s（mm²）	ρ（%）	ϕ 直径	ρ_v（%）
183	$S_z \leqslant 200$	12ϕ14	1847	0.821	ϕ6	0.528
		12ϕ16	2413	1.072	ϕ8	0.957
		12ϕ18	3054	1.357	ϕ10	1.526
		12ϕ20	3770	1.676		
		12ϕ22	4561	2.027		
		12ϕ25	5891	2.618		
		18ϕ22	6842	3.041		
		18ϕ25	8836	3.927		
184	$S_z \leqslant 200$	12ϕ16	2413	1.016	ϕ6	0.515
		12ϕ18	3054	1.286	ϕ8	0.933
		12ϕ20	3770	1.587	ϕ10	1.486
		12ϕ22	4561	1.920		
		12ϕ25	5891	2.480		
		18ϕ22	6842	2.881		
		18ϕ25	8836	3.720		

序号	截面钢筋布置	纵力受力钢筋			箍筋@100	
		根数φ直径	A_s （mm²）	ρ （%）	φ直径	ρ_v （%）
185	150 250 150 450 250 200<S_z≤250	12φ16	2413	0.965	φ6	0.503
		12φ18	3054	1.222	φ8	0.911
		12φ20	3770	1.508	φ10	1.451
		12φ22	4561	1.824		
		12φ25	5891	2.356		
		18φ22	6842	2.737		
		18φ25	8836	3.534		
186	150 250 150 450 250 S_z≤200	12φ16	2413	0.965	φ6	0.533
		12φ18	3054	1.222	φ8	0.966
		12φ20	3770	1.508	φ10	1.539
		12φ22	4561	1.824		
		12φ25	5891	2.356		
		18φ22	6842	2.737		
		18φ25	8836	3.534		

序号	截面钢筋布置	纵力受力钢筋			箍筋@100	
		根数ϕ直径	A_s（mm²）	ρ（%）	ϕ直径	ρ_v（%）
187	 150 250 150 500 250 $200 < S_z \leqslant 250$	12ϕ16	2413	0.919	ϕ6	0.492
		12ϕ18	3054	1.163	ϕ8	0.891
		12ϕ20	3770	1.436	ϕ10	1.420
		12ϕ22	4561	1.738		
		12ϕ25	5891	2.244		
		18ϕ22	6842	2.606		
		18ϕ25	8836	3.366		
188	 150 250 150 500 250 $S_z \leqslant 200$	12ϕ16	2413	0.919	ϕ6	0.521
		12ϕ18	3054	1.163	ϕ8	0.944
		12ϕ20	3770	1.436	ϕ10	1.503
		12ϕ22	4561	1.738		
		12ϕ25	5891	2.244		
		18ϕ22	6842	2.606		
		18ϕ25	8836	3.366		

序号	截面钢筋布置	纵力受力钢筋			箍筋@100	
		根数 ϕ 直径	A_s（mm²）	ρ（%）	ϕ 直径	ρ_v（%）
189	150　250　150 550 250 $250 < S_z \leqslant 300$	12ϕ16	2413	0.877	ϕ6	0.482
		12ϕ18	3054	1.111	ϕ8	0.873
		12ϕ20	3770	1.371	ϕ10	1.391
		12ϕ22	4561	1.659		
		12ϕ25	5891	2.142		
		18ϕ22	6842	2.488		
		18ϕ25	8836	3.213		
190	150　250　150 550 250 $S_z \leqslant 200$	12ϕ16	2413	0.877	ϕ6	0.510
		12ϕ18	3054	1.111	ϕ8	0.923
		12ϕ20	3770	1.371	ϕ10	1.471
		12ϕ22	4561	1.659		
		12ϕ25	5891	2.142		
		18ϕ22	6842	2.488		
		18ϕ25	8836	3.213		

序号	截面钢筋布置	纵力受力钢筋			箍筋@100	
		根数 ϕ 直径	A_s（mm²）	ρ（%）	ϕ 直径	ρ_v（%）
191	175 250 175 150 250 $S_z \leqslant 200$	12ϕ14	1847	0.985	ϕ6	0.538
		12ϕ16	2413	1.287	ϕ8	0.977
		12ϕ18	3054	1.629	ϕ10	1.558
		12ϕ20	3770	2.011		
		12ϕ22	4561	2.433		
		12ϕ25	5891	3.142		
		18ϕ22	6842	3.649		
192	175 250 175 200 250 $S_z \leqslant 200$	12ϕ14	1847	0.924	ϕ6	0.522
		12ϕ16	2413	1.207	ϕ8	0.946
		12ϕ18	3054	1.527	ϕ10	1.508
		12ϕ20	3770	1.885		
		12ϕ22	4561	2.281		
		12ϕ25	5891	2.946		
		18ϕ22	6842	3.421		

序号	截面钢筋布置	纵力受力钢筋			箍筋@100	
		根数 ϕ 直径	A_s（mm²）	ρ（%）	ϕ 直径	ρ_v（%）
193	175 250 175 250 250 250 $200 < S_z \leqslant 250$	12ϕ14	1847	0.869	ϕ6	0.507
		12ϕ16	2413	1.136	ϕ8	0.919
		12ϕ18	3054	1.437	ϕ10	1.465
		12ϕ20	3770	1.774		
		12ϕ22	4561	2.281		
		12ϕ25	5891	2.146		
		18ϕ22	6842	3.220		
194	175 250 175 250 250 $S_z \leqslant 200$	12ϕ14	1847	0.869	ϕ6	0.543
		12ϕ16	2413	1.136	ϕ8	0.985
		12ϕ18	3054	1.437	ϕ10	1.570
		12ϕ20	3770	1.774		
		12ϕ22	4561	2.281		
		12ϕ25	5891	2.146		
		18ϕ22	6842	3.220		

序号	截面钢筋布置	纵力受力钢筋			箍筋@100	
		根数ϕ直径	A_s（mm²）	ρ（%）	ϕ直径	ρ_v（%）
195	175 250 175 300 250 250<S_z≤300	12ϕ14	1847	0.821	ϕ6	0.494
		12ϕ16	2413	1.072	ϕ8	0.895
		12ϕ18	3054	1.357	ϕ10	1.427
		12ϕ20	3770	1.676		
		12ϕ22	4561	2.027		
		12ϕ25	5891	2.618		
		18ϕ22	6842	3.041		
		18ϕ25	8836	3.927		
196	175 250 175 300 250 S_z≤200	12ϕ14	1847	0.821	ϕ6	0.528
		12ϕ16	2413	1.072	ϕ8	0.957
		12ϕ18	3054	1.357	ϕ10	1.526
		12ϕ20	3770	1.676		
		12ϕ22	4561	2.027		
		12ϕ25	5891	2.618		
		18ϕ22	6842	3.041		
		18ϕ25	8836	3.927		

序号	截面钢筋布置	纵力受力钢筋			箍筋@100	
		根数 ϕ 直径	A_s（mm²）	ρ（%）	ϕ 直径	ρ_v（%）
197	$S_z\leqslant200$	12ϕ16	2413	1.016	ϕ6	0.585
		12ϕ18	3054	1.286	ϕ8	0.933
		12ϕ20	3770	1.587	ϕ10	1.486
		12ϕ22	4561	1.920		
		12ϕ25	5891	2.480		
		18ϕ22	6842	2.881		
		18ϕ25	8836	3.720		
198	$S_z\leqslant200$	12ϕ16	2413	0.965	ϕ6	0.503
		12ϕ18	3054	1.222	ϕ8	0.911
		12ϕ20	3770	1.508	ϕ10	1.451
		12ϕ22	4561	1.824		
		12ϕ25	5891	2.356		
		18ϕ22	6842	2.737		
		18ϕ25	8836	3.534		

序号	截面钢筋布置	纵力受力钢筋			箍筋@100	
		根数ϕ直径	A_s（mm²）	ρ（%）	ϕ直径	ρ_v（%）
199	175 250 175 450 250 200<S_z≤250	12ϕ16	2413	0.919	ϕ6	0.492
		12ϕ18	3054	1.163	ϕ8	0.891
		12ϕ20	3770	1.436	ϕ10	1.420
		12ϕ22	4561	1.738		
		12ϕ25	5891	2.244		
		18ϕ22	6842	2.606		
		18ϕ25	8836	3.366		
200	175 250 175 450 250 S_z≤200	12ϕ16	2413	0.919	ϕ6	0.521
		12ϕ18	3054	1.163	ϕ8	0.944
		12ϕ20	3770	1.436	ϕ10	1.503
		12ϕ22	4561	1.738		
		12ϕ25	5891	2.244		
		18ϕ22	6842	2.606		
		18ϕ25	8836	3.366		

序号	截面钢筋布置	纵力受力钢筋			箍筋@100	
		根数ϕ直径	A_s（mm^2）	ρ（%）	ϕ直径	ρ_v（%）
201	175 250 175 / 500 / 250 / 200<S_z≤250	12ϕ16	2413	0.877	ϕ6	0.482
		12ϕ18	3054	1.111	ϕ8	0.873
		12ϕ20	3770	1.371	ϕ10	1.391
		12ϕ22	4561	1.659		
		12ϕ25	5891	2.142		
		18ϕ22	6842	2.488		
		18ϕ25	8836	3.213		
202	175 250 175 / 500 / 250 / S_z≤200	12ϕ16	2413	0.877	ϕ6	0.510
		12ϕ18	3054	1.111	ϕ8	0.923
		12ϕ20	3770	1.371	ϕ10	1.471
		12ϕ22	4561	1.659		
		12ϕ25	5891	2.142		
		18ϕ22	6842	2.488		
		18ϕ25	8836	3.213		

序号	截面钢筋布置	纵力受力钢筋			箍筋@100	
		根数 ϕ 直径	A_s（mm²）	ρ（%）	ϕ 直径	ρ_v（%）
203	175 250 175 / 550 / 250 / 250<S_z≤300	12ϕ16	2413	0.839	ϕ6	0.473
		12ϕ18	3054	1.062	ϕ8	0.857
		12ϕ20	3770	1.311	ϕ10	1.365
		12ϕ22	4561	1.586		
		12ϕ25	5891	2.049		
		18ϕ22	6842	2.380		
		18ϕ25	8836	3.073		
204	175 250 175 / 550 / 250 / S_z≤200	12ϕ16	2413	0.839	ϕ6	0.499
		12ϕ18	3054	1.062	ϕ8	0.905
		12ϕ20	3770	1.311	ϕ10	1.441
		12ϕ22	4561	1.586		
		12ϕ25	5891	2.049		
		18ϕ22	6842	2.380		
		18ϕ25	8836	3.073		

序号	截面钢筋布置	纵力受力钢筋			箍筋@100	
		根数ϕ直径	A_s（mm²）	ρ（%）	ϕ直径	ρ_v（%）
205	$S_z \leqslant 200$	12ϕ16	2413	1.207	ϕ6	0.522
		12ϕ18	3054	1.527	ϕ8	0.946
		12ϕ20	3770	1.885	ϕ10	1.508
		12ϕ22	4561	2.281		
		12ϕ25	5891	2.946		
		18ϕ22	6842	3.421		
206	$S_z \leqslant 200$	12ϕ16	2413	1.136	ϕ6	0.507
		12ϕ18	3054	1.437	ϕ8	0.919
		12ϕ20	3770	1.774	ϕ10	1.465
		12ϕ22	4561	2.281		
		12ϕ25	5891	2.146		
		18ϕ22	6842	3.220		

214

序号	截面钢筋布置	纵力受力钢筋			箍筋@100	
		根数 ϕ 直径	A_s（mm²）	ρ（%）	ϕ 直径	ρ_v（%）
207	200　250　200　250　250　200<S_z≤250	12ϕ16	2413	1.072	ϕ6	0.494
		12ϕ18	3054	1.357	ϕ8	0.895
		12ϕ20	3770	1.676	ϕ10	1.427
		12ϕ22	4561	2.027		
		12ϕ25	5891	2.618		
		18ϕ22	6842	3.041		
		18ϕ25	8836	3.927		
208	200　250　200　250　250　S_z≤200	12ϕ16	2413	1.072	ϕ6	0.528
		12ϕ18	3054	1.357	ϕ8	0.957
		12ϕ20	3770	1.676	ϕ10	1.526
		12ϕ22	4561	2.027		
		12ϕ25	5891	2.618		
		18ϕ22	6842	3.041		
		18ϕ25	8836	3.927		

序号	截面钢筋布置	纵力受力钢筋			箍筋@100	
		根数 ϕ 直径	A_s（mm²）	ρ（%）	ϕ 直径	ρ_v（%）
209	200 250 200 / 300 / 250 / $250 < S_z \leqslant 300$	12ϕ16	2413	1.016	ϕ6	0.482
		12ϕ18	3054	1.286	ϕ8	0.874
		12ϕ20	3770	1.587	ϕ10	1.393
		12ϕ22	4561	1.920		
		12ϕ25	5891	2.480		
		18ϕ22	6842	2.881		
		18ϕ25	8836	3.720		
210	200 250 200 / 300 / 250 / $S_z \leqslant 200$	12ϕ16	2413	1.016	ϕ6	0.515
		12ϕ18	3054	1.286	ϕ8	0.933
		12ϕ20	3770	1.587	ϕ10	1.486
		12ϕ22	4561	1.920		
		12ϕ25	5891	2.480		
		18ϕ22	6842	2.881		
		18ϕ25	8836	3.720		

序号	截面钢筋布置	纵力受力钢筋			箍筋@100	
		根数 ϕ 直径	A_s （mm²）	ρ （%）	ϕ 直径	ρ_v （%）
211	200 250 200 350 250 $S_z \leqslant 200$	12ϕ16	2413	0.965	ϕ6	0.503
		12ϕ18	3054	1.222	ϕ8	0.911
		12ϕ20	3770	1.508	ϕ10	1.451
		12ϕ22	4561	1.824		
		12ϕ25	5891	2.356		
		18ϕ22	6842	2.737		
		18ϕ25	8836	3.534		
212	200 250 200 400 250 $S_z \leqslant 200$	12ϕ16	2413	0.919	ϕ6	0.492
		12ϕ18	3054	1.163	ϕ8	0.891
		12ϕ20	3770	1.436	ϕ10	1.420
		12ϕ22	4561	1.738		
		12ϕ25	5891	2.244		
		18ϕ22	6842	2.606		
		18ϕ25	8836	3.366		

217

序号	截面钢筋布置	纵力受力钢筋			箍筋@100	
		根数ϕ直径	A_s（mm²）	ρ（％）	ϕ直径	ρ_v（％）
213	200 250 200 450 250 200<S_z≤250	12ϕ16	2413	0.877	ϕ6	0.482
		12ϕ18	3054	1.111	ϕ8	0.873
		12ϕ20	3770	1.371	ϕ10	1.391
		12ϕ22	4561	1.659		
		12ϕ25	5891	2.142		
		18ϕ22	6842	2.488		
		18ϕ25	8836	3.213		
214	200 250 200 450 250 S_z≤200	12ϕ16	2413	0.877	ϕ6	0.510
		12ϕ18	3054	1.111	ϕ8	0.923
		12ϕ20	3770	1.371	ϕ10	1.471
		12ϕ22	4561	1.659		
		12ϕ25	5891	2.142		
		18ϕ22	6842	2.488		
		18ϕ25	8836	3.213		

序号	截面钢筋布置	纵力受力钢筋			箍筋@100	
		根数 ϕ 直径	A_s（mm²）	ρ（％）	ϕ 直径	ρ_v（％）
215	 200 250 200 500 250 $200 < S_z \leqslant 250$	12ϕ16	2413	0.839	ϕ6	0.473
		12ϕ18	3054	1.062	ϕ8	0.857
		12ϕ20	3770	1.311	ϕ10	1.365
		12ϕ22	4561	1.586		
		12ϕ25	5891	2.049		
		18ϕ22	6842	2.380		
		18ϕ25	8836	3.073		
216	 200 250 200 500 250 $S_z \leqslant 200$	12ϕ16	2413	0.839	ϕ6	0.499
		12ϕ18	3054	1.062	ϕ8	0.905
		12ϕ20	3770	1.311	ϕ10	1.441
		12ϕ22	4561	1.586		
		12ϕ25	5891	2.049		
		18ϕ22	6842	2.380		
		18ϕ25	8836	3.073		

序号	截面钢筋布置	纵力受力钢筋			箍筋@100	
		根数 φ 直径	A_s（mm²）	ρ（%）	φ 直径	ρ_v（%）
217	 250＜S_z≤300	12φ16	2413	0.804	φ6	0.465
		12φ18	3054	1.018	φ8	0.842
		12φ20	3770	1.257	φ10	1.342
		12φ22	4561	1.520		
		12φ25	5891	1.964		
		18φ22	6842	2.281		
		18φ25	8836	2.945		
218	 S_z≤200	12φ16	2413	0.804	φ6	0.490
		12φ18	3054	1.018	φ8	0.888
		12φ20	3770	1.257	φ10	1.414
		12φ22	4561	1.520		
		12φ25	5891	1.964		
		18φ22	6842	2.281		
		18φ25	8836	2.945		

序号	截面钢筋布置	纵力受力钢筋			箍筋@100	
		根数 ϕ 直径	A_s（mm²）	ρ（%）	ϕ 直径	ρ_v（%）
219	200<S_z≤250	12ϕ16	2413	1.072	ϕ6	0.492
		12ϕ18	3054	1.357	ϕ8	0.895
		12ϕ20	3770	1.676	ϕ10	1.427
		12ϕ22	4561	2.027		
		12ϕ25	5891	2.618		
		18ϕ22	6842	3.041		
		18ϕ25	8836	3.927		
220	S_z≤200	12ϕ16	2413	1.072	ϕ6	0.562
		12ϕ18	3054	1.357	ϕ8	1.019
		12ϕ20	3770	1.676	ϕ10	1.624
		12ϕ22	4561	2.027		
		12ϕ25	5891	2.618		
		18ϕ22	6842	3.041		
		18ϕ25	8836	3.927		

序号	截面钢筋布置	纵力受力钢筋			箍筋@100	
		根数 ϕ 直径	A_s（mm²）	ρ（%）	ϕ 直径	ρ_v（%）
221	 225 250 225 250 250 $200<S_z\leqslant250$	12ϕ16	2413	1.016	ϕ6	0.482
		12ϕ18	3054	1.286	ϕ8	0.874
		12ϕ20	3770	1.587	ϕ10	1.393
		12ϕ22	4561	1.920		
		12ϕ25	5891	2.480		
		18ϕ22	6842	2.881		
		18ϕ25	8836	3.720		
222	 225 250 225 250 250 $S_z\leqslant200$	12ϕ16	2413	1.016	ϕ6	0.579
		12ϕ18	3054	1.286	ϕ8	1.050
		12ϕ20	3770	1.587	ϕ10	1.672
		12ϕ22	4561	1.920		
		12ϕ25	5891	2.480		
		18ϕ22	6842	2.881		
		18ϕ25	8836	3.720		

序号	截面钢筋布置	纵力受力钢筋			箍筋@100	
		根数ϕ直径	A_s（mm²）	ρ（%）	ϕ直径	ρ_v（%）
223	225 250 225 \[figure\] 300 250 $250<S_z\leqslant300$	12ϕ16	2413	0.965	ϕ6	0.472
		12ϕ18	3054	1.222	ϕ8	0.855
		12ϕ20	3770	1.508	ϕ10	1.363
		12ϕ22	4561	1.824		
		12ϕ25	5891	2.356		
		18ϕ22	6842	2.737		
		18ϕ25	8836	3.534		
224	\[figure\] $200<S_z\leqslant250$	12ϕ16	2413	0.965	ϕ6	0.503
		12ϕ18	3054	1.222	ϕ8	0.911
		12ϕ20	3770	1.508	ϕ10	1.451
		12ϕ22	4561	1.824		
		12ϕ25	5891	2.356		
		18ϕ22	6842	2.737		
		18ϕ25	8836	3.534		
225	225 250 225 \[figure\] 300 250 $S_z\leqslant200$	12ϕ16	2413	0.965	ϕ6	0.564
		12ϕ18	3054	1.222	ϕ8	1.022
		12ϕ20	3770	1.508	ϕ10	1.627
		12ϕ22	4561	1.824		
		12ϕ25	5891	2.356		
		18ϕ22	6842	2.737		
		18ϕ25	8836	3.534		

223

序号	截面钢筋布置	纵力受力钢筋			箍筋@100	
		根数 ϕ 直径	A_s（mm²）	ρ（%）	ϕ 直径	ρ_v（%）
226	 225　250　225 350 250 $200 < S_z \leqslant 250$	12ϕ16	2413	0.919	ϕ6	0.492
		12ϕ18	3054	1.163	ϕ8	0.891
		12ϕ20	3770	1.436	ϕ10	1.420
		12ϕ22	4561	1.738		
		12ϕ25	5891	2.244		
		18ϕ22	6842	2.606		
		18ϕ25	8836	3.366		
227	 225　250　225 350 250 $S_z \leqslant 200$	12ϕ16	2413	0.919	ϕ6	0.550
		12ϕ18	3054	1.163	ϕ8	0.996
		12ϕ20	3770	1.436	ϕ10	1.587
		12ϕ22	4561	1.738		
		12ϕ25	5891	2.244		
		18ϕ22	6842	2.606		
		18ϕ25	8836	3.366		

序号	截面钢筋布置	纵力受力钢筋			箍筋@100	
		根数 ϕ 直径	A_s（mm²）	ρ（%）	ϕ 直径	ρ_v（%）
228	225 250 225 / 400 / 250 / $250 < S_z \leqslant 300$	$12\phi16$	2413	0.877	$\phi6$	0.482
		$12\phi18$	3054	1.111	$\phi8$	0.873
		$12\phi20$	3770	1.371	$\phi10$	1.391
		$12\phi22$	4561	1.659		
		$12\phi25$	5891	2.142		
		$18\phi22$	6842	2.488		
		$18\phi25$	8836	3.213		
229	225 250 225 / 400 / 250 / $S_z \leqslant 200$	$12\phi16$	2413	0.877	$\phi6$	0.537
		$12\phi18$	3054	1.111	$\phi8$	0.973
		$12\phi20$	3770	1.371	$\phi10$	1.550
		$12\phi22$	4561	1.659		
		$12\phi25$	5891	2.142		
		$18\phi22$	6842	2.488		
		$18\phi25$	8836	3.213		

序号	截面钢筋布置	纵力受力钢筋			箍筋@100	
		根数ϕ直径	A_s（mm²）	ρ（%）	ϕ直径	ρ_v（%）
230	225 250 225 450 250 $200 < S_z \leqslant 250$	12ϕ16	2413	0.839	ϕ6	0.473
		12ϕ18	3054	1.062	ϕ8	0.857
		12ϕ20	3770	1.311	ϕ10	1.365
		12ϕ22	4561	1.586		
		12ϕ25	5891	2.049		
		18ϕ22	6842	2.380		
		18ϕ25	8836	3.073		
231	225 250 225 450 250 $S_z \leqslant 200$	12ϕ16	2413	0.839	ϕ6	0.552
		12ϕ18	3054	1.062	ϕ8	1.000
		12ϕ20	3770	1.311	ϕ10	1.593
		12ϕ22	4561	1.586		
		12ϕ25	5891	2.049		
		18ϕ22	6842	2.380		
		18ϕ25	8836	3.073		

序号	截面钢筋布置	纵力受力钢筋			箍筋@100	
		根数ϕ直径	A_s（mm²）	ρ（%）	ϕ直径	ρ_v（%）
232	225 250 225 500 250 200<S_z≤250	12ϕ16	2413	0.804	ϕ6	0.465
		12ϕ18	3054	1.018	ϕ8	0.842
		12ϕ20	3770	1.257	ϕ10	1.342
		12ϕ22	4561	1.520		
		12ϕ25	5891	1.964		
		18ϕ22	6842	2.281		
		18ϕ25	8836	2.945		
233	225 250 225 500 250 S_z≤200	12ϕ16	2413	0.804	ϕ6	0.541
		12ϕ18	3054	1.018	ϕ8	0.979
		12ϕ20	3770	1.257	ϕ10	1.559
		12ϕ22	4561	1.520		
		12ϕ25	5891	1.964		
		18ϕ22	6842	2.281		
		18ϕ25	8836	2.945		

序号	截面钢筋布置	纵力受力钢筋			箍筋@100	
		根数ϕ直径	A_s（mm^2）	ρ（%）	ϕ直径	ρ_v（%）
234	225 250 225 / 550 / 250 / $250<S_z\leqslant300$	12ϕ18	3054	0.977	ϕ6	0.457
		12ϕ20	3770	1.206	ϕ8	0.829
		12ϕ22	4561	1.460	ϕ10	1.320
		12ϕ25	5891	1.885		
		18ϕ22	6842	2.189		
		18ϕ25	8836	2.828		
235	225 250 225 / 550 / 250 / $200<S_z\leqslant250$	12ϕ18	3054	0.977	ϕ6	0.482
		12ϕ20	3770	1.206	ϕ8	0.872
		12ϕ22	4561	1.460	ϕ10	1.389
		12ϕ25	5891	1.885		
		18ϕ22	6842	2.189		
		18ϕ25	8836	2.828		

228

序号	截面钢筋布置	纵力受力钢筋			箍筋@100	
		根数 ϕ 直径	A_s（mm²）	ρ（%）	ϕ 直径	ρ_v（%）
236	225 250 225 550 250 $S_z \leqslant 200$	12ϕ18	3054	0.977	ϕ6	0.530
		12ϕ20	3770	1.206	ϕ8	0.960
		12ϕ22	4561	1.460	ϕ10	1.528
		12ϕ25	5891	1.885		
		18ϕ22	6842	2.189		
		18ϕ25	8836	2.828		
237	250 250 250 200 250 $200 < S_z \leqslant 250$	12ϕ16	2413	1.016	ϕ6	0.482
		12ϕ18	3054	1.286	ϕ8	0.874
		12ϕ20	3770	1.587	ϕ10	1.393
		12ϕ22	4561	1.920		
		12ϕ25	5891	2.480		
		18ϕ22	6842	2.881		
		18ϕ25	8836	3.720		

序号	截面钢筋布置	纵力受力钢筋			箍筋@100	
		根数 ϕ 直径	A_s（mm²）	ρ（%）	ϕ 直径	ρ_v（%）
238	$S_z \leqslant 200$	12ϕ16	2413	1.016	ϕ6	0.547
		12ϕ18	3054	1.286	ϕ8	0.991
		12ϕ20	3770	1.587	ϕ10	1.579
		12ϕ22	4561	1.920		
		12ϕ25	5891	2.480		
		18ϕ22	6842	2.881		
		18ϕ25	8836	3.720		
239	$200 < S_z \leqslant 250$	12ϕ16	2413	0.965	ϕ6	0.472
		12ϕ18	3054	1.222	ϕ8	0.855
		12ϕ20	3770	1.508	ϕ10	1.363
		12ϕ22	4561	1.824		
		12ϕ25	5891	2.356		
		18ϕ22	6842	2.737		
		18ϕ25	8836	3.534		

序号	截面钢筋布置	纵力受力钢筋			箍筋@100	
		根数ϕ直径	A_s（mm²）	ρ（%）	ϕ直径	ρ_v（%）
240	$S_z \leqslant 200$	12ϕ16	2413	0.965	ϕ6	0.564
		12ϕ18	3054	1.222	ϕ8	1.022
		12ϕ20	3770	1.508	ϕ10	1.627
		12ϕ22	4561	1.824		
		12ϕ25	5891	2.356		
		18ϕ22	6842	2.737		
		18ϕ25	8836	3.534		
241	$250 < S_z \leqslant 300$	12ϕ16	2413	0.919	ϕ6	0.462
		12ϕ18	3054	1.163	ϕ8	0.838
		12ϕ20	3770	1.436	ϕ10	1.336
		12ϕ22	4561	1.738		
		12ϕ25	5891	2.244		
		18ϕ22	6842	2.606		
		18ϕ25	8836	3.366		

序号	截面钢筋布置	纵力受力钢筋				箍筋@100	
		根数 ϕ 直径	A_s (mm²)		ρ (%)	ϕ 直径	ρ_v (%)
242	$200<S_z\leqslant250$	12ϕ16	2413		0.919	ϕ6	0.492
		12ϕ18	3054		1.163	ϕ8	0.891
		12ϕ20	3770		1.436	ϕ10	1.420
		12ϕ22	4561		1.738		
		12ϕ25	5891		2.244		
		18ϕ22	6842		2.606		
		18ϕ25	8836		3.366		
243	$S_z\leqslant200$	12ϕ16	2413		0.919	ϕ6	0.550
		12ϕ18	3054		1.163	ϕ8	0.996
		12ϕ20	3770		1.436	ϕ10	1.587
		12ϕ22	4561		1.738		
		12ϕ25	5891		2.244		
		18ϕ22	6842		2.606		
		18ϕ25	8836		3.366		

序号	截面钢筋布置	纵力受力钢筋			箍筋@100	
		根数 ϕ 直径	A_s （mm²）	ρ （%）	ϕ 直径	ρ_v （%）
244	250 250 250 350 250 $200<S_z\leqslant250$	12ϕ16	2413	0.877	ϕ6	0.482
		12ϕ18	3054	1.111	ϕ8	0.873
		12ϕ20	3770	1.371	ϕ10	1.391
		12ϕ22	4561	1.659		
		12ϕ25	5891	2.142		
		18ϕ22	6842	2.488		
		18ϕ25	8836	3.213		
245	250 250 250 350 250 $S_z\leqslant200$	12ϕ16	2413	0.877	ϕ6	0.537
		12ϕ18	3054	1.111	ϕ8	0.973
		12ϕ20	3770	1.371	ϕ10	1.550
		12ϕ22	4561	1.659		
		12ϕ25	5891	2.142		
		18ϕ22	6842	2.488		
		18ϕ25	8836	3.213		

序号	截面钢筋布置	纵力受力钢筋			箍筋@100	
		根数 ϕ 直径	A_s (mm²)	ρ (%)	ϕ 直径	ρ_v (%)
246	250 250 250 400 250 $200 < S_z \leqslant 250$	$12\phi16$	2413	0.839	$\phi6$	0.473
		$12\phi18$	3054	1.062	$\phi8$	0.857
		$12\phi20$	3770	1.311	$\phi10$	1.365
		$12\phi22$	4561	1.586		
		$12\phi25$	5891	2.049		
		$18\phi22$	6842	2.380		
		$18\phi25$	8836	3.073		
247	250 250 250 400 250 $S_z \leqslant 200$	$12\phi16$	2413	0.839	$\phi6$	0.526
		$12\phi18$	3054	1.062	$\phi8$	0.953
		$12\phi20$	3770	1.311	$\phi10$	1.517
		$12\phi22$	4561	1.586		
		$12\phi25$	5891	2.049		
		$18\phi22$	6842	2.380		
		$18\phi25$	8836	3.073		

序号	截面钢筋布置	纵力受力钢筋			箍筋@100	
		根数 ϕ 直径	A_s（mm²）	ρ（%）	ϕ 直径	ρ_v（%）
248	250 250 250 450 250 200<S_z≤250	12ϕ16	2413	0.804	ϕ6	0.465
		12ϕ18	3054	1.018	ϕ8	0.842
		12ϕ20	3770	1.257	ϕ10	1.342
		12ϕ22	4561	1.520		
		12ϕ25	5891	1.964		
		18ϕ22	6842	2.281		
		18ϕ25	8836	2.945		
249	250 250 250 450 250 S_z≤200	12ϕ16	2413	0.804	ϕ6	0.541
		12ϕ18	3054	1.018	ϕ8	0.979
		12ϕ20	3770	1.257	ϕ10	1.559
		12ϕ22	4561	1.520		
		12ϕ25	5891	1.964		
		18ϕ22	6842	2.281		
		18ϕ25	8836	2.945		

序号	截面钢筋布置	纵力受力钢筋			箍筋@100	
		根数 ϕ 直径	A_s (mm²)	ρ (%)	ϕ 直径	ρ_v (%)
250	250 250 250 / 500 / 250 / $200 < S_z \leqslant 250$	$12\phi18$	3054	0.977	$\phi6$	0.457
		$12\phi20$	3770	1.206	$\phi8$	0.829
		$12\phi22$	4561	1.460	$\phi10$	1.320
		$12\phi25$	5891	1.885		
		$18\phi22$	6842	2.189		
		$18\phi25$	8836	2.828		
251	250 250 250 / 500 / 250 / $S_z \leqslant 200$	$12\phi18$	3054	0.977	$\phi6$	0.530
		$12\phi20$	3770	1.206	$\phi8$	0.960
		$12\phi22$	4561	1.460	$\phi10$	1.528
		$12\phi25$	5891	1.885		
		$18\phi22$	6842	2.189		
		$18\phi25$	8836	2.828		

序号	截面钢筋布置	纵力受力钢筋			箍筋@100	
		根数 ϕ 直径	A_s （mm²）	ρ （%）	ϕ 直径	ρ_v （%）
252	250 250 250 550 250 250<S_z≤300	12ϕ18	3054	0.939	ϕ6	0.450
		12ϕ20	3770	1.160	ϕ8	0.816
		12ϕ22	4561	1.403	ϕ10	1.300
		12ϕ25	5891	1.813		
		18ϕ22	6842	2.105		
		18ϕ25	8836	2.718		
253	250 250 250 550 250 200<S_z≤250	12ϕ18	3054	0.939	ϕ6	0.474
		12ϕ20	3770	1.160	ϕ8	0.858
		12ϕ22	4561	1.403	ϕ10	1.367
		12ϕ25	5891	1.813		
		18ϕ22	6842	2.105		
		18ϕ25	8836	2.718		

序号	截面钢筋布置	纵力受力钢筋				箍筋@100	
		根数 φ 直径	A_s（mm^2）	ρ（%）		φ 直径	ρ_v（%）
254	250 250 250 550 250 $S_z \leqslant 200$	12φ18	3054	0.939		φ6	0.520
		12φ20	3770	1.160		φ8	0.942
		12φ22	4561	1.403		φ10	1.500
		12φ25	5891	1.813			
		18φ22	6842	2.105			
		18φ25	8836	2.718			
255	275 250 275 250 250 $250 < S_z \leqslant 300$	12φ16	2413	0.919		φ6	0.462
		12φ18	3054	1.163		φ8	0.838
		12φ20	3770	1.436		φ10	1.336
		12φ22	4561	1.738			
		12φ25	5891	2.244			
		18φ22	6842	2.606			
		18φ25	8836	3.366			

序号	截面钢筋布置	纵力受力钢筋			箍筋@100	
		根数 ϕ 直径	A_s（mm²）	ρ（%）	ϕ 直径	ρ_v（%）
256	275　250　275 250 250 $200 < S_z \leqslant 250$	$12\phi16$	2413	0.919	$\phi6$	0.521
		$12\phi18$	3054	1.163	$\phi8$	0.944
		$12\phi20$	3770	1.436	$\phi10$	1.503
		$12\phi22$	4561	1.738		
		$12\phi25$	5891	2.244		
		$18\phi22$	6842	2.606		
		$18\phi25$	8836	3.366		
257	275　250　275 250 250 $S_z \leqslant 200$	$12\phi16$	2413	0.919	$\phi6$	0.550
		$12\phi18$	3054	1.163	$\phi8$	0.996
		$12\phi20$	3770	1.436	$\phi10$	1.587
		$12\phi22$	4561	1.738		
		$12\phi25$	5891	2.244		
		$18\phi22$	6842	2.606		
		$18\phi25$	8836	3.366		

序号	截面钢筋布置	纵力受力钢筋			箍筋@100	
		根数 ϕ 直径	A_s （mm²）	ρ （%）	ϕ 直径	ρ_v （%）
258	275 250 275 300 250 $250 < S_z \leqslant 300$	12ϕ16	2413	0.877	ϕ6	0.454
		12ϕ18	3054	1.111	ϕ8	0.823
		12ϕ20	3770	1.371	ϕ10	1.312
		12ϕ22	4561	1.659		
		12ϕ25	5891	2.142		
		18ϕ22	6842	2.488		
		18ϕ25	8836	3.213		
259	275 250 275 300 250 $S_z \leqslant 200$	12ϕ16	2413	0.877	ϕ6	0.537
		12ϕ18	3054	1.111	ϕ8	0.842
		12ϕ20	3770	1.371	ϕ10	1.550
		12ϕ22	4561	1.659		
		12ϕ25	5891	2.142		
		18ϕ22	6842	2.488		
		18ϕ25	8836	3.213		

序号	截面钢筋布置	纵力受力钢筋			箍筋@100	
		根数ϕ直径	A_s（mm²）	ρ（%）	ϕ直径	ρ_v（%）
260	275　250　275 350 250 250<S_z≤300	12ϕ16	2413	0.839	ϕ6	0.473
		12ϕ18	3054	1.062	ϕ8	0.857
		12ϕ20	3770	1.311	ϕ10	1.365
		12ϕ22	4561	1.586		
		12ϕ25	5891	2.049		
		18ϕ22	6842	2.380		
		18ϕ25	8836	3.073		
261	275　250　275 350 250 S_z≤200	12ϕ16	2413	0.839	ϕ6	0.526
		12ϕ18	3054	1.062	ϕ8	0.953
		12ϕ20	3770	1.311	ϕ10	1.517
		12ϕ22	4561	1.586		
		12ϕ25	5891	2.049		
		18ϕ22	6842	2.380		
		18ϕ25	8836	3.073		

序号	截面钢筋布置	纵力受力钢筋			箍筋@100	
		根数φ直径	A_s（mm²）	ρ（%）	φ直径	ρ_v（%）
262	250<S_z≤300	12φ16	2413	0.804	φ6	0.465
		12φ18	3054	1.018	φ8	0.842
		12φ20	3770	1.257	φ10	1.342
		12φ22	4561	1.520		
		12φ25	5891	1.964		
		18φ22	6842	2.281		
		18φ25	8836	2.945		
263	S_z≤200	12φ16	2413	0.804	φ6	0.515
		12φ18	3054	1.018	φ8	0.934
		12φ20	3770	1.257	φ10	1.487
		12φ22	4561	1.520		
		12φ25	5891	1.964		
		18φ22	6842	2.281		
		18φ25	8836	2.945		

序号	截面钢筋布置	纵力受力钢筋				箍筋@100	
		根数 ϕ 直径	A_s（mm²）	ρ（%）		ϕ 直径	ρ_v（%）
264	275 250 275 / 450 / 250 / 250<S_z≤300	12ϕ18	3054	0.977		ϕ6	0.457
		12ϕ20	3770	1.206		ϕ8	0.829
		12ϕ22	4561	1.460		ϕ10	1.320
		12ϕ25	5891	1.885			
		18ϕ22	6842	2.189			
		18ϕ25	8836	2.828			
265	275 250 275 / 450 / 250 / 200<S_z≤250	12ϕ18	3054	0.977		ϕ6	0.506
		12ϕ20	3770	1.206		ϕ8	0.916
		12ϕ22	4561	1.460		ϕ10	1.459
		12ϕ25	5891	1.885			
		18ϕ22	6842	2.189			
		18ϕ25	8836	2.828			

序号	截面钢筋布置	纵力受力钢筋			箍筋@100	
		根数 ϕ 直径	A_s （mm²）	ρ （%）	ϕ 直径	ρ_v （%）
266	275 250 275 / 450 / 250 / $S_z \leqslant 200$	12ϕ18	3054	0.977	ϕ6	0.530
		12ϕ20	3770	1.206	ϕ8	0.960
		12ϕ22	4561	1.460	ϕ10	1.528
		12ϕ25	5891	1.885		
		18ϕ22	6842	2.189		
		18ϕ25	8836	2.828		
267	275 250 275 / 500 / 250 / $250 < S_z \leqslant 300$	12ϕ18	3054	0.939	ϕ6	0.450
		12ϕ20	3770	1.160	ϕ8	0.816
		12ϕ22	4561	1.403	ϕ10	1.300
		12ϕ25	5891	1.813		
		18ϕ22	6842	2.105		
		18ϕ25	8836	2.718		

序号	截面钢筋布置	纵力受力钢筋			箍筋@100	
		根数 ϕ 直径	A_s（mm^2）	ρ（%）	ϕ 直径	ρ_v（%）
268	275 250 275 500 250 $200 < S_z \leqslant 250$	$12\phi18$	3054	0.939	$\phi6$	0.497
		$12\phi20$	3770	1.160	$\phi8$	0.900
		$12\phi22$	4561	1.403	$\phi10$	1.433
		$12\phi25$	5891	1.813		
		$18\phi22$	6842	2.105		
		$18\phi25$	8836	2.718		
269	275 250 275 500 250 $S_z \leqslant 200$	$12\phi18$	3054	0.939	$\phi6$	0.520
		$12\phi20$	3770	1.160	$\phi8$	0.942
		$12\phi22$	4561	1.403	$\phi10$	1.500
		$12\phi25$	5891	1.813		
		$18\phi22$	6842	2.105		
		$18\phi25$	8836	2.718		

序号	截面钢筋布置	纵力受力钢筋			箍筋@100	
		根数 ϕ 直径	A_s (mm²)	ρ (%)	ϕ 直径	ρ_v (%)
270	275 250 275 550 250 250<S_z≤300	12ϕ18	3054	0.905	ϕ6	0.444
		12ϕ20	3770	1.117	ϕ8	0.805
		12ϕ22	4561	1.351	ϕ10	1.282
		12ϕ25	5891	1.745		
		18ϕ22	6842	2.027		
		18ϕ25	8836	2.618		
271	275 250 275 550 250 S_z≤200	12ϕ18	3054	0.905	ϕ6	0.511
		12ϕ20	3770	1.117	ϕ8	0.926
		12ϕ22	4561	1.351	ϕ10	1.474
		12ϕ25	5891	1.745		
		18ϕ22	6842	2.027		
		18ϕ25	8836	2.618		

2.4 十字形柱配筋表

十字形柱配筋表 表 2-3

序号	截面钢筋布置	纵力受力钢筋			箍筋@100	
		根数 ϕ 直径	A_s (mm^2)	ρ (%)	ϕ 直径	ρ_v (%)
1	$S_z \leqslant 200$	12ϕ14	1847	1.539	ϕ6	0.708
		12ϕ16	2413	2.011	ϕ8	1.294
		12ϕ18	3054	2.545	ϕ10	2.078
		12ϕ20	3770	3.142		
		12ϕ22	4561	3.801		
2	$S_z \leqslant 200$	12ϕ14	1847	1.421	ϕ6	0.681
		12ϕ16	2413	1.856	ϕ8	1.243
		12ϕ18	3054	2.349	ϕ10	1.997
		12ϕ20	3770	2.900		
		12ϕ22	4561	3.508		

序号	截面钢筋布置	纵力受力钢筋			箍筋@100	
		根数 ϕ 直径	A_s （mm²）	ρ （%）	ϕ 直径	ρ_v （%）
3	150 200 150 / 100 200 100 $S_z \leqslant 200$	12ϕ14	1847	1.319	ϕ6	0.658
		12ϕ16	2413	1.724	ϕ8	1.201
		12ϕ18	3054	2.181	ϕ10	1.928
		12ϕ20	3770	2.693		
		12ϕ22	4561	3.258		
4	175 200 175 / 100 200 100 $S_z \leqslant 200$	12ϕ14	1847	1.231	ϕ6	0.638
		12ϕ16	2413	1.609	ϕ8	1.165
		12ϕ18	3054	2.036	ϕ10	1.870
		12ϕ20	3770	2.513		
		12ϕ22	4561	3.041		
		12ϕ25	5891	3.927		

序号	截面钢筋布置	纵力受力钢筋			箍筋@100	
		根数ϕ直径	A_s（mm²）	ρ（%）	ϕ直径	ρ_v（%）
5	200　200　200 100　200　100 $S_z \leqslant 200$	12ϕ14	1847	1.154	ϕ6	0.621
		12ϕ16	2413	1.508	ϕ8	1.134
		12ϕ18	3054	1.909	ϕ10	1.819
		12ϕ20	3770	2.356		
		12ϕ22	4561	2.851		
		12ϕ25	5891	3.682		
6	225　200　225 100　200　100 $200 < S_z \leqslant 250$	12ϕ14	1847	1.086	ϕ6	0.606
		12ϕ16	2413	1.419	ϕ8	1.106
		12ϕ18	3054	1.796	ϕ10	1.775
		12ϕ20	3770	2.218		
		12ϕ22	4561	2.683		
		12ϕ25	5891	3.465		

249

序号	截面钢筋布置	纵力受力钢筋				箍筋@100	
		根数 ϕ 直径	A_s（mm²）	ρ（%）		ϕ 直径	ρ_v（%）
7	225 200 225 100 200 100 $S_z \leqslant 200$	12ϕ14	1847	1.086		ϕ6	0.680
		12ϕ16	2413	1.419		ϕ8	1.240
		12ϕ18	3054	1.796		ϕ10	1.988
		12ϕ20	3770	2.218			
		12ϕ22	4561	2.683			
		12ϕ25	5891	3.465			
8	125 200 125 125 200 125 $S_z \leqslant 200$	12ϕ14	1847	1.319		ϕ6	0.658
		12ϕ16	2413	1.724		ϕ8	1.201
		12ϕ18	3054	2.181		ϕ10	1.928
		12ϕ20	3770	2.693			
		12ϕ22	4561	3.258			

序号	截面钢筋布置	纵力受力钢筋			箍筋@100	
		根数ϕ直径	A_s（mm²）	ρ（%）	ϕ直径	ρ_v（%）
9	 150 200 150 125 200 125 $S_z \leqslant 200$	12ϕ14	1847	1.231	ϕ6	0.638
		12ϕ16	2413	1.609	ϕ8	1.165
		12ϕ18	3054	2.036	ϕ10	1.870
		12ϕ20	3770	2.513		
		12ϕ22	4561	3.041		
		12ϕ25	5891	3.927		
10	 175 200 175 125 200 125 $S_z \leqslant 200$	12ϕ14	1847	1.154	ϕ6	0.621
		12ϕ16	2413	1.508	ϕ8	1.134
		12ϕ18	3054	1.909	ϕ10	1.819
		12ϕ20	3770	2.356		
		12ϕ22	4561	2.851		
		12ϕ25	5891	3.682		

序号	截面钢筋布置	纵力受力钢筋			箍筋@100	
		根数 ϕ 直径	A_s（mm²）	ρ（%）	ϕ 直径	ρ_v（%）
11	200 200 200 125 200 125 $S_z \leqslant 200$	12ϕ14	1847	1.086	ϕ6	0.606
		12ϕ16	2413	1.419	ϕ8	1.106
		12ϕ18	3054	1.796	ϕ10	1.775
		12ϕ20	3770	2.218		
		12ϕ22	4561	2.683		
		12ϕ25	5891	3.465		
12	225 200 225 125 200 125 200<$S_z \leqslant 250$	12ϕ14	1847	1.026	ϕ6	0.593
		12ϕ16	2413	1.341	ϕ8	1.082
		12ϕ18	3054	1.697	ϕ10	1.736
		12ϕ20	3770	2.094		
		12ϕ22	4561	2.534		
		12ϕ25	5891	3.273		
		20ϕ20	6284	3.491		

序号	截面钢筋布置	纵力受力钢筋			箍筋@100	
		根数 ϕ 直径	A_s（mm²）	ρ（%）	ϕ 直径	ρ_v（%）
13	225 200 225 125 200 125 $S_z \leqslant 200$	12ϕ14	1847	1.026	ϕ6	0.662
		12ϕ16	2413	1.341	ϕ8	1.208
		12ϕ18	3054	1.697	ϕ10	1.937
		12ϕ20	3770	2.094		
		12ϕ22	4561	2.534		
		12ϕ25	5891	3.273		
		20ϕ20	6284	3.491		
14	250 200 250 125 200 125 $200 < S_z \leqslant 250$	12ϕ14	1847	0.972	ϕ6	0.581
		12ϕ16	2413	1.270	ϕ8	1.060
		12ϕ18	3054	1.607	ϕ10	1.702
		12ϕ20	3770	1.984		
		12ϕ22	4561	2.401		
		12ϕ25	5891	3.101		
		20ϕ20	6284	3.307		
		20ϕ22	7602	4.001		

253

序号	截面钢筋布置	纵力受力钢筋			箍筋@100	
		根数ϕ直径	A_s（mm²）	ρ（%）	ϕ直径	ρ_v（%）
15	250 200 250 / 125 200 125 / $S_z \leqslant 200$	12ϕ14	1847	0.972	ϕ6	0.647
		12ϕ16	2413	1.270	ϕ8	1.179
		12ϕ18	3054	1.607	ϕ10	1.891
		12ϕ20	3770	1.984		
		12ϕ22	4561	2.401		
		12ϕ25	5891	3.101		
		20ϕ20	6284	3.307		
		20ϕ22	7602	4.001		
16	275 200 275 / 125 200 125 / $250 < S_z \leqslant 300$	12ϕ14	1847	0.924	ϕ6	0.571
		12ϕ16	2413	1.207	ϕ8	1.041
		12ϕ18	3054	1.527	ϕ10	1.671
		12ϕ20	3770	1.885		
		12ϕ22	4561	2.281		
		12ϕ25	5891	2.946		
		20ϕ20	6284	3.142		
		20ϕ22	7602	3.801		

序号	截面钢筋布置	纵力受力钢筋			箍筋@100	
		根数ϕ直径	A_s（mm²）	ρ（%）	ϕ直径	ρ_v（%）
17	275 200 275 / 125 200 125 / $S_z \leqslant 200$	12ϕ14	1847	0.924	ϕ6	0.633
		12ϕ16	2413	1.207	ϕ8	1.154
		12ϕ18	3054	1.527	ϕ10	1.850
		12ϕ20	3770	1.885		
		12ϕ22	4561	2.281		
		12ϕ25	5891	2.946		
		20ϕ20	6284	3.142		
		20ϕ22	7602	3.801		
18	150 200 150 / 150 200 150 / $S_z \leqslant 200$	12ϕ14	1847	1.154	ϕ6	0.621
		12ϕ16	2413	1.508	ϕ8	1.134
		12ϕ18	3054	1.909	ϕ10	1.819
		12ϕ20	3770	2.356		
		12ϕ22	4561	2.851		
		12ϕ25	5891	3.682		

序号	截面钢筋布置	纵力受力钢筋			箍筋@100	
		根数 ϕ 直径	A_s（mm²）	ρ（%）	ϕ 直径	ρ_v（%）
19	 $S_z \leqslant 200$	$12\phi14$	1847	1.086	$\phi6$	0.606
		$12\phi16$	2413	1.419	$\phi8$	1.106
		$12\phi18$	3054	1.796	$\phi10$	1.775
		$12\phi20$	3770	2.218		
		$12\phi22$	4561	2.683		
		$12\phi25$	5891	3.465		
20	 $S_z \leqslant 200$	$12\phi14$	1847	1.026	$\phi6$	0.593
		$12\phi16$	2413	1.341	$\phi8$	1.082
		$12\phi18$	3054	1.697	$\phi10$	1.736
		$12\phi20$	3770	2.094		
		$12\phi22$	4561	2.534		
		$12\phi25$	5891	3.273		
		$20\phi20$	6284	3.491		

序号	截面钢筋布置	纵力受力钢筋			箍筋@100	
		根数 ϕ 直径	A_s （mm²）	ρ （%）	ϕ 直径	ρ_v （%）
21	225　200　225　150　200　150　200<Sz≤250	12ϕ14	1847	0.972	ϕ6	0.581
		12ϕ16	2413	1.270	ϕ8	1.060
		12ϕ18	3054	1.607	ϕ10	1.702
		12ϕ20	3770	1.984		
		12ϕ22	4561	2.401		
		12ϕ25	5891	3.101		
		20ϕ20	6284	3.307		
		20ϕ22	7602	4.001		
22	225　200　225　150　200　150　Sz≤200	12ϕ14	1847	0.972	ϕ6	0.647
		12ϕ16	2413	1.270	ϕ8	1.179
		12ϕ18	3054	1.607	ϕ10	1.891
		12ϕ20	3770	1.984		
		12ϕ22	4561	2.401		
		12ϕ25	5891	3.101		
		20ϕ20	6284	3.307		
		20ϕ22	7602	4.001		

序号	截面钢筋布置	纵力受力钢筋			箍筋@100	
		根数 ϕ 直径	A_s （mm²）	ρ （%）	ϕ 直径	ρ_v （%）
23	250 | 200 | 250, 150/200/150, $200<S_z\leqslant250$	12ϕ14	1847	0.924	ϕ6	0.571
		12ϕ16	2413	1.207	ϕ8	1.041
		12ϕ18	3054	1.527	ϕ10	1.671
		12ϕ20	3770	1.885		
		12ϕ22	4561	2.281		
		12ϕ25	5891	2.946		
		20ϕ20	6284	3.142		
		20ϕ22	7602	3.801		
24	250 | 200 | 250, 150/200/150, $S_z\leqslant200$	12ϕ14	1847	0.924	ϕ6	0.633
		12ϕ16	2413	1.207	ϕ8	1.154
		12ϕ18	3054	1.527	ϕ10	1.850
		12ϕ20	3770	1.885		
		12ϕ22	4561	2.281		
		12ϕ25	5891	2.946		
		20ϕ20	6284	3.142		
		20ϕ22	7602	3.801		

序号	截面钢筋布置	纵力受力钢筋			箍筋@100	
		根数 φ 直径	A_s（mm²）	ρ（%）	φ 直径	ρ_v（%）
25	275 200 275 / 150 200 150 / 250<S_z≤300	12φ14	1847	0.879	φ6	0.561
		12φ16	2413	1.149	φ8	1.024
		12φ18	3054	1.454	φ10	1.643
		12φ20	3770	1.795		
		12φ22	4561	2.172		
		12φ25	5891	2.805		
		20φ20	6284	2.992		
		20φ22	7602	3.620		
26	275 200 275 / 150 200 150 / S_z≤200	12φ14	1847	0.879	φ6	0.620
		12φ16	2413	1.149	φ8	1.131
		12φ18	3054	1.454	φ10	1.813
		12φ20	3770	1.795		
		12φ22	4561	2.172		
		12φ25	5891	2.805		
		20φ20	6284	2.992		
		20φ22	7602	3.620		

序号	截面钢筋布置	纵力受力钢筋			箍筋@100	
		根数 ϕ 直径	A_s (mm²)	ρ (%)	ϕ 直径	ρ_v (%)
27	300 200 300 / 150 200 150 / $250 < S_z \leqslant 300$	$12\phi16$	2413	1.097	$\phi6$	0.553
		$12\phi18$	3054	1.388	$\phi8$	1.008
		$12\phi20$	3770	1.714	$\phi10$	1.618
		$12\phi22$	4561	2.073		
		$12\phi25$	5891	2.678		
		$20\phi20$	6284	2.856		
		$20\phi22$	7602	3.455		
28	300 200 300 / 150 200 150 / $S_z \leqslant 200$	$12\phi16$	2413	1.097	$\phi6$	0.609
		$12\phi18$	3054	1.388	$\phi8$	1.110
		$12\phi20$	3770	1.714	$\phi10$	1.780
		$12\phi22$	4561	2.073		
		$12\phi25$	5891	2.678		
		$20\phi20$	6284	2.856		
		$20\phi22$	7602	3.455		

序号	截面钢筋布置	纵力受力钢筋			箍筋@100	
		根数 ϕ 直径	A_s（mm²）	ρ（%）	ϕ 直径	ρ_v（%）
29		12ϕ14	1847	1.026	ϕ6	0.593
		12ϕ16	2413	1.341	ϕ8	1.082
		12ϕ18	3054	1.697	ϕ10	1.736
		12ϕ20	3770	2.094		
		12ϕ22	4561	2.534		
		12ϕ25	5891	3.273		
		20ϕ20	6284	3.491		
30		12ϕ14	1847	0.972	ϕ6	0.581
		12ϕ16	2413	1.270	ϕ8	1.060
		12ϕ18	3054	1.607	ϕ10	1.702
		12ϕ20	3770	1.984		
		12ϕ22	4561	2.401		
		12ϕ25	5891	3.101		
		20ϕ20	6284	3.307		
		20ϕ22	7602	4.001		

序号	截面钢筋布置	纵力受力钢筋			箍筋@100	
		根数ϕ直径	A_s (mm²)	ρ (%)	ϕ直径	ρ_v (%)
31	225 | 200 | 225 175 | 200 | 175 200<S_z≤250	12ϕ14	1847	0.924	ϕ6	0.571
		12ϕ16	2413	1.207	ϕ8	1.041
		12ϕ18	3054	1.527	ϕ10	1.671
		12ϕ20	3770	1.885		
		12ϕ22	4561	2.281		
		12ϕ25	5891	2.946		
		20ϕ20	6284	3.142		
		20ϕ22	7602	3.801		
32	225 | 200 | 225 175 | 200 | 175 S_z≤200	12ϕ14	1847	0.924	ϕ6	0.633
		12ϕ16	2413	1.207	ϕ8	1.154
		12ϕ18	3054	1.527	ϕ10	1.850
		12ϕ20	3770	1.885		
		12ϕ22	4561	2.281		
		12ϕ25	5891	2.946		
		20ϕ20	6284	3.142		
		20ϕ22	7602	3.801		

序号	截面钢筋布置	纵力受力钢筋			箍筋@100	
		根数 ϕ 直径	A_s（mm²）	ρ（%）	ϕ 直径	ρ_v（%）
33	250 200 250 175 200 175 $200 < S_z \leqslant 250$	12ϕ14	1847	0.879	ϕ6	0.561
		12ϕ16	2413	1.149	ϕ8	1.024
		12ϕ18	3054	1.454	ϕ10	1.643
		12ϕ20	3770	1.795		
		12ϕ22	4561	2.172		
		12ϕ25	5891	2.805		
		20ϕ20	6284	2.992		
		20ϕ22	7602	3.620		
34	250 200 250 175 200 175 $S_z \leqslant 200$	12ϕ14	1847	0.879	ϕ6	0.620
		12ϕ16	2413	1.149	ϕ8	1.131
		12ϕ18	3054	1.454	ϕ10	1.813
		12ϕ20	3770	1.795		
		12ϕ22	4561	2.172		
		12ϕ25	5891	2.805		
		20ϕ20	6284	2.992		
		20ϕ22	7602	3.620		

续表

序号	截面钢筋布置	纵力受力钢筋			箍筋@100	
		根数ϕ直径	A_s（mm²）	ρ（%）	ϕ直径	ρ_v（%）
35	275 200 275 / 175 200 175 / $250 < S_z \leqslant 300$	12ϕ14	1847	0.840	ϕ6	0.553
		12ϕ16	2413	1.097	ϕ8	1.008
		12ϕ18	3054	1.388	ϕ10	1.618
		12ϕ20	3770	1.714		
		12ϕ22	4561	2.073		
		12ϕ25	5891	2.678		
		20ϕ20	6284	2.856		
		20ϕ22	7602	3.455		
36	275 200 275 / 175 200 175 / $S_z \leqslant 200$	12ϕ14	1847	0.840	ϕ6	0.609
		12ϕ16	2413	1.097	ϕ8	1.110
		12ϕ18	3054	1.388	ϕ10	1.780
		12ϕ20	3770	1.714		
		12ϕ22	4561	2.073		
		12ϕ25	5891	2.678		
		20ϕ20	6284	2.856		
		20ϕ22	7602	3.455		

264

序号	截面钢筋布置	纵力受力钢筋				箍筋@100	
		根数 ϕ 直径	A_s（mm²）	ρ（%）		ϕ 直径	ρ_v（%）
37	300 200 300 175 200 175 $250 < S_z \leqslant 300$	12ϕ16	2413	1.049		ϕ6	0.545
		12ϕ18	3054	1.328		ϕ8	0.994
		12ϕ20	3770	1.639		ϕ10	1.596
		12ϕ22	4561	1.983			
		12ϕ25	5891	2.561			
		20ϕ20	6284	2.732			
		20ϕ22	7602	3.305			
38	300 200 300 175 200 175 $S_z \leqslant 200$	12ϕ16	2413	1.049		ϕ6	0.599
		12ϕ18	3054	1.328		ϕ8	1.091
		12ϕ20	3770	1.639		ϕ10	1.750
		12ϕ22	4561	1.983			
		12ϕ25	5891	2.561			
		20ϕ20	6284	2.732			
		20ϕ22	7602	3.305			

序号	截面钢筋布置	纵力受力钢筋				箍筋@100	
		根数 ϕ 直径	A_s （mm²）	ρ （%）		ϕ 直径	ρ_v （%）
39	200 200 200 200 200 200 $S_z \leqslant 200$	12ϕ14	1847	0.924		ϕ6	0.571
		12ϕ16	2413	1.207		ϕ8	1.041
		12ϕ18	3054	1.527		ϕ10	1.671
		12ϕ20	3770	1.885			
		12ϕ22	4561	2.281			
		12ϕ25	5891	2.946			
		20ϕ20	6284	3.142			
		20ϕ22	7602	3.801			
40	225 200 225 200 200 200 $200 < S_z \leqslant 250$	12ϕ14	1847	0.879		ϕ6	0.561
		12ϕ16	2413	1.149		ϕ8	1.024
		12ϕ18	3054	1.454		ϕ10	1.643
		12ϕ20	3770	1.795			
		12ϕ22	4561	2.172			
		12ϕ25	5891	2.805			
		20ϕ20	6284	2.992			
		20ϕ22	7602	3.620			

序号	截面钢筋布置	纵力受力钢筋			箍筋@100	
		根数ϕ直径	A_s（mm²）	ρ（%）	ϕ直径	ρ_v（%）
41	225 | 200 | 225, 200, 200, 200 $S_z \leqslant 200$	12ϕ14	1847	0.879	ϕ6	0.620
		12ϕ16	2413	1.149	ϕ8	1.131
		12ϕ18	3054	1.454	ϕ10	1.813
		12ϕ20	3770	1.795		
		12ϕ22	4561	2.172		
		12ϕ25	5891	2.805		
		20ϕ20	6284	2.992		
		20ϕ22	7602	3.620		
42	250 | 200 | 250, 200, 200, 200 $200 < S_z \leqslant 250$	12ϕ14	1847	0.840	ϕ6	0.553
		12ϕ16	2413	1.097	ϕ8	1.008
		12ϕ18	3054	1.388	ϕ10	1.618
		12ϕ20	3770	1.714		
		12ϕ22	4561	2.073		
		12ϕ25	5891	2.678		
		20ϕ20	6284	2.856		
		20ϕ22	7602	3.455		

267

序号	截面钢筋布置	纵力受力钢筋			箍筋@100	
		根数 ϕ 直径	A_s（mm²）	ρ（%）	ϕ 直径	ρ_v（%）
43	 250 | 200 | 250 200 200 200 $S_z \leqslant 200$	12ϕ14	1847	0.840	ϕ6	0.609
		12ϕ16	2413	1.097	ϕ8	1.110
		12ϕ18	3054	1.388	ϕ10	1.780
		12ϕ20	3770	1.714		
		12ϕ22	4561	2.073		
		12ϕ25	5891	2.678		
		20ϕ20	6284	2.856		
		20ϕ22	7602	3.455		
44	 275 | 200 | 275 200 200 200 $250 < S_z \leqslant 300$	12ϕ14	1847	0.803	ϕ6	0.545
		12ϕ16	2413	1.049	ϕ8	0.994
		12ϕ18	3054	1.328	ϕ10	1.596
		12ϕ20	3770	1.639		
		12ϕ22	4561	1.983		
		12ϕ25	5891	2.561		
		20ϕ20	6284	2.732		
		20ϕ22	7602	3.305		

序号	截面钢筋布置	纵力受力钢筋			箍筋@100	
		根数 ϕ 直径	A_s（mm²）	ρ（%）	ϕ 直径	ρ_v（%）
45	275 / 200 / 275 200 / 200 / 200 $S_z \leqslant 200$	12ϕ14	1847	0.803	ϕ6	0.599
		12ϕ16	2413	1.049	ϕ8	1.091
		12ϕ18	3054	1.328	ϕ10	1.750
		12ϕ20	3770	1.639		
		12ϕ22	4561	1.983		
		12ϕ25	5891	2.561		
		20ϕ20	6284	2.732		
		20ϕ22	7602	3.305		
46	300 / 200 / 300 200 / 200 / 200 $250 < S_z \leqslant 300$	12ϕ16	2413	1.005	ϕ6	0.538
		12ϕ18	3054	1.273	ϕ8	0.981
		12ϕ20	3770	1.571	ϕ10	1.575
		12ϕ22	4561	1.900		
		12ϕ25	5891	2.455		
		20ϕ20	6284	2.618		
		20ϕ22	7602	3.168		

序号	截面钢筋布置	纵力受力钢筋			箍筋@100	
		根数ϕ直径	A_s（mm²）	ρ（%）	ϕ直径	ρ_v（%）
47	300 | 200 | 300 200 200 200 $S_z \leqslant 200$	12ϕ16	2413	1.005	ϕ6	0.589
		12ϕ18	3054	1.273	ϕ8	1.074
		12ϕ20	3770	1.571	ϕ10	1.722
		12ϕ22	4561	1.900		
		12ϕ25	5891	2.455		
		20ϕ20	6284	2.618		
		20ϕ22	7602	3.168		
48	225 | 200 | 225 225 200 225 $200 < S_z \leqslant 250$	12ϕ14	1847	0.840	ϕ6	0.553
		12ϕ16	2413	1.097	ϕ8	1.008
		12ϕ18	3054	1.388	ϕ10	1.618
		12ϕ20	3770	1.714		
		12ϕ22	4561	2.073		
		12ϕ25	5891	2.678		
		20ϕ20	6284	2.856		
		20ϕ22	7602	3.455		

序号	截面钢筋布置	纵力受力钢筋				箍筋@100	
		根数φ直径	A_s（mm²）	ρ（%）		φ直径	ρ_v（%）
49	225 | 200 | 225 225 | 200 | 225 $S_z \leqslant 200$	12φ14	1847	0.840		φ6	0.665
		12φ16	2413	1.097		φ8	1.212
		12φ18	3054	1.388		φ10	1.942
		12φ20	3770	1.714			
		12φ22	4561	2.073			
		12φ25	5891	2.678			
		20φ20	6284	2.856			
		20φ22	7602	3.455			
50	250 | 200 | 250 225 | 200 | 225 $200 < S_z \leqslant 250$	12φ14	1847	0.803		φ6	0.545
		12φ16	2413	1.049		φ8	0.994
		12φ18	3054	1.328		φ10	1.596
		12φ20	3770	1.639			
		12φ22	4561	1.983			
		12φ25	5891	2.561			
		20φ20	6284	2.732			
		20φ22	7602	3.305			

序号	截面钢筋布置	纵力受力钢筋			箍筋@100	
		根数 ϕ 直径	A_s（mm^2）	ρ（%）	ϕ 直径	ρ_v（%）
51	 $S_z \leqslant 200$	12ϕ14	1847	0.803	ϕ6	0.652
		12ϕ16	2413	1.049	ϕ8	1.188
		12ϕ18	3054	1.328	ϕ10	1.904
		12ϕ20	3770	1.639		
		12ϕ22	4561	1.983		
		12ϕ25	5891	2.561		
		20ϕ20	6284	2.732		
		20ϕ22	7602	3.305		
52	 $250 < S_z \leqslant 300$	12ϕ14	1847	0.770	ϕ6	0.538
		12ϕ16	2413	1.005	ϕ8	0.981
		12ϕ18	3054	1.273	ϕ10	1.575
		12ϕ20	3770	1.571		
		12ϕ22	4561	1.900		
		12ϕ25	5891	2.455		
		20ϕ20	6284	2.618		
		20ϕ22	7602	3.168		

序号	截面钢筋布置	纵力受力钢筋			箍筋@100	
		根数 ϕ 直径	A_s（mm²）	ρ（%）	ϕ 直径	ρ_v（%）
53	\n200<S_z≤250	12ϕ14	1847	0.770	ϕ6	0.589
		12ϕ16	2413	1.005	ϕ8	1.074
		12ϕ18	3054	1.273	ϕ10	1.722
		12ϕ20	3770	1.571		
		12ϕ22	4561	1.900		
		12ϕ25	5891	2.455		
		20ϕ20	6284	2.618		
		20ϕ22	7602	3.168		
54	\n$S_z$≤200	12ϕ14	1847	0.770	ϕ6	0.640
		12ϕ16	2413	1.005	ϕ8	1.167
		12ϕ18	3054	1.273	ϕ10	1.870
		12ϕ20	3770	1.571		
		12ϕ22	4561	1.900		
		12ϕ25	5891	2.455		
		20ϕ20	6284	2.618		
		20ϕ22	7602	3.168		

序号	截面钢筋布置	纵力受力钢筋			箍筋@100	
		根数 ϕ 直径	A_s （mm²）	ρ （%）	ϕ 直径	ρ_v （%）
55	300 200 300 225 200 225 $250 < S_z \leqslant 300$	12ϕ16	2413	0.965	ϕ6	0.531
		12ϕ18	3054	1.222	ϕ8	0.969
		12ϕ20	3770	1.508	ϕ10	1.556
		12ϕ22	4561	1.824		
		12ϕ25	5891	2.356		
		20ϕ20	6284	2.514		
		20ϕ22	7602	3.041		
		20ϕ25	9818	3.927		
56	300 200 300 225 200 225 $200 < S_z \leqslant 250$	12ϕ16	2413	0.965	ϕ6	0.580
		12ϕ18	3054	1.222	ϕ8	1.058
		12ϕ20	3770	1.508	ϕ10	1.697
		12ϕ22	4561	1.824		
		12ϕ25	5891	2.356		
		20ϕ20	6284	2.514		
		20ϕ22	7602	3.041		
		20ϕ25	9818	3.927		

序号	截面钢筋布置	纵力受力钢筋			箍筋@100	
		根数 ϕ 直径	A_s （mm^2）	ρ （%）	ϕ 直径	ρ_v （%）
57	300 200 300 225 200 225 $S_z \leqslant 200$	12ϕ16	2413	0.965	ϕ6	0.630
		12ϕ18	3054	1.222	ϕ8	1.147
		12ϕ20	3770	1.508	ϕ10	1.839
		12ϕ22	4561	1.824		
		12ϕ25	5891	2.356		
		20ϕ20	6284	2.514		
		20ϕ22	7602	3.041		
		20ϕ25	9818	3.927		
58	250 200 250 250 200 250 $200 < S_z \leqslant 250$	12ϕ14	1847	0.770	ϕ6	0.538
		12ϕ16	2413	1.005	ϕ8	0.981
		12ϕ18	3054	1.273	ϕ10	1.575
		12ϕ20	3770	1.571		
		12ϕ22	4561	1.900		
		12ϕ25	5891	2.455		
		20ϕ20	6284	2.618		
		20ϕ22	7602	3.168		

序号	截面钢筋布置	纵力受力钢筋			箍筋@100	
		根数 ϕ 直径	A_s (mm²)	ρ (%)	ϕ 直径	ρ_v (%)
59	250 200 250 / 250 / 200 / 250 / $S_z \leqslant 200$	12ϕ14	1847	0.770	ϕ6	0.640
		12ϕ16	2413	1.005	ϕ8	1.167
		12ϕ18	3054	1.273	ϕ10	1.870
		12ϕ20	3770	1.571		
		12ϕ22	4561	1.900		
		12ϕ25	5891	2.455		
		20ϕ20	6284	2.618		
		20ϕ22	7602	3.168		
60	275 200 275 / 250 / 200 / 250 / 250<S_z≤300	12ϕ14	1847	0.739	ϕ6	0.531
		12ϕ16	2413	0.965	ϕ8	0.969
		12ϕ18	3054	1.222	ϕ10	1.556
		12ϕ20	3770	1.508		
		12ϕ22	4561	1.824		
		12ϕ25	5891	2.356		
		20ϕ20	6284	2.514		
		20ϕ22	7602	3.041		
		20ϕ25	9818	3.927		

序号	截面钢筋布置	纵力受力钢筋			箍筋@100	
		根数 ϕ 直径	A_s (mm²)	ρ (%)	ϕ 直径	ρ_v (%)
61	275 200 275 / 250 / 200 / 250 / $200<S_z\leqslant250$	12ϕ14	1847	0.739	ϕ6	0.580
		12ϕ16	2413	0.965	ϕ8	1.058
		12ϕ18	3054	1.222	ϕ10	1.697
		12ϕ20	3770	1.508		
		12ϕ22	4561	1.824		
		12ϕ25	5891	2.356		
		20ϕ20	6284	2.514		
		20ϕ22	7602	3.041		
		20ϕ25	9818	3.927		
62	275 200 275 / 250 / 200 / 250 / $S_z\leqslant200$	12ϕ14	1847	0.739	ϕ6	0.630
		12ϕ16	2413	0.965	ϕ8	1.147
		12ϕ18	3054	1.222	ϕ10	1.839
		12ϕ20	3770	1.508		
		12ϕ22	4561	1.824		
		12ϕ25	5891	2.356		
		20ϕ20	6284	2.514		
		20ϕ22	7602	3.041		
		20ϕ25	9818	3.927		

序号	截面钢筋布置	纵力受力钢筋			箍筋@100	
		根数 ϕ 直径	A_s （mm²）	ρ （%）	ϕ 直径	ρ_v （%）
63	300 200 300 / 250 / 200 / 250 / $250 < S_z \leqslant 300$	12ϕ16	2413	0.928	ϕ6	0.525
		12ϕ18	3054	1.175	ϕ8	0.959
		12ϕ20	3770	1.450	ϕ10	1.538
		12ϕ22	4561	1.754		
		12ϕ25	5891	2.266		
		20ϕ20	6284	2.417		
		20ϕ22	7602	2.924		
		20ϕ25	9818	3.776		
64	300 200 300 / 250 / 200 / 250 / $200 < S_z \leqslant 250$	12ϕ16	2413	0.928	ϕ6	0.573
		12ϕ18	3054	1.175	ϕ8	1.044
		12ϕ20	3770	1.450	ϕ10	1.674
		12ϕ22	4561	1.754		
		12ϕ25	5891	2.266		
		20ϕ20	6284	2.417		
		20ϕ22	7602	2.924		
		20ϕ25	9818	3.776		

序号	截面钢筋布置	纵力受力钢筋			箍筋@100	
		根数 ϕ 直径	A_s（mm²）	ρ（%）	ϕ 直径	ρ_v（%）
65	300 200 300 / 250 / 200 / 250 / $S_z \leqslant 200$	12ϕ16	2413	0.928	ϕ6	0.620
		12ϕ18	3054	1.175	ϕ8	1.129
		12ϕ20	3770	1.450	ϕ10	1.810
		12ϕ22	4561	1.754		
		12ϕ25	5891	2.266		
		20ϕ20	6284	2.417		
		20ϕ22	7602	2.924		
		20ϕ25	9818	3.776		
66	275 200 275 / 275 / 200 / 275 / $250 < S_z \leqslant 300$	12ϕ14	1847	0.710		
		12ϕ16	2413	0.928	ϕ6	0.525
		12ϕ18	3054	1.175	ϕ8	0.959
		12ϕ20	3770	1.450	ϕ10	1.538
		12ϕ22	4561	1.754		
		12ϕ25	5891	2.266		
		20ϕ20	6284	2.417		
		20ϕ22	7602	2.924		
		20ϕ25	9818	3.776		

序号	截面钢筋布置	纵力受力钢筋			箍筋@100	
		根数 ϕ 直径	A_s（mm²）	ρ（%）	ϕ 直径	ρ_v（%）
67	275 | 200 | 275 275 200 275 $S_z \leqslant 200$	12ϕ14	1847	0.710		
		12ϕ16	2413	0.928	ϕ6	0.620
		12ϕ18	3054	1.175	ϕ8	1.129
		12ϕ20	3770	1.450	ϕ10	1.810
		12ϕ22	4561	1.754		
		12ϕ25	5891	2.266		
		20ϕ20	6284	2.417		
		20ϕ22	7602	2.924		
		20ϕ25	9818	3.776		
68	300 | 200 | 300 275 200 275 $250 < S_z \leqslant 300$	12ϕ16	2413	0.894	ϕ6	0.520
		12ϕ18	3054	1.131	ϕ8	0.948
		12ϕ20	3770	1.396	ϕ10	1.522
		12ϕ22	4561	1.689		
		12ϕ25	5891	2.182		
		20ϕ20	6284	2.327		
		20ϕ22	7602	2.816		
		20ϕ25	9818	3.636		

序号	截面钢筋布置	纵力受力钢筋			箍筋@100	
		根数 ϕ 直径	A_s （mm^2）	ρ （%）	ϕ 直径	ρ_v （%）
69	300 200 300 275 200 275 $S_z \leqslant 200$	12ϕ16	2413	0.894	ϕ6	0.611
		12ϕ18	3054	1.131	ϕ8	1.112
		12ϕ20	3770	1.396	ϕ10	1.783
		12ϕ22	4561	1.689		
		12ϕ25	5891	2.182		
		20ϕ20	6284	2.327		
		20ϕ22	7602	2.816		
		20ϕ25	9818	3.636		
70	300 200 300 300 200 300 $250 < S_z \leqslant 300$	12ϕ16	2413	0.862	ϕ6	0.515
		12ϕ18	3054	1.091	ϕ8	0.939
		12ϕ20	3770	1.346	ϕ10	1.507
		12ϕ22	4561	1.629		
		12ϕ25	5891	2.104		
		20ϕ20	6284	2.244		
		20ϕ22	7602	2.715		
		20ϕ25	9818	3.506		

序号	截面钢筋布置	纵力受力钢筋			箍筋@100	
		根数ϕ直径	A_s（mm²）	ρ（%）	ϕ直径	ρ_v（%）
71	300 200 300 / 300 / 200 / 300 / $S_z \leqslant 200$	12ϕ16	2413	0.862	ϕ6	0.602
		12ϕ18	3054	1.091	ϕ8	1.097
		12ϕ20	3770	1.346	ϕ10	1.758
		12ϕ22	4561	1.629		
		12ϕ25	5891	2.104		
		20ϕ20	6284	2.244		
		20ϕ22	7602	2.715		
		20ϕ25	9818	3.506		
72	75 250 75 / 75 250 75 / $S_z \leqslant 200$	12ϕ14	1847	1.343	0.525	0.640
		12ϕ16	2413	1.755	0.959	1.162
		12ϕ18	3054	2.221	1.538	1.856
		12ϕ20	3770	2.742		
		12ϕ22	4561	3.317		

序号	截面钢筋布置	纵力受力钢筋			箍筋@100	
		根数 ϕ 直径	A_s（mm²）	ρ（%）	ϕ 直径	ρ_v（%）
73	$S_z \leqslant 200$	12ϕ14	1847	1.231	ϕ6	0.608
		12ϕ16	2413	1.609	ϕ8	1.103
		12ϕ18	3054	2.036	ϕ10	1.761
		12ϕ20	3770	2.513		
		12ϕ22	4561	3.041		
		12ϕ25	5891	3.927		
74	$S_z \leqslant 200$	12ϕ14	1847	1.137	ϕ6	0.581
		12ϕ16	2413	1.485	ϕ8	1.054
		12ϕ18	3054	1.879	ϕ10	1.681
		12ϕ20	3770	2.320		
		12ϕ22	4561	2.807		
		12ϕ25	5891	3.625		

序号	截面钢筋布置	纵力受力钢筋			箍筋@100	
		根数 ϕ 直径	A_s（mm²）	ρ（%）	ϕ 直径	ρ_v（%）
75	150 250 150 75 250 75 $S_z \leqslant 200$	12ϕ14	1847	1.055	ϕ6	0.558
		12ϕ16	2413	1.379	ϕ8	1.012
		12ϕ18	3054	1.745	ϕ10	1.615
		12ϕ20	3770	2.154		
		12ϕ22	4561	2.606		
		12ϕ25	5891	3.366		
		16ϕ22	6082	3.475		
76	175 250 175 75 250 75 $S_z \leqslant 200$	12ϕ14	1847	0.985	ϕ6	0.538
		12ϕ16	2413	1.287	ϕ8	0.977
		12ϕ18	3054	1.629	ϕ10	1.558
		12ϕ20	3770	2.011		
		12ϕ22	4561	2.433		
		12ϕ25	5891	3.142		
		16ϕ22	6082	3.244		

序号	截面钢筋布置	纵力受力钢筋			箍筋@100	
		根数ϕ直径	A_s（mm²）	ρ（%）	ϕ直径	ρ_v（%）
77	200 250 200 75 250 75 $S_z \leqslant 200$	12ϕ16	2413	1.207	ϕ6	0.522
		12ϕ18	3054	1.527	ϕ8	0.946
		12ϕ20	3770	1.885	ϕ10	1.508
		12ϕ22	4561	2.281		
		12ϕ25	5891	2.946		
		16ϕ22	6082	3.041		
		16ϕ25	7854	3.927		
78	100 250 100 100 250 100 $S_z \leqslant 200$	12ϕ14	1847	1.137	0.525	0.581
		12ϕ16	2413	1.485	0.959	1.054
		12ϕ18	3054	1.879	1.538	1.681
		12ϕ20	3770	2.320		
		12ϕ22	4561	2.807		
		12ϕ25	5891	3.625		

285

序号	截面钢筋布置	纵力受力钢筋			箍筋@100	
		根数ϕ直径	A_s（mm^2）	ρ（%）	ϕ直径	ρ_v（%）
79	125 250 125 250 100 250 100 $S_z \leqslant 200$	12ϕ14	1847	1.055	ϕ6	0.558
		12ϕ16	2413	1.379	ϕ8	1.012
		12ϕ18	3054	1.745	ϕ10	1.615
		12ϕ20	3770	2.154		
		12ϕ22	4561	2.606		
		12ϕ25	5891	3.366		
		16ϕ22	6082	3.475		
80	150 250 150 250 100 250 100 $S_z \leqslant 200$	12ϕ14	1847	0.985	ϕ6	0.538
		12ϕ16	2413	1.287	ϕ8	0.977
		12ϕ18	3054	1.629	ϕ10	1.558
		12ϕ20	3770	2.011		
		12ϕ22	4561	2.433		
		12ϕ25	5891	3.142		
		16ϕ22	6082	3.244		

286

序号	截面钢筋布置	纵力受力钢筋			箍筋@100	
		根数 ϕ 直径	A_s（mm²）	ρ（%）	ϕ 直径	ρ_v（%）
81	175 250 175 250 100 100 $S_z \leqslant 200$	$12\phi14$	1847	0.924	$\phi6$	0.522
		$12\phi16$	2413	1.207	$\phi8$	0.946
		$12\phi18$	3054	1.527	$\phi10$	1.508
		$12\phi20$	3770	1.885		
		$12\phi22$	4561	2.281		
		$12\phi25$	5891	2.946		
		$16\phi22$	6082	3.041		
		$16\phi25$	7854	3.927		
82	200 250 200 250 100 100 $S_z \leqslant 200$	$12\phi16$	2413	1.136	$\phi6$	0.507
		$12\phi18$	3054	1.437	$\phi8$	0.919
		$12\phi20$	3770	1.774	$\phi10$	1.465
		$12\phi22$	4561	2.281		
		$12\phi25$	5891	2.772		
		$16\phi22$	6082	2.862		
		$16\phi25$	7854	3.696		

序号	截面钢筋布置	纵力受力钢筋			箍筋@100	
		根数φ直径	A_s (mm²)	ρ (%)	φ直径	ρ_v (%)
83	225 250 225 100 250 100 $200 < S_z \leqslant 250$	12φ16	2413	1.072	φ6	0.494
		12φ18	3054	1.357	φ8	0.895
		12φ20	3770	1.676	φ10	1.427
		12φ22	4561	2.027		
		12φ25	5891	2.618		
		16φ22	6082	2.703		
		16φ25	7854	3.491		
84	225 250 225 100 250 100 $S_z \leqslant 200$	12φ16	2413	1.072	φ6	0.562
		12φ18	3054	1.357	φ8	1.019
		12φ20	3770	1.676	φ10	1.624
		12φ22	4561	2.027		
		12φ25	5891	2.618		
		16φ22	6082	2.703		
		16φ25	7854	3.491		

序号	截面钢筋布置	纵力受力钢筋			箍筋@100	
		根数 ϕ 直径	A_s（mm²）	ρ（%）	ϕ 直径	ρ_v（%）
85	250　250　250 100　250　100 $200 < S_z \leqslant 250$	12ϕ16	2413	1.016	ϕ6	0.482
		12ϕ18	3054	1.286	ϕ8	0.874
		12ϕ20	3770	1.587	ϕ10	1.393
		12ϕ22	4561	1.920		
		12ϕ25	5891	2.480		
		16ϕ22	6082	2.561		
		16ϕ25	7854	3.307		
86	250　250　250 100　250　100 $S_z \leqslant 200$	12ϕ16	2413	1.016	ϕ6	0.547
		12ϕ18	3054	1.286	ϕ8	0.991
		12ϕ20	3770	1.587	ϕ10	1.579
		12ϕ22	4561	1.920		
		12ϕ25	5891	2.480		
		16ϕ22	6082	2.561		
		16ϕ25	7854	3.307		

序号	截面钢筋布置	纵力受力钢筋			箍筋@100	
		根数 ϕ 直径	A_s（mm²）	ρ（%）	ϕ 直径	ρ_v（%）
87	125 250 125 125 250 125 $S_z \leqslant 200$	12ϕ14	1847	0.985	ϕ6	0.538
		12ϕ16	2413	1.287	ϕ8	0.977
		12ϕ18	3054	1.629	ϕ10	1.558
		12ϕ20	3770	2.011		
		12ϕ22	4561	2.433		
		12ϕ25	5891	3.142		
		16ϕ22	6082	3.244		
88	150 250 150 125 250 125 $S_z \leqslant 200$	12ϕ14	1847	0.924	ϕ6	0.522
		12ϕ16	2413	1.207	ϕ8	0.946
		12ϕ18	3054	1.527	ϕ10	1.508
		12ϕ20	3770	1.885		
		12ϕ22	4561	2.281		
		12ϕ25	5891	2.946		
		16ϕ22	6082	3.041		
		16ϕ25	7854	3.927		

序号	截面钢筋布置	纵力受力钢筋			箍筋@100	
		根数φ直径	A_s（mm²）	ρ（%）	φ直径	ρ_v（%）
89	175 250 175 / 125 250 125 / $S_z \leqslant 200$	12φ14	1847	0.869	φ6	0.507
		12φ16	2413	1.136	φ8	0.919
		12φ18	3054	1.437	φ10	1.465
		12φ20	3770	1.774		
		12φ22	4561	2.281		
		12φ25	5891	2.146		
		16φ22	6082	2.862		
		16φ25	7854	3.696		
90	200 250 200 / 125 250 125 / $S_z \leqslant 200$	12φ16	2413	1.072	0.525	0.494
		12φ18	3054	1.357	0.959	0.895
		12φ20	3770	1.676	1.538	1.427
		12φ22	4561	2.027		
		12φ25	5891	2.618		
		16φ22	6082	2.703		
		16φ25	7854	3.491		

序号	截面钢筋布置	纵力受力钢筋			箍筋@100	
		根数φ直径	A_s（mm²）	ρ（%）	φ直径	ρ_v（%）
91	225 250 225 125 250 125 $200 < S_z \leqslant 250$	12φ16	2413	1.016	φ6	0.482
		12φ18	3054	1.286	φ8	0.874
		12φ20	3770	1.587	φ10	1.393
		12φ22	4561	1.920		
		12φ25	5891	2.480		
		16φ22	6082	2.561		
		16φ25	7854	3.307		
92	225 250 225 125 250 125 $S_z \leqslant 200$	12φ16	2413	1.016	φ6	0.547
		12φ18	3054	1.286	φ8	0.991
		12φ20	3770	1.587	φ10	1.579
		12φ22	4561	1.920		
		12φ25	5891	2.480		
		16φ22	6082	2.561		
		16φ25	7854	3.307		

序号	截面钢筋布置	纵力受力钢筋			箍筋@100	
		根数ϕ直径	A_s（mm²）	ρ（%）	ϕ直径	ρ_v（%）
93	250 250 250 125 250 125 $200 < S_z \leqslant 250$	12ϕ16	2413	0.965	ϕ6	0.472
		12ϕ18	3054	1.222	ϕ8	0.855
		12ϕ20	3770	1.508	ϕ10	1.363
		12ϕ22	4561	1.824		
		12ϕ25	5891	2.356		
		16ϕ22	6082	2.433		
		16ϕ25	7854	3.142		
		20ϕ25	9818	3.927		
94	250 250 250 125 250 125 $S_z \leqslant 200$	12ϕ16	2413	0.965	ϕ6	0.533
		12ϕ18	3054	1.222	ϕ8	0.966
		12ϕ20	3770	1.508	ϕ10	1.539
		12ϕ22	4561	1.824		
		12ϕ25	5891	2.356		
		16ϕ22	6082	2.433		
		16ϕ25	7854	3.142		
		20ϕ25	9818	3.927		

序号	截面钢筋布置	纵力受力钢筋			箍筋@100	
		根数 ϕ 直径	A_s (mm^2)	ρ (%)	ϕ 直径	ρ_v (%)
95	275 | 250 | 275 125 | 250 | 125 $250 < S_z \leqslant 300$	12ϕ16	2413	0.919	ϕ6	0.462
		12ϕ18	3054	1.163	ϕ8	0.838
		12ϕ20	3770	1.436	ϕ10	1.336
		12ϕ22	4561	1.738		
		12ϕ25	5891	2.244		
		16ϕ22	6082	2.317		
		16ϕ25	7854	2.992		
		20ϕ25	9818	3.740		
96	275 | 250 | 275 125 | 250 | 125 $S_z \leqslant 200$	12ϕ16	2413	0.919	ϕ6	0.521
		12ϕ18	3054	1.163	ϕ8	0.944
		12ϕ20	3770	1.436	ϕ10	1.503
		12ϕ22	4561	1.738		
		12ϕ25	5891	2.244		
		16ϕ22	6082	2.317		
		16ϕ25	7854	2.992		
		20ϕ25	9818	3.740		

序号	截面钢筋布置	纵力受力钢筋			箍筋@100	
		根数 ϕ 直径	A_s（mm²）	ρ（%）	ϕ 直径	ρ_v（%）
97	150 250 150 / 150 250 150 / $S_z \leqslant 200$	12ϕ14	1847	0.869	ϕ6	0.507
		12ϕ16	2413	1.136	ϕ8	0.919
		12ϕ18	3054	1.437	ϕ10	1.465
		12ϕ20	3770	1.774		
		12ϕ22	4561	2.281		
		12ϕ25	5891	2.772		
		16ϕ22	6082	2.862		
		16ϕ25	7854	3.696		
98	175 250 175 / 150 250 150 / $S_z \leqslant 200$	12ϕ14	1847	0.821	0.525	0.494
		12ϕ16	2413	1.072	0.959	0.895
		12ϕ18	3054	1.357	1.538	1.427
		12ϕ20	3770	1.676		
		12ϕ22	4561	2.027		
		12ϕ25	5891	2.618		
		16ϕ22	6082	2.703		
		16ϕ25	7854	3.491		

序号	截面钢筋布置	纵力受力钢筋			箍筋@100	
		根数φ直径	A_s（mm^2）	ρ（%）	φ直径	ρ_v（%）
99	200 250 200 / 150 / 250 / 150 / $S_z \leqslant 200$	12φ16	2413	1.016	φ6	0.482
		12φ18	3054	1.286	φ8	0.874
		12φ20	3770	1.587	φ10	1.393
		12φ22	4561	1.920		
		12φ25	5891	2.480		
		16φ22	6082	2.561		
		16φ25	7854	3.307		
100	225 250 225 / 150 / 250 / 150 / $200 < S_z \leqslant 250$	12φ16	2413	0.965	φ6	0.472
		12φ18	3054	1.222	φ8	0.855
		12φ20	3770	1.508	φ10	1.363
		12φ22	4561	1.824		
		12φ25	5891	2.356		
		16φ22	6082	2.433		
		16φ25	7854	3.142		
		20φ25	9818	3.927		

序号	截面钢筋布置	纵力受力钢筋			箍筋@100	
		根数ϕ直径	A_s（mm^2）	ρ（%）	ϕ直径	ρ_v（%）
101	225 250 225 150 250 150 $S_z \leqslant 200$	12ϕ16	2413	0.965	ϕ6	0.533
		12ϕ18	3054	1.222	ϕ8	0.966
		12ϕ20	3770	1.508	ϕ10	1.539
		12ϕ22	4561	1.824		
		12ϕ25	5891	2.356		
		16ϕ22	6082	2.433		
		16ϕ25	7854	3.142		
		20ϕ25	9818	3.927		
102	250 250 250 150 250 150 $200 < S_z \leqslant 250$	12ϕ16	2413	0.919	ϕ6	0.462
		12ϕ18	3054	1.163	ϕ8	0.838
		12ϕ20	3770	1.436	ϕ10	1.336
		12ϕ22	4561	1.738		
		12ϕ25	5891	2.244		
		16ϕ22	6082	2.317		
		16ϕ25	7854	2.992		
		20ϕ25	9818	3.740		

序号	截面钢筋布置	纵力受力钢筋			箍筋@100	
		根数 ϕ 直径	A_s（mm²）	ρ（%）	ϕ 直径	ρ_v（%）
103	 $S_z \leqslant 200$	12ϕ16	2413	0.919	ϕ6	0.521
		12ϕ18	3054	1.163	ϕ8	0.944
		12ϕ20	3770	1.436	ϕ10	1.503
		12ϕ22	4561	1.738		
		12ϕ25	5891	2.244		
		16ϕ22	6082	2.317		
		16ϕ25	7854	2.992		
		20ϕ25	9818	3.740		
104	 $250 < S_z \leqslant 300$	12ϕ16	2413	0.877	ϕ6	0.454
		12ϕ18	3054	1.111	ϕ8	0.823
		12ϕ20	3770	1.371	ϕ10	1.312
		12ϕ22	4561	1.659		
		12ϕ25	5891	2.142		
		16ϕ22	6082	2.212		
		16ϕ25	7854	2.856		
		20ϕ25	9818	3.570		

序号	截面钢筋布置	纵力受力钢筋			箍筋@100	
		根数 ϕ 直径	A_s（mm²）	ρ（%）	ϕ 直径	ρ_v（%）
105	275 | 250 | 275 150 250 150 $S_z \leqslant 200$	12ϕ16	2413	0.877	ϕ6	0.510
		12ϕ18	3054	1.111	ϕ8	0.923
		12ϕ20	3770	1.371	ϕ10	1.471
		12ϕ22	4561	1.659		
		12ϕ25	5891	2.142		
		16ϕ22	6082	2.212		
		16ϕ25	7854	2.856		
		20ϕ25	9818	3.570		
106	175 | 250 | 175 175 250 175 $S_z \leqslant 200$	12ϕ14	1847	0.778	ϕ6	0.482
		12ϕ16	2413	1.016	ϕ8	0.874
		12ϕ18	3054	1.286	ϕ10	1.393
		12ϕ20	3770	1.587		
		12ϕ22	4561	1.920		
		12ϕ25	5891	2.480		
		16ϕ22	6082	2.561		
		16ϕ25	7854	3.307		

序号	截面钢筋布置	纵力受力钢筋			箍筋@100	
		根数 ϕ 直径	A_s (mm²)	ρ (%)	ϕ 直径	ρ_v (%)
107	200 250 200 175 250 175 $S_z \leqslant 200$	12ϕ16	2413	0.965	ϕ6	0.472
		12ϕ18	3054	1.222	ϕ8	0.855
		12ϕ20	3770	1.508	ϕ10	1.363
		12ϕ22	4561	1.824		
		12ϕ25	5891	2.356		
		16ϕ22	6082	2.433		
		16ϕ25	7854	3.142		
		20ϕ25	9818	3.927		
108	225 250 225 175 250 175 $200 < S_z \leqslant 250$	12ϕ16	2413	0.919	ϕ6	0.462
		12ϕ18	3054	1.163	ϕ8	0.838
		12ϕ20	3770	1.436	ϕ10	1.336
		12ϕ22	4561	1.738		
		12ϕ25	5891	2.244		
		16ϕ22	6082	2.317		
		16ϕ25	7854	2.992		
		20ϕ25	9818	3.740		

序号	截面钢筋布置	纵力受力钢筋			箍筋@100	
		根数ϕ直径	A_s（mm²）	ρ（%）	ϕ直径	ρ_v（%）
109	225 | 250 | 225 175 | 250 | 175 $S_z \leqslant 200$	12ϕ16	2413	0.919	ϕ6	0.521
		12ϕ18	3054	1.163	ϕ8	0.944
		12ϕ20	3770	1.436	ϕ10	1.503
		12ϕ22	4561	1.738		
		12ϕ25	5891	2.244		
		16ϕ22	6082	2.317		
		16ϕ25	7854	2.992		
		20ϕ25	9818	3.740		
110	250 | 250 | 250 175 | 250 | 175 $200 < S_z \leqslant 250$	12ϕ16	2413	0.877	ϕ6	0.454
		12ϕ18	3054	1.111	ϕ8	0.823
		12ϕ20	3770	1.371	ϕ10	1.312
		12ϕ22	4561	1.659		
		12ϕ25	5891	2.142		
		16ϕ22	6082	2.212		
		16ϕ25	7854	2.856		
		20ϕ25	9818	3.570		

序号	截面钢筋布置	纵力受力钢筋			箍筋@100	
		根数 ϕ 直径	A_s（mm²）	ρ（%）	ϕ 直径	ρ_v（%）
111	250 250 250 175 250 175 $S_z \leqslant 200$	12ϕ16	2413	0.877	ϕ6	0.510
		12ϕ18	3054	1.111	ϕ8	0.923
		12ϕ20	3770	1.371	ϕ10	1.471
		12ϕ22	4561	1.659		
		12ϕ25	5891	2.142		
		16ϕ22	6082	2.212		
		16ϕ25	7854	2.856		
		20ϕ25	9818	3.570		
112	275 250 275 175 250 175 $250 < S_z \leqslant 300$	12ϕ16	2413	0.839	ϕ6	0.446
		12ϕ18	3054	1.062	ϕ8	0.809
		12ϕ20	3770	1.311	ϕ10	1.289
		12ϕ22	4561	1.586		
		12ϕ25	5891	2.049		
		16ϕ22	6082	2.115		
		16ϕ25	7854	2.732		
		20ϕ25	9818	3.415		

序号	截面钢筋布置	纵力受力钢筋			箍筋@100	
		根数 ϕ 直径	A_s（mm^2）	ρ（%）	ϕ 直径	ρ_v（%）
113	$S_z \leqslant 200$	12ϕ16	2413	0.839	ϕ6	0.449
		12ϕ18	3054	1.062	ϕ8	0.905
		12ϕ20	3770	1.311	ϕ10	1.441
		12ϕ22	4561	1.586		
		12ϕ25	5891	2.049		
		16ϕ22	6082	2.115		
		16ϕ25	7854	2.732		
		20ϕ25	9818	3.415		
114	$S_z \leqslant 200$	12ϕ16	2413	0.919	ϕ6	0.462
		12ϕ18	3054	1.163	ϕ8	0.838
		12ϕ20	3770	1.436	ϕ10	1.336
		12ϕ22	4561	1.738		
		12ϕ25	5891	2.244		
		16ϕ22	6082	2.317		
		16ϕ25	7854	2.992		
		20ϕ25	9818	3.740		

序号	截面钢筋布置	纵力受力钢筋			箍筋@100	
		根数 ϕ 直径	A_s（mm²）	ρ（%）	ϕ 直径	ρ_v（%）
115	225 | 250 | 225; 200; 250; 200; $200 < S_z \leqslant 250$	12ϕ16	2413	0.877	ϕ6	0.454
		12ϕ18	3054	1.111	ϕ8	0.823
		12ϕ20	3770	1.371	ϕ10	1.312
		12ϕ22	4561	1.659		
		12ϕ25	5891	2.142		
		16ϕ22	6082	2.212		
		16ϕ25	7854	2.856		
		20ϕ25	9818	3.570		
116	225 | 250 | 225; 200; 250; 200; $S_z \leqslant 200$	12ϕ16	2413	0.877	ϕ6	0.510
		12ϕ18	3054	1.111	ϕ8	0.923
		12ϕ20	3770	1.371	ϕ10	1.471
		12ϕ22	4561	1.659		
		12ϕ25	5891	2.142		
		16ϕ22	6082	2.212		
		16ϕ25	7854	2.856		
		20ϕ25	9818	3.570		

序号	截面钢筋布置	纵力受力钢筋			箍筋@100	
		根数 ϕ 直径	A_s（mm²）	ρ（%）	ϕ 直径	ρ_v（%）
117	250 250 250 200 250 200 $200<S_z\leqslant250$	12ϕ16	2413	0.839	ϕ6	0.446
		12ϕ18	3054	1.062	ϕ8	0.809
		12ϕ20	3770	1.311	ϕ10	1.289
		12ϕ22	4561	1.586		
		12ϕ25	5891	2.049		
		16ϕ22	6082	2.115		
		16ϕ25	7854	2.732		
		20ϕ25	9818	3.415		
118	250 250 250 200 250 200 $S_z\leqslant200$	12ϕ16	2413	0.839	ϕ6	0.449
		12ϕ18	3054	1.062	ϕ8	0.905
		12ϕ20	3770	1.311	ϕ10	1.441
		12ϕ22	4561	1.586		
		12ϕ25	5891	2.049		
		16ϕ22	6082	2.115		
		16ϕ25	7854	2.732		
		20ϕ25	9818	3.415		

序号	截面钢筋布置	纵力受力钢筋			箍筋@100	
		根数 ϕ 直径	A_s（mm²）	ρ（%）	ϕ 直径	ρ_v（%）
119	275 250 275 200 250 200 $250 < S_z \leqslant 300$	$12\phi16$	2413	0.804	$\phi6$	0.439
		$12\phi18$	3054	1.018	$\phi8$	0.796
		$12\phi20$	3770	1.257	$\phi10$	1.269
		$12\phi22$	4561	1.520		
		$12\phi25$	5891	1.964		
		$16\phi22$	6082	2.027		
		$16\phi25$	7854	2.618		
		$20\phi25$	9818	3.273		
120	275 250 275 200 250 200 $S_z \leqslant 200$	$12\phi16$	2413	0.804	$\phi6$	0.490
		$12\phi18$	3054	1.018	$\phi8$	0.888
		$12\phi20$	3770	1.257	$\phi10$	1.414
		$12\phi22$	4561	1.520		
		$12\phi25$	5891	1.964		
		$16\phi22$	6082	2.027		
		$16\phi25$	7854	2.618		
		$20\phi25$	9818	3.273		

序号	截面钢筋布置	纵力受力钢筋			箍筋@100	
		根数 ϕ 直径	A_s（mm²）	ρ（%）	ϕ 直径	ρ_v（%）
121	225 250 225 225 250 225 $200<S_z\leqslant250$	$12\phi16$	2413	0.839	$\phi6$	0.446
		$12\phi18$	3054	1.062	$\phi8$	0.809
		$12\phi20$	3770	1.311	$\phi10$	1.289
		$12\phi22$	4561	1.586		
		$12\phi25$	5891	2.049		
		$16\phi22$	6082	2.115		
		$16\phi25$	7854	2.732		
		$20\phi25$	9818	3.415		
122	225 250 225 225 250 225 $S_z\leqslant200$	$12\phi16$	2413	0.839	$\phi6$	0.552
		$12\phi18$	3054	1.062	$\phi8$	1.000
		$12\phi20$	3770	1.311	$\phi10$	1.593
		$12\phi22$	4561	1.586		
		$12\phi25$	5891	2.049		
		$16\phi22$	6082	2.115		
		$16\phi25$	7854	2.732		
		$20\phi25$	9818	3.415		

307

序号	截面钢筋布置	纵力受力钢筋				箍筋@100	
		根数φ直径	A_s（mm²）	ρ（%）		φ直径	ρ_v（%）
123	250 250 250 225 250 225 200<S_z≤250	12φ16	2413	0.804		φ6	0.439
		12φ18	3054	1.018		φ8	0.796
		12φ20	3770	1.257		φ10	1.269
		12φ22	4561	1.520			
		12φ25	5891	1.964			
		16φ22	6082	2.027			
		16φ25	7854	2.618			
		20φ25	9818	3.273			
124	250 250 250 225 250 225 S_z≤200	12φ16	2413	0.804		φ6	0.541
		12φ18	3054	1.018		φ8	0.979
		12φ20	3770	1.257		φ10	1.559
		12φ22	4561	1.520			
		12φ25	5891	1.964			
		16φ22	6082	2.027			
		16φ25	7854	2.618			
		20φ25	9818	3.273			

序号	截面钢筋布置	纵力受力钢筋			箍筋@100	
		根数ϕ直径	A_s（mm²）	ρ（%）	ϕ直径	ρ_v（%）
125	275 250 275 / 225 250 225 / $250 < S_z \leqslant 300$	12ϕ16	2413	0.772	ϕ6	0.433
		12ϕ18	3054	0.977	ϕ8	0.785
		12ϕ20	3770	1.206	ϕ10	1.251
		12ϕ22	4561	1.460		
		12ϕ25	5891	1.885		
		16ϕ22	6082	1.946		
		16ϕ25	7854	2.513		
		20ϕ25	9818	3.142		
126	275 250 275 / 225 250 225 / $200 < S_z \leqslant 250$	12ϕ16	2413	0.772	ϕ6	0.482
		12ϕ18	3054	0.977	ϕ8	0.872
		12ϕ20	3770	1.206	ϕ10	1.389
		12ϕ22	4561	1.460		
		12ϕ25	5891	1.885		
		16ϕ22	6082	1.946		
		16ϕ25	7854	2.513		
		20ϕ25	9818	3.142		

序号	截面钢筋布置	纵力受力钢筋			箍筋@100	
		根数 ϕ 直径	A_s（mm²）	ρ（%）	ϕ 直径	ρ_v（%）
127	275 | 250 | 275 225 250 225 $S_z \leqslant 200$	12ϕ16	2413	0.772	ϕ6	0.530
		12ϕ18	3054	0.977	ϕ8	0.960
		12ϕ20	3770	1.206	ϕ10	1.528
		12ϕ22	4561	1.460		
		12ϕ25	5891	1.885		
		16ϕ22	6082	1.946		
		16ϕ25	7854	2.513		
		20ϕ25	9818	3.142		
128	250 | 250 | 250 250 250 250 $200 < S_z \leqslant 250$	12ϕ16	2413	0.772	ϕ6	0.433
		12ϕ18	3054	0.977	ϕ8	0.785
		12ϕ20	3770	1.206	ϕ10	1.251
		12ϕ22	4561	1.460		
		12ϕ25	5891	1.885		
		16ϕ22	6082	1.946		
		16ϕ25	7854	2.513		
		20ϕ25	9818	3.142		

序号	截面钢筋布置	纵力受力钢筋				箍筋@100	
		根数ϕ直径	A_s（mm^2）	ρ（%）		ϕ直径	ρ_v（%）
129	 250 | 250 | 250 250 250 250 $S_z \leqslant 200$	12ϕ16	2413	0.772		ϕ6	0.530
		12ϕ18	3054	0.977		ϕ8	0.960
		12ϕ20	3770	1.206		ϕ10	1.528
		12ϕ22	4561	1.460			
		12ϕ25	5891	1.885			
		16ϕ22	6082	1.946			
		16ϕ25	7854	2.513			
		20ϕ25	9818	3.142			
130	 275 | 250 | 275 250 250 250 $250 < S_z \leqslant 300$	12ϕ16	2413	0.742		ϕ6	0.427
		12ϕ18	3054	0.939		ϕ8	0.774
		12ϕ20	3770	1.160		ϕ10	1.233
		12ϕ22	4561	1.403			
		12ϕ25	5891	1.813			
		16ϕ22	6082	1.871			
		16ϕ25	7854	2.417			
		20ϕ25	9818	3.201			

序号	截面钢筋布置	纵力受力钢筋			箍筋@100	
		根数φ直径	A_s（mm²）	ρ（%）	φ直径	ρ_v（%）
131	275 250 275 250 250 250 200＜S_z≤250	12φ16	2413	0.742	φ6	0.474
		12φ18	3054	0.939	φ8	0.858
		12φ20	3770	1.160	φ10	1.367
		12φ22	4561	1.403		
		12φ25	5891	1.813		
		16φ22	6082	1.871		
		16φ25	7854	2.417		
		20φ25	9818	3.201		
132	275 250 275 250 250 250 S_z≤200	12φ16	2413	0.742	φ6	0.520
		12φ18	3054	0.939	φ8	0.942
		12φ20	3770	1.160	φ10	1.500
		12φ22	4561	1.403		
		12φ25	5891	1.813		
		16φ22	6082	1.871		
		16φ25	7854	2.417		
		20φ25	9818	3.201		

序号	截面钢筋布置	纵力受力钢筋			箍筋@100	
		根数 ϕ 直径	A_s（mm²）	ρ（%）	ϕ 直径	ρ_v（%）
133	 275 | 250 | 275 275 250 275 $250 < S_z \leqslant 300$	12ϕ16	2413	0.715	ϕ6	0.422
		12ϕ18	3054	0.905	ϕ8	0.764
		12ϕ20	3770	1.117	ϕ10	1.218
		12ϕ22	4561	1.351		
		12ϕ25	5891	1.745		
		16ϕ22	6082	1.802		
		16ϕ25	7854	2.327		
		20ϕ25	9818	2.909		
134	 275 | 250 | 275 275 250 275 $S_z \leqslant 200$	12ϕ16	2413	0.715	ϕ6	0.511
		12ϕ18	3054	0.905	ϕ8	0.926
		12ϕ20	3770	1.117	ϕ10	1.474
		12ϕ22	4561	1.351		
		12ϕ25	5891	1.745		
		16ϕ22	6082	1.802		
		16ϕ25	7854	2.327		
		20ϕ25	9818	2.909		

313

2.5　Z形柱配筋表

Z形柱配筋表

表 2-4

序号	截面钢筋布置	纵力受力钢筋			箍筋@100	
		根数 ϕ 直径	A_s（mm²）	ρ（%）	ϕ 直径	ρ_v（%）
1	$200<S_z\leqslant250$	12ϕ16	2413	1.207	ϕ6	0.571
		12ϕ18	3054	1.527	ϕ8	1.041
		12ϕ20	3770	1.885	ϕ10	1.671
		12ϕ22	4561	2.281		
		12ϕ25	5891	2.946		
		18ϕ22	6842	3.421		
2	$S_z\leqslant200$	12ϕ16	2413	1.207	ϕ6	0.602
		12ϕ18	3054	1.527	ϕ8	1.097
		12ϕ20	3770	1.885	ϕ10	1.761
		12ϕ22	4561	2.281		
		12ϕ25	5891	2.946		
		18ϕ22	6842	3.421		

序号	截面钢筋布置	纵力受力钢筋			箍筋@100	
		根数ϕ直径	A_s（mm²）	ρ（%）	ϕ直径	ρ_v（%）
3	250 200 200 $200 < S_z \leqslant 250$	12ϕ18	3054	1.454	ϕ6	0.561
		12ϕ20	3770	1.795	ϕ8	1.024
		12ϕ22	4561	2.172	ϕ10	1.643
		12ϕ25	5891	2.805		
		18ϕ22	6842	3.258		
4	250 200 200 $S_z \leqslant 200$	12ϕ18	3054	1.454	ϕ6	0.620
		12ϕ20	3770	1.795	ϕ8	1.131
		12ϕ22	4561	2.172	ϕ10	1.813
		12ϕ25	5891	2.805		
		18ϕ22	6842	3.258		
5	300 200 200 $250 < S_z \leqslant 300$	12ϕ18	3054	1.388	ϕ6	0.553
		12ϕ20	3770	1.714	ϕ8	1.008
		12ϕ22	4561	2.073	ϕ10	1.618
		12ϕ25	5891	2.678		
		18ϕ22	6842	3.110		

序号	截面钢筋布置	纵力受力钢筋			箍筋@100	
		根数ϕ直径	A_s（mm²）	ρ（%）	ϕ直径	ρ_v（%）
6	300 200 200 / 200<S_z≤250	12ϕ18	3054	1.388	ϕ6	0.581
		12ϕ20	3770	1.714	ϕ8	1.059
		12ϕ22	4561	2.073	ϕ10	1.699
		12ϕ25	5891	2.678		
		18ϕ22	6842	3.110		
7	300 200 200 / S_z≤200	12ϕ18	3054	1.388	ϕ6	0.609
		12ϕ20	3770	1.714	ϕ8	1.110
		12ϕ22	4561	2.073	ϕ10	1.780
		12ϕ25	5891	2.678		
		18ϕ22	6842	3.110		
8	350 200 200 / 200<S_z≤250	12ϕ18	3054	1.327	ϕ6	0.572
		12ϕ20	3770	1.639	ϕ8	1.043
		12ϕ22	4561	1.983	ϕ10	1.673
		12ϕ25	5891	2.561		
		18ϕ22	6842	5.975		
		18ϕ25	8836	3.842		

序号	截面钢筋布置	纵力受力钢筋			箍筋@100	
		根数 ϕ 直径	A_s （mm²）	ρ （%）	ϕ 直径	ρ_v （%）
9	350 200 200 $S_z \leqslant 200$	12ϕ18	3054	1.327	ϕ6	0.599
		12ϕ20	3770	1.639	ϕ8	1.091
		12ϕ22	4561	1.983	ϕ10	1.750
		12ϕ25	5891	2.561		
		18ϕ22	6842	5.975		
		18ϕ25	8836	3.842		
10	400 200 200 $200 < S_z \leqslant 250$	12ϕ18	3054	1.273	ϕ6	0.563
		12ϕ20	3770	1.571	ϕ8	1.028
		12ϕ22	4561	1.900	ϕ10	1.649
		12ϕ25	5891	2.455		
		18ϕ22	6842	5.851		
		18ϕ25	8836	3.682		
11	400 200 200 $S_z \leqslant 200$	12ϕ18	3054	1.273	ϕ6	0.589
		12ϕ20	3770	1.571	ϕ8	1.074
		12ϕ22	4561	1.900	ϕ10	1.722
		12ϕ25	5891	2.455		
		18ϕ22	6842	5.851		
		18ϕ25	8836	3.682		

序号	截面钢筋布置	纵力受力钢筋			箍筋@100	
		根数φ直径	A_s（mm²）	ρ（%）	ϕ直径	ρ_v（%）
12	250 200 250 200<Sz≤250	12φ18	3054	1.388	φ6	0.553
		12φ20	3770	1.714	φ8	1.008
		12φ22	4561	2.073	φ10	1.618
		12φ25	5891	2.678		
		18φ22	6842	3.110		
13	250 200 250 Sz≤200	12φ18	3054	1.388	φ6	0.637
		12φ20	3770	1.714	φ8	1.161
		12φ22	4561	2.073	φ10	1.861
		12φ25	5891	2.678		
		18φ22	6842	3.110		
14	300 200 250 250<Sz≤300	12φ18	3054	1.327	φ6	0.545
		12φ20	3770	1.639	φ8	0.994
		12φ22	4561	1.983	φ10	1.596
		12φ25	5891	2.561		
		18φ22	6842	5.975		
		18φ25	8836	3.842		

序号	截面钢筋布置	纵力受力钢筋			箍筋@100	
		根数ϕ直径	A_s（mm²）	ρ（%）	ϕ直径	ρ_v（%）
15	300 200 250 $200<S_z\leqslant250$	12ϕ18	3054	1.327	ϕ6	0.572
		12ϕ20	3770	1.639	ϕ8	1.043
		12ϕ22	4561	1.983	ϕ10	1.673
		12ϕ25	5891	2.561		
		18ϕ22	6842	5.975		
		18ϕ25	8836	3.842		
16	300 200 300 $S_z\leqslant200$	12ϕ18	3054	1.327	ϕ6	0.625
		12ϕ20	3770	1.639	ϕ8	1.140
		12ϕ22	4561	1.983	ϕ10	1.827
		12ϕ25	5891	2.561		
		18ϕ22	6842	5.975		
		18ϕ25	8836	3.842		
17	350 200 250 $200<S_z\leqslant250$	12ϕ18	3054	1.273	ϕ6	0.563
		12ϕ20	3770	1.571	ϕ8	1.028
		12ϕ22	4561	1.900	ϕ10	1.649
		12ϕ25	5891	2.455		
		18ϕ22	6842	5.851		
		18ϕ25	8836	3.682		

序号	截面钢筋布置	纵力受力钢筋				箍筋@100	
		根数ϕ直径	A_s（mm²）	ρ（%）		ϕ直径	ρ_v（%）
18	350 200 250 $S_z \leqslant 200$	12ϕ18	3054	1.273		ϕ6	0.615
		12ϕ20	3770	1.571		ϕ8	1.120
		12ϕ22	4561	1.900		ϕ10	1.796
		12ϕ25	5891	2.455			
		18ϕ22	6842	5.851			
		18ϕ25	8836	3.682			
19	300 200 300 $250 < S_z \leqslant 300$	12ϕ18	3054	1.273		ϕ6	0.538
		12ϕ20	3770	1.571		ϕ8	0.981
		12ϕ22	4561	1.900		ϕ10	1.575
		12ϕ25	5891	2.455			
		18ϕ22	6842	5.851			
		18ϕ25	8836	3.682			
20	300 200 300 $200 < S_z \leqslant 250$	12ϕ18	3054	1.273		ϕ6	0.589
		12ϕ20	3770	1.571		ϕ8	1.074
		12ϕ22	4561	1.900		ϕ10	1.722
		12ϕ25	5891	2.455			
		18ϕ22	6842	5.851			
		18ϕ25	8836	3.682			

序号	截面钢筋布置	纵力受力钢筋			箍筋@100	
		根数 ϕ 直径	A_s（mm²）	ρ（%）	ϕ 直径	ρ_v（%）
21	300 200 300 / 200 200 200 / $S_z \leqslant 200$	12ϕ18	3054	1.273	ϕ6	0.615
		12ϕ20	3770	1.571	ϕ8	1.120
		12ϕ22	4561	1.900	ϕ10	1.796
		12ϕ25	5891	2.455		
		18ϕ22	6842	5.851		
		18ϕ25	8836	3.682		
22	200 200 200 / 200 250 200 / $250 < S_z \leqslant 300$	12ϕ18	3054	1.454	ϕ6	0.561
		12ϕ20	3770	1.795	ϕ8	1.024
		12ϕ22	4561	2.172	ϕ10	1.643
		12ϕ25	5891	2.805		
		18ϕ22	6842	3.258		
23	200 200 200 / 200 250 200 / $S_z \leqslant 200$	12ϕ18	3054	1.454	ϕ6	0.591
		12ϕ20	3770	1.795	ϕ8	1.077
		12ϕ22	4561	2.172	ϕ10	1.728
		12ϕ25	5891	2.805		
		18ϕ22	6842	3.258		

序号	截面钢筋布置	纵力受力钢筋			箍筋@100	
		根数ϕ直径	A_s（mm²）	ρ（%）	ϕ直径	ρ_v（%）
24	250 200 200 250<Sz≤300	12ϕ18	3054	1.388	ϕ6	0.553
		12ϕ20	3770	1.714	ϕ8	1.008
		12ϕ22	4561	2.073	ϕ10	1.618
		12ϕ25	5891	2.678		
		18ϕ22	6842	3.110		
25	250 200 200 200<Sz≤250	12ϕ18	3054	1.388	ϕ6	0.581
		12ϕ20	3770	1.714	ϕ8	1.059
		12ϕ22	4561	2.073	ϕ10	1.699
		12ϕ25	5891	2.678		
		18ϕ22	6842	3.110		
26	250 200 200 Sz≤200	12ϕ18	3054	1.388	ϕ6	0.609
		12ϕ20	3770	1.714	ϕ8	1.110
		12ϕ22	4561	2.073	ϕ10	1.780
		12ϕ25	5891	2.678		
		18ϕ22	6842	3.110		

序号	截面钢筋布置	纵力受力钢筋			箍筋@100	
		根数φ直径	A_s（mm^2）	ρ（%）	φ直径	ρ_v（%）
27	300 200 200 200 250 200 $250 < S_z \leqslant 300$	12φ18	3054	1.327	φ6	0.545
		12φ20	3770	1.639	φ8	0.994
		12φ22	4561	1.983	φ10	1.596
		12φ25	5891	2.561		
		18φ22	6842	5.975		
		18φ25	8836	3.842		
28	300 200 200 200 250 200 $S_z \leqslant 200$	12φ18	3054	1.327	φ6	0.599
		12φ20	3770	1.639	φ8	1.091
		12φ22	4561	1.983	φ10	1.750
		12φ25	5891	2.561		
		18φ22	6842	5.975		
		18φ25	8836	3.842		
29	350 200 200 200 250 200 $250 < S_z \leqslant 300$	12φ18	3054	1.273	φ6	0.563
		12φ20	3770	1.571	φ8	1.028
		12φ22	4561	1.900	φ10	1.649
		12φ25	5891	2.455		
		18φ22	6842	5.851		
		18φ25	8836	3.682		

序号	截面钢筋布置	纵力受力钢筋			箍筋@100	
		根数ϕ直径	A_s（mm²）	ρ（%）	ϕ直径	ρ_v（%）
30	350 200 200 $S_z \leqslant 200$	12ϕ18	3054	1.273	ϕ6	0.589
		12ϕ20	3770	1.571	ϕ8	1.074
		12ϕ22	4561	1.900	ϕ10	1.722
		12ϕ25	5891	2.455		
		18ϕ22	6842	5.851		
		18ϕ25	8836	3.682		
31	400 200 200 $250 < S_z \leqslant 300$	12ϕ18	3054	1.222	ϕ6	0.556
		12ϕ20	3770	1.508	ϕ8	1.014
		12ϕ22	4561	1.824	ϕ10	1.626
		12ϕ25	5891	2.356		
		18ϕ22	6842	2.737		
		18ϕ25	8836	3.534		
32	400 200 200 $S_z \leqslant 200$	12ϕ18	3054	1.222	ϕ6	0.580
		12ϕ20	3770	1.508	ϕ8	1.058
		12ϕ22	4561	1.824	ϕ10	1.697
		12ϕ25	5891	2.356		
		18ϕ22	6842	2.737		
		18ϕ25	8836	3.534		

序号	截面钢筋布置	纵力受力钢筋				箍筋@100	
		根数 ϕ 直径	A_s（mm²）	ρ（%）		ϕ 直径	ρ_v（%）
33	$\lfloor 250 \rfloor 200 \rfloor 250 \rfloor$ ... $250 < S_z \leqslant 300$	12ϕ18	3054	1.327		ϕ6	0.545
		12ϕ20	3770	1.639		ϕ8	0.994
		12ϕ22	4561	1.983		ϕ10	1.596
		12ϕ25	5891	2.561			
		18ϕ22	6842	5.975			
		18ϕ25	8836	3.842			
34	$\lfloor 250 \rfloor 200 \rfloor 250 \rfloor$ ... $200 < S_z \leqslant 250$	12ϕ18	3054	1.327		ϕ6	0.572
		12ϕ20	3770	1.639		ϕ8	1.043
		12ϕ22	4561	1.983		ϕ10	1.673
		12ϕ25	5891	2.561			
		18ϕ22	6842	5.975			
		18ϕ25	8836	3.842			
35	$\lfloor 250 \rfloor 200 \rfloor 250 \rfloor$ ... $S_z \leqslant 200$	12ϕ18	3054	1.327		ϕ6	0.625
		12ϕ20	3770	1.639		ϕ8	1.140
		12ϕ22	4561	1.983		ϕ10	1.827
		12ϕ25	5891	2.561			
		18ϕ22	6842	5.975			
		18ϕ25	8836	3.842			

序号	截面钢筋布置	纵力受力钢筋			箍筋@100	
		根数 ϕ 直径	A_s（mm²）	ρ（%）	ϕ 直径	ρ_v（%）
36	300 200 250 / 200 250 200 / 250<S_z≤300	12ϕ18	3054	1.273	ϕ6	0.538
		12ϕ20	3770	1.571	ϕ8	0.981
		12ϕ22	4561	1.900	ϕ10	1.575
		12ϕ25	5891	2.455		
		18ϕ22	6842	5.851		
		18ϕ25	8836	3.682		
37	300 200 250 / 200 250 200 / 200<S_z≤250	12ϕ18	3054	1.273	ϕ6	0.589
		12ϕ20	3770	1.571	ϕ8	1.074
		12ϕ22	4561	1.900	ϕ10	1.722
		12ϕ25	5891	2.455		
		18ϕ22	6842	5.851		
		18ϕ25	8836	3.682		
38	300 200 250 / 200 250 200 / S_z≤200	12ϕ18	3054	1.273	ϕ6	0.615
		12ϕ20	3770	1.571	ϕ8	1.120
		12ϕ22	4561	1.900	ϕ10	1.796
		12ϕ25	5891	2.455		
		18ϕ22	6842	5.851		
		18ϕ25	8836	3.682		

序号	截面钢筋布置	纵力受力钢筋				箍筋@100	
		根数 ϕ 直径	A_s （mm²）	ρ （%）		ϕ 直径	ρ_v （%）
39	350 200 250 200 250 200 $250 < S_z \leqslant 300$	12ϕ18	3054	1.222		ϕ6	0.556
		12ϕ20	3770	1.508		ϕ8	1.014
		12ϕ22	4561	1.824		ϕ10	1.626
		12ϕ25	5891	2.356			
		18ϕ22	6842	2.737			
		18ϕ25	8836	3.534			
40	350 200 250 200 250 200 $200 < S_z \leqslant 250$	12ϕ18	3054	1.222		ϕ6	0.580
		12ϕ20	3770	1.508		ϕ8	1.058
		12ϕ22	4561	1.824		ϕ10	1.697
		12ϕ25	5891	2.356			
		18ϕ22	6842	2.737			
		18ϕ25	8836	3.534			
41	350 200 250 200 250 200 $S_z \leqslant 200$	12ϕ18	3054	1.222		ϕ6	0.605
		12ϕ20	3770	1.508		ϕ8	1.103
		12ϕ22	4561	1.824		ϕ10	1.768
		12ϕ25	5891	2.356			
		18ϕ22	6842	2.737			
		18ϕ25	8836	3.534			

序号	截面钢筋布置	纵力受力钢筋			箍筋@100	
		根数φ直径	A_s（mm²）	ρ（%）	φ直径	ρ_v（%）
42	300 200 300 250<S_z≤300	12φ18	3054	1.222	φ6	0.531
		12φ20	3770	1.508	φ8	0.969
		12φ22	4561	1.824	φ10	1.556
		12φ25	5891	2.356		
		18φ22	6842	2.737		
		18φ25	8836	3.534		
43	300 200 300 S_z≤200	12φ18	3054	1.222	φ6	0.605
		12φ20	3770	1.508	φ8	1.103
		12φ22	4561	1.824	φ10	1.768
		12φ25	5891	2.356		
		18φ22	6842	2.737		
		18φ25	8836	3.534		
44	200 200 200 S_z≤200	12φ18	3054	1.388	φ6	0.581
		12φ20	3770	1.714	φ8	1.059
		12φ22	4561	2.073	φ10	1.699
		12φ25	5891	2.678		
		18φ22	6842	3.110		

序号	截面钢筋布置	纵力受力钢筋			箍筋@100	
		根数 ϕ 直径	A_s （mm²）	ρ （%）	ϕ 直径	ρ_v （%）
45	250 200 200 / 300 200 / 300 / 200 / 200<S_z≤250	12ϕ18	3054	1.327	ϕ6	0.572
		12ϕ20	3770	1.639	ϕ8	1.043
		12ϕ22	4561	1.983	ϕ10	1.673
		12ϕ25	5891	2.561		
		18ϕ22	6842	5.975		
		18ϕ25	8836	3.842		
46	250 200 200 / 300 200 / 300 / 200 / S_z≤200	12ϕ18	3054	1.327	ϕ6	0.599
		12ϕ20	3770	1.639	ϕ8	1.091
		12ϕ22	4561	1.983	ϕ10	1.750
		12ϕ25	5891	2.561		
		18ϕ22	6842	5.975		
		18ϕ25	8836	3.842		
47	300 200 200 / 300 200 / 300 / 200 / 200 / 250<S_z≤300	12ϕ18	3054	1.273	ϕ6	0.563
		12ϕ20	3770	1.571	ϕ8	1.028
		12ϕ22	4561	1.900	ϕ10	1.649
		12ϕ25	5891	2.455		
		18ϕ22	6842	5.851		
		18ϕ25	8836	3.682		

序号	截面钢筋布置	纵力受力钢筋			箍筋@100	
		根数 ϕ 直径	A_s （mm²）	ρ （%）	ϕ 直径	ρ_v （%）
48	300 200 200 300 200 200 $S_z \leqslant 200$	12ϕ18	3054	1.273	ϕ6	0.589
		12ϕ20	3770	1.571	ϕ8	1.074
		12ϕ22	4561	1.900	ϕ10	1.722
		12ϕ25	5891	2.455		
		18ϕ22	6842	5.851		
		18ϕ25	8836	3.682		
49	350 200 200 300 200 200 $S_z \leqslant 200$	12ϕ18	3054	1.222	ϕ6	0.580
		12ϕ20	3770	1.508	ϕ8	1.058
		12ϕ22	4561	1.824	ϕ10	1.697
		12ϕ25	5891	2.356		
		18ϕ22	6842	2.737		
		18ϕ25	8836	3.534		

序号	截面钢筋布置	纵力受力钢筋			箍筋@100	
		根数 ϕ 直径	A_s（mm²）	ρ（%）	ϕ 直径	ρ_v（%）
50	400 200 200 200 300 200 200 $S_z \leqslant 200$	12ϕ18	3054	1.175	ϕ6	0.573
		12ϕ20	3770	1.450	ϕ8	1.044
		12ϕ22	4561	1.754	ϕ10	1.674
		12ϕ25	5891	2.266		
		18ϕ22	6842	2.632		
		18ϕ25	8836	3.398		
51	250 200 250 200 300 200 200 $200 < S_z \leqslant 250$	12ϕ18	3054	1.273	ϕ6	0.563
		12ϕ20	3770	1.571	ϕ8	1.028
		12ϕ22	4561	1.900	ϕ10	1.649
		12ϕ25	5891	2.455		
		18ϕ22	6842	5.851		
		18ϕ25	8836	3.682		

序号	截面钢筋布置	纵力受力钢筋			箍筋@100	
		根数 ϕ 直径	A_s (mm²)	ρ (%)	ϕ 直径	ρ_v (%)
52	250 200 250 300 200 200 200 $S_z \leqslant 200$	12ϕ18	3054	1.273	ϕ6	0.615
		12ϕ20	3770	1.571	ϕ8	1.120
		12ϕ22	4561	1.900	ϕ10	1.796
		12ϕ25	5891	2.455		
		18ϕ22	6842	5.851		
		18ϕ25	8836	3.682		
53	300 200 250 300 200 200 $250 < S_z \leqslant 300$	12ϕ18	3054	1.222	ϕ6	0.556
		12ϕ20	3770	1.508	ϕ8	1.014
		12ϕ22	4561	1.824	ϕ10	1.626
		12ϕ25	5891	2.356		
		18ϕ22	6842	2.737		
		18ϕ25	8836	3.534		

序号	截面钢筋布置	纵力受力钢筋			箍筋@100	
		根数 ϕ 直径	A_s (mm^2)	ρ (%)	ϕ 直径	ρ_v (%)
54	300 200 250 300 200 300 200 $200 < S_z \leqslant 250$	12ϕ18	3054	1.222	ϕ6	0.580
		12ϕ20	3770	1.508	ϕ8	1.058
		12ϕ22	4561	1.824	ϕ10	1.697
		12ϕ25	5891	2.356		
		18ϕ22	6842	2.737		
		18ϕ25	8836	3.534		
55	300 200 250 200 300 200 $S_z \leqslant 200$	12ϕ18	3054	1.222	ϕ6	0.605
		12ϕ20	3770	1.508	ϕ8	1.103
		12ϕ22	4561	1.824	ϕ10	1.768
		12ϕ25	5891	2.356		
		18ϕ22	6842	2.737		
		18ϕ25	8836	3.534		

333

序号	截面钢筋布置	纵力受力钢筋			箍筋@100	
		根数ϕ直径	A_s（mm^2）	ρ（%）	ϕ直径	ρ_v（%）
56	350 200 250 200 300 200 $200 < S_z \leqslant 250$	12ϕ18	3054	1.175	ϕ6	0.573
		12ϕ20	3770	1.450	ϕ8	1.044
		12ϕ22	4561	1.754	ϕ10	1.674
		12ϕ25	5891	2.266		
		18ϕ22	6842	2.632		
		18ϕ25	8836	3.398		
57	350 200 250 200 300 200 $S_z \leqslant 200$	12ϕ18	3054	1.175	ϕ6	0.596
		12ϕ20	3770	1.450	ϕ8	1.086
		12ϕ22	4561	1.754	ϕ10	1.742
		12ϕ25	5891	2.266		
		18ϕ22	6842	2.632		
		18ϕ25	8836	3.398		

序号	截面钢筋布置	纵力受力钢筋			箍筋@100	
		根数 ϕ 直径	A_s (mm^2)	ρ (%)	ϕ 直径	ρ_v (%)
58	$300 \quad 200 \quad 300$ $250 < S_z \leqslant 300$	12ϕ18	3054	1.175	ϕ6	0.549
		12ϕ20	3770	1.450	ϕ8	1.001
		12ϕ22	4561	1.754	ϕ10	1.606
		12ϕ25	5891	2.266		
		18ϕ22	6842	2.632		
		18ϕ25	8836	3.398		
59	$300 \quad 200 \quad 300$ $S_z \leqslant 200$	12ϕ18	3054	1.175	ϕ6	0.596
		12ϕ20	3770	1.450	ϕ8	1.086
		12ϕ22	4561	1.754	ϕ10	1.742
		12ϕ25	5891	2.266		
		18ϕ22	6842	2.632		
		18ϕ25	8836	3.398		

序号	截面钢筋布置	纵力受力钢筋			箍筋@100	
		根数ϕ直径	A_s（mm²）	ρ（%）	ϕ直径	ρ_v（%）
60	$S_z \leqslant 200$	12ϕ18	3054	1.327	ϕ6	0.572
		12ϕ20	3770	1.639	ϕ8	1.043
		12ϕ22	4561	1.983	ϕ10	1.673
		12ϕ25	5891	2.561		
		18ϕ22	6842	5.975		
		18ϕ25	8836	3.842		
61	$200 < S_z \leqslant 250$	12ϕ18	3054	1.273	ϕ6	0.563
		12ϕ20	3770	1.571	ϕ8	1.028
		12ϕ22	4561	1.900	ϕ10	1.649
		12ϕ25	5891	2.455		
		18ϕ22	6842	5.851		
		18ϕ25	8836	3.682		

序号	截面钢筋布置	纵力受力钢筋			箍筋@100	
		根数 φ 直径	A_s（mm²）	ρ（%）	φ 直径	ρ_v（%）
62	250 200 200 / 200 350 200 / $S_z \leqslant 200$	12φ18	3054	1.273	φ6	0.589
		12φ20	3770	1.571	φ8	1.074
		12φ22	4561	1.900	φ10	1.722
		12φ25	5891	2.455		
		18φ22	6842	5.851		
		18φ25	8836	3.682		
63	300 200 200 / 200 350 200 / $250 < S_z \leqslant 300$	12φ18	3054	1.222	φ6	0.556
		12φ20	3770	1.508	φ8	1.014
		12φ22	4561	1.824	φ10	1.626
		12φ25	5891	2.356		
		18φ22	6842	2.737		
		18φ25	8836	3.534		

序号	截面钢筋布置	纵力受力钢筋			箍筋@100	
		根数ϕ直径	A_s（mm²）	ρ（%）	ϕ直径	ρ_v（%）
64	300 200 200 350 $S_z \leqslant 200$	12ϕ18	3054	1.222	ϕ6	0.580
		12ϕ20	3770	1.508	ϕ8	1.058
		12ϕ22	4561	1.824	ϕ10	1.697
		12ϕ25	5891	2.356		
		18ϕ22	6842	2.737		
		18ϕ25	8836	3.534		
65	350 200 200 350 $S_z \leqslant 200$	12ϕ18	3054	1.175	ϕ6	0.573
		12ϕ20	3770	1.450	ϕ8	1.044
		12ϕ22	4561	1.754	ϕ10	1.674
		12ϕ25	5891	2.266		
		18ϕ22	6842	2.632		
		18ϕ25	8836	3.398		

序号	截面钢筋布置	纵力受力钢筋			箍筋@100	
		根数ϕ直径	A_s（mm²）	ρ（%）	ϕ直径	ρ_v（%）
66	400|200|200 200 350 200 $S_z \leqslant 200$	12ϕ20	3770	1.396	ϕ6	0.565
		12ϕ22	4561	1.689	ϕ8	1.030
		12ϕ25	5891	2.182	ϕ10	1.653
		18ϕ22	6842	2.534		
		18ϕ25	8836	3.273		
67	250|200|250 200 350 200 $200 < S_z \leqslant 250$	12ϕ18	3054	1.222	ϕ6	0.556
		12ϕ20	3770	1.508	ϕ8	1.014
		12ϕ22	4561	1.824	ϕ10	1.626
		12ϕ25	5891	2.356		
		18ϕ22	6842	2.737		
		18ϕ25	8836	3.534		

339

序号	截面钢筋布置	纵力受力钢筋			箍筋@100	
		根数 ϕ 直径	A_s （mm²）	ρ （%）	ϕ 直径	ρ_v （%）
68	250 200 250 / 200 / 350 / 200 / $S_z \leqslant 200$	12ϕ18	3054	1.222	ϕ6	0.605
		12ϕ20	3770	1.508	ϕ8	1.103
		12ϕ22	4561	1.824	ϕ10	1.768
		12ϕ25	5891	2.356		
		18ϕ22	6842	2.737		
		18ϕ25	8836	3.534		
69	300 200 250 / 200 / 350 / 200 / $250 < S_z \leqslant 300$	12ϕ18	3054	1.175	ϕ6	0.549
		12ϕ20	3770	1.450	ϕ8	1.001
		12ϕ22	4561	1.754	ϕ10	1.606
		12ϕ25	5891	2.266		
		18ϕ22	6842	2.632		
		18ϕ25	8836	3.398		

序号	截面钢筋布置	纵力受力钢筋			箍筋@100	
		根数 ϕ 直径	A_{s}（mm²）	ρ（%）	ϕ 直径	ρ_{v}（%）
70	300 200 250 200 350 200 200<S_z≤250	12ϕ18	3054	1.175	ϕ6	0.573
		12ϕ20	3770	1.450	ϕ8	1.044
		12ϕ22	4561	1.754	ϕ10	1.674
		12ϕ25	5891	2.266		
		18ϕ22	6842	2.632		
		18ϕ25	8836	3.398		
71	300 200 250 200 350 200 S_z≤200	12ϕ18	3054	1.175	ϕ6	0.596
		12ϕ20	3770	1.450	ϕ8	1.086
		12ϕ22	4561	1.754	ϕ10	1.742
		12ϕ25	5891	2.266		
		18ϕ22	6842	2.632		
		18ϕ25	8836	3.398		

序号	截面钢筋布置	纵力受力钢筋			箍筋@100	
		根数ϕ直径	A_s（mm^2）	ρ（%）	ϕ直径	ρ_v（%）
72	350 200 250 200 350 200 $200 < S_z \leqslant 250$	12ϕ20	3770	1.396	ϕ6	0.565
		12ϕ22	4561	1.689	ϕ8	1.030
		12ϕ25	5891	2.182	ϕ10	1.653
		18ϕ22	6842	2.534		
		18ϕ25	8836	3.273		
73	350 200 250 200 350 200 $S_z \leqslant 200$	12ϕ20	3770	1.396	ϕ6	0.588
		12ϕ22	4561	1.689	ϕ8	1.071
		12ϕ25	5891	2.182	ϕ10	1.718
		18ϕ22	6842	2.534		
		18ϕ25	8836	3.273		

342

序号	截面钢筋布置	纵力受力钢筋			箍筋@100	
		根数 ϕ 直径	A_s (mm²)	ρ (%)	ϕ 直径	ρ_v (%)
74	300 200 300 200 350 200 250<S_z≤300	12ϕ20	3770	1.396	ϕ6	0.543
		12ϕ22	4561	1.689	ϕ8	0.989
		12ϕ25	5891	2.182	ϕ10	1.587
		18ϕ22	6842	2.534		
		18ϕ25	8836	3.273		
75	300 200 300 200 350 200 S_z≤200	12ϕ20	3770	1.396	ϕ6	0.558
		12ϕ22	4561	1.689	ϕ8	1.071
		12ϕ25	5891	2.182	ϕ10	1.718
		18ϕ22	6842	2.534		
		18ϕ25	8836	3.273		

343

序号	截面钢筋布置	纵力受力钢筋				箍筋@100	
		根数ϕ直径	A_s（mm²）	ρ（%）		ϕ直径	ρ_v（%）
76	200<S_z≤250	12ϕ18	3054	1.273		ϕ6	0.563
		12ϕ20	3770	1.571		ϕ8	1.028
		12ϕ22	4561	1.900		ϕ10	1.649
		12ϕ25	5891	2.455			
		18ϕ22	6842	5.851			
		18ϕ25	8836	3.682			
77	S_z≤200	12ϕ18	3054	1.273		ϕ6	0.589
		12ϕ20	3770	1.571		ϕ8	1.074
		12ϕ22	4561	1.900		ϕ10	1.722
		12ϕ25	5891	2.455			
		18ϕ22	6842	5.851			
		18ϕ25	8836	3.682			

序号	截面钢筋布置	纵力受力钢筋				箍筋@100	
		根数 ϕ 直径	A_s（mm²）	ρ（%）		ϕ 直径	ρ_v（%）
78	250 200 200 200 400 200 $200 < S_z \leqslant 250$	12ϕ18	3054	1.222		ϕ6	0.556
		12ϕ20	3770	1.508		ϕ8	1.014
		12ϕ22	4561	1.824		ϕ10	1.626
		12ϕ25	5891	2.356			
		18ϕ22	6842	2.737			
		18ϕ25	8836	3.534			
79	250 200 200 200 400 200 $S_z \leqslant 200$	12ϕ18	3054	1.222		ϕ6	0.580
		12ϕ20	3770	1.508		ϕ8	1.058
		12ϕ22	4561	1.824		ϕ10	1.697
		12ϕ25	5891	2.356			
		18ϕ22	6842	2.737			
		18ϕ25	8836	3.534			

序号	截面钢筋布置	纵力受力钢筋			箍筋@100	
		根数 ϕ 直径	A_s（mm^2）	ρ（%）	ϕ 直径	ρ_v（%）
80	 $250 < S_z \leqslant 300$	12ϕ18	3054	1.175	ϕ6	0.549
		12ϕ20	3770	1.450	ϕ8	1.001
		12ϕ22	4561	1.754	ϕ10	1.606
		12ϕ25	5891	2.266		
		18ϕ22	6842	2.632		
		18ϕ25	8836	3.398		
81	 $200 < S_z \leqslant 250$	12ϕ18	3054	1.175	ϕ6	0.573
		12ϕ20	3770	1.450	ϕ8	1.044
		12ϕ22	4561	1.754	ϕ10	1.674
		12ϕ25	5891	2.266		
		18ϕ22	6842	2.632		
		18ϕ25	8836	3.398		

序号	截面钢筋布置	纵力受力钢筋			箍筋@100	
		根数ϕ直径	A_s（mm²）	ρ（%）	ϕ直径	ρ_v（%）
82	$S_z \leqslant 200$	12ϕ18	3054	1.175	ϕ6	0.596
		12ϕ20	3770	1.450	ϕ8	1.086
		12ϕ22	4561	1.754	ϕ10	1.742
		12ϕ25	5891	2.266		
		18ϕ22	6842	2.632		
		18ϕ25	8836	3.398		
83	$200 < S_z \leqslant 250$	12ϕ20	3770	1.396	ϕ6	0.565
		12ϕ22	4561	1.689	ϕ8	1.030
		12ϕ25	5891	2.182	ϕ10	1.653
		18ϕ22	6842	2.534		
		18ϕ25	8836	3.273		

序号	截面钢筋布置	纵力受力钢筋				箍筋@100	
		根数ϕ直径	A_s（mm²）	ρ（%）		ϕ直径	ρ_v（%）
84	$S_z \leqslant 200$	12ϕ20	3770	1.396		ϕ6	0.588
		12ϕ22	4561	1.689		ϕ8	1.071
		12ϕ25	5891	2.182		ϕ10	1.718
		18ϕ22	6842	2.534			
		18ϕ25	8836	3.273			
85	$200 < S_z \leqslant 250$	12ϕ20	3770	1.346		ϕ6	0.558
		12ϕ22	4561	1.629		ϕ8	1.018
		12ϕ25	5891	2.104		ϕ10	1.633
		18ϕ22	6842	2.444			
		18ϕ25	8836	3.156			

序号	截面钢筋布置	纵力受力钢筋			箍筋@100	
		根数ϕ直径	A_s（mm²）	ρ（%）	ϕ直径	ρ_v（%）
86	400 200 200 $S_z \leqslant 200$	12ϕ20	3770	1.346	ϕ6	0.580
		12ϕ22	4561	1.629	ϕ8	1.058
		12ϕ25	5891	2.104	ϕ10	1.696
		18ϕ22	6842	2.444		
		18ϕ25	8836	3.156		
87	250 200 250 $200 < S_z \leqslant 250$	12ϕ18	3054	1.175	ϕ6	0.549
		12ϕ20	3770	1.450	ϕ8	1.001
		12ϕ22	4561	1.754	ϕ10	1.606
		12ϕ25	5891	2.266		
		18ϕ22	6842	2.632		
		18ϕ25	8836	3.398		

序号	截面钢筋布置	纵力受力钢筋			箍筋@100	
		根数φ直径	A_s (mm²)	ρ (%)	φ直径	ρ_v (%)
88	$S_z \leqslant 200$	12φ18	3054	1.175	φ6	0.620
		12φ20	3770	1.450	φ8	1.129
		12φ22	4561	1.754	φ10	1.810
		12φ25	5891	2.266		
		18φ22	6842	2.632		
		18φ25	8836	3.398		
89	$250 < S_z \leqslant 300$	12φ20	3770	1.396	φ6	0.543
		12φ22	4561	1.689	φ8	0.989
		12φ25	5891	2.182	φ10	1.587
		18φ22	6842	2.534		
		18φ25	8836	3.273		

序号	截面钢筋布置	纵力受力钢筋			箍筋@100	
		根数ϕ直径	A_s（mm²）	ρ（%）	ϕ直径	ρ_v（%）
90	$200 < S_z \leqslant 250$	12ϕ20	3770	1.396	ϕ6	0.565
		12ϕ22	4561	1.689	ϕ8	1.030
		12ϕ25	5891	2.182	ϕ10	1.653
		18ϕ22	6842	2.534		
		18ϕ25	8836	3.273		
91	$S_z \leqslant 200$	12ϕ20	3770	1.396	ϕ6	0.611
		12ϕ22	4561	1.689	ϕ8	1.112
		12ϕ25	5891	2.182	ϕ10	1.783
		18ϕ22	6842	2.534		
		18ϕ25	8836	3.273		

序号	截面钢筋布置	纵力受力钢筋			箍筋@100	
		根数 ϕ 直径	A_s（mm²）	ρ（%）	ϕ 直径	ρ_v（%）
92	$200 < S_z \leqslant 250$	12ϕ20	3770	1.346	ϕ6	0.558
		12ϕ22	4561	1.629	ϕ8	1.018
		12ϕ25	5891	2.104	ϕ10	1.633
		18ϕ22	6842	2.444		
		18ϕ25	8836	3.156		
93	$S_z \leqslant 200$	12ϕ20	3770	1.346	ϕ6	0.602
		12ϕ22	4561	1.629	ϕ8	1.097
		12ϕ25	5891	2.104	ϕ10	1.758
		18ϕ22	6842	2.444		
		18ϕ25	8836	3.156		

352

序号	截面钢筋布置	纵力受力钢筋			箍筋@100	
		根数 ϕ 直径	A_s（mm^2）	ρ（%）	ϕ 直径	ρ_v（%）
94	300 200 300 200 400 200 $250 < S_z \leqslant 300$	12ϕ20	3770	1.346	ϕ6	0.537
		12ϕ22	4561	1.629	ϕ8	0.979
		12ϕ25	5891	2.104	ϕ10	1.570
		18ϕ22	6842	2.444		
		18ϕ25	8836	3.156		
95	300 200 300 200 400 200 $200 < S_z \leqslant 250$	12ϕ20	3770	1.346	ϕ6	0.580
		12ϕ22	4561	1.629	ϕ8	1.058
		12ϕ25	5891	2.104	ϕ10	1.696
		18ϕ22	6842	2.444		
		18ϕ25	8836	3.156		

序号	截面钢筋布置	纵力受力钢筋				箍筋@100	
		根数 ϕ 直径	A_s（mm²）	ρ（%）		ϕ 直径	ρ_v（%）
96	300 200 300 200 400 200 $S_z \leqslant 200$	12ϕ20	3770	1.346		ϕ6	0.602
		12ϕ22	4561	1.629		ϕ8	1.097
		12ϕ25	5891	2.104		ϕ10	1.758
		18ϕ22	6842	2.444			
		18ϕ25	8836	3.156			
97	150 250 150 250 200 250 $200 < S_z \leqslant 250$	12ϕ18	3054	1.222		ϕ6	0.472
		12ϕ20	3770	1.508		ϕ8	0.855
		12ϕ22	4561	1.824		ϕ10	1.363
		12ϕ25	5891	2.356			
		18ϕ22	6842	2.737			
		18ϕ25	8836	3.534			
		20ϕ25	9818	3.927			

354

序号	截面钢筋布置	纵力受力钢筋				箍筋@100	
		根数 ϕ 直径	A_s（mm²）	ρ（%）		ϕ 直径	ρ_v（%）
98	$S_z \leqslant 200$	12ϕ18	3054	1.222		ϕ6	0.503
		12ϕ20	3770	1.508		ϕ8	0.911
		12ϕ22	4561	1.824		ϕ10	1.451
		12ϕ25	5891	2.356			
		18ϕ22	6842	2.737			
		18ϕ25	8836	3.534			
		20ϕ25	9818	3.927			
99	$200 < S_z \leqslant 250$	12ϕ20	3770	1.436		ϕ6	0.462
		12ϕ22	4561	1.738		ϕ8	0.838
		12ϕ25	5891	2.244		ϕ10	1.336
		18ϕ22	6842	2.606			
		18ϕ25	8836	3.366			
		20ϕ25	9818	3.740			
100	$S_z \leqslant 200$	12ϕ20	3770	1.436		ϕ6	0.492
		12ϕ22	4561	1.738		ϕ8	0.891
		12ϕ25	5891	2.244		ϕ10	1.420
		18ϕ22	6842	2.606			
		18ϕ25	8836	3.366			
		20ϕ25	9818	3.740			

355

序号	截面钢筋布置	纵力受力钢筋				箍筋@100	
		根数 ϕ 直径	A_s (mm²)	ρ (%)		ϕ 直径	ρ_v (%)
101	250 250 150 250 250 200 250 250 $200 < S_z \leqslant 250$	12ϕ20	3770	1.371		ϕ6	0.454
		12ϕ22	4561	1.659		ϕ8	0.823
		12ϕ25	5891	2.142		ϕ10	1.312
		18ϕ22	6842	2.488			
		18ϕ25	8836	3.213			
		20ϕ25	9818	3.570			
		22ϕ25	10800	3.927			
102	250 250 150 250 250 200 250 250 $S_z \leqslant 200$	12ϕ20	3770	1.371		ϕ6	0.510
		12ϕ22	4561	1.659		ϕ8	0.923
		12ϕ25	5891	2.142		ϕ10	1.471
		18ϕ22	6842	2.488			
		18ϕ25	8836	3.213			
		20ϕ25	9818	3.570			
		22ϕ25	10800	3.927			

序号	截面钢筋布置	纵力受力钢筋			箍筋@100	
		根数 ϕ 直径	A_s （mm^2）	ρ （%）	ϕ 直径	ρ_v （%）
103	$250 < S_z \leqslant 300$	12ϕ20	3770	1.311	ϕ6	0.446
		12ϕ22	4561	1.586	ϕ8	0.809
		12ϕ25	5891	2.049	ϕ10	1.289
		18ϕ22	6842	2.380		
		18ϕ25	8836	3.073		
		20ϕ25	9818	3.415		
		22ϕ25	10800	3.757		
104	$200 < S_z \leqslant 250$	12ϕ20	3770	1.311	ϕ6	0.473
		12ϕ22	4561	1.586	ϕ8	0.857
		12ϕ25	5891	2.049	ϕ10	1.365
		18ϕ22	6842	2.380		
		18ϕ25	8836	3.073		
		20ϕ25	9818	3.415		
		22ϕ25	10800	3.757		

序号	截面钢筋布置	纵力受力钢筋			箍筋@100	
		根数ϕ直径	A_s（mm²）	ρ（%）	ϕ直径	ρ_v（%）
105	300 250 150 200 250 200 250 250 $S_z\leqslant200$	12ϕ20	3770	1.311	ϕ6	0.499
		12ϕ22	4561	1.586	ϕ8	0.905
		12ϕ25	5891	2.049	ϕ10	1.441
		18ϕ22	6842	2.380		
		18ϕ25	8836	3.073		
		20ϕ25	9818	3.415		
		22ϕ25	10800	3.757		
106	350 250 150 200 250 200 250 250 $200<S_z\leqslant250$	12ϕ20	3770	1.257	ϕ6	0.465
		12ϕ22	4561	1.520	ϕ8	0.842
		12ϕ25	5891	1.964	ϕ10	1.342
		18ϕ22	6842	2.281		
		18ϕ25	8836	2.945		
		20ϕ25	9818	3.273		
		22ϕ25	10800	3.600		

序号	截面钢筋布置	纵力受力钢筋			箍筋@100	
		根数 ϕ 直径	A_s（mm²）	ρ（%）	ϕ 直径	ρ_v（%）
107	350 250 150 250 200 250 $S_z \leqslant 200$	12ϕ20	3770	1.257	ϕ6	0.490
		12ϕ22	4561	1.520	ϕ8	0.888
		12ϕ25	5891	1.964	ϕ10	1.414
		18ϕ22	6842	2.281		
		18ϕ25	8836	2.945		
		20ϕ25	9818	3.273		
		22ϕ25	10800	3.600		
108	400 250 150 250 200 250 $200 < S_z \leqslant 250$	12ϕ20	3770	1.206	ϕ6	0.457
		12ϕ22	4561	1.460	ϕ8	0.829
		12ϕ25	5891	1.885	ϕ10	1.320
		18ϕ22	6842	2.189		
		18ϕ25	8836	2.828		
		20ϕ25	9818	3.142		
		22ϕ25	10800	3.456		

序号	截面钢筋布置	纵力受力钢筋			箍筋@100	
		根数 ϕ 直径	A_s（mm²）	ρ（%）	ϕ 直径	ρ_v（%）
109	400 250 150 250 200 250 250 $S_z \leqslant 200$	12ϕ20	3770	1.206	ϕ6	0.482
		12ϕ22	4561	1.460	ϕ8	0.872
		12ϕ25	5891	1.885	ϕ10	1.389
		18ϕ22	6842	2.189		
		18ϕ25	8836	2.828		
		20ϕ25	9818	3.142		
		22ϕ25	10800	3.456		
110	200 250 200 200 250 250 200 250 $200 < S_z \leqslant 250$	12ϕ20	3770	1.371	ϕ6	0.454
		12ϕ22	4561	1.659	ϕ8	0.823
		12ϕ25	5891	2.142	ϕ10	1.312
		18ϕ22	6842	2.488		
		18ϕ25	8836	3.213		
		20ϕ25	9818	3.570		
		22ϕ25	10800	3.927		

序号	截面钢筋布置	纵力受力钢筋				箍筋@100	
		根数ϕ直径	A_s（mm²）	ρ（%）		ϕ直径	ρ_v（%）
111	$S_z \leqslant 200$	12ϕ20	3770	1.371		ϕ6	0.482
		12ϕ22	4561	1.659		ϕ8	0.873
		12ϕ25	5891	2.142		ϕ10	1.391
		18ϕ22	6842	2.488			
		18ϕ25	8836	3.213			
		20ϕ25	9818	3.570			
		22ϕ25	10800	3.927			
112	$200 < S_z \leqslant 250$	12ϕ20	3770	1.311		ϕ6	0.446
		12ϕ22	4561	1.586		ϕ8	0.809
		12ϕ25	5891	2.049		ϕ10	1.289
		18ϕ22	6842	2.380			
		18ϕ25	8836	3.073			
		20ϕ25	9818	3.415			
		22ϕ25	10800	3.757			

序号	截面钢筋布置	纵力受力钢筋				箍筋@100	
		根数φ直径	A_s（mm²）	ρ（%）		φ直径	$ρ_v$（%）
113	250 250 200 200 250 200 250 250 $S_z \leqslant 200$	12φ20	3770	1.311		φ6	0.499
		12φ22	4561	1.586		φ8	0.905
		12φ25	5891	2.049		φ10	1.441
		18φ22	6842	2.380			
		18φ25	8836	3.073			
		20φ25	9818	3.415			
		22φ25	10800	3.757			
114	300 250 200 200 250 200 250 250 $250 < S_z \leqslant 300$	12φ20	3770	1.257		φ6	0.439
		12φ22	4561	1.520		φ8	0.796
		12φ25	5891	1.964		φ10	1.269
		18φ22	6842	2.281			
		18φ25	8836	2.945			
		20φ25	9818	3.273			
		22φ25	10800	3.600			

序号	截面钢筋布置	纵力受力钢筋			箍筋@100	
		根数ϕ直径	A_s（mm²）	ρ（%）	ϕ直径	ρ_v（%）
115	300　250　200 200　250 200　250 250 $200 < S_z \leqslant 250$	12ϕ20	3770	1.257	ϕ6	0.465
		12ϕ22	4561	1.520	ϕ8	0.842
		12ϕ25	5891	1.964	ϕ10	1.342
		18ϕ22	6842	2.281		
		18ϕ25	8836	2.945		
		20ϕ25	9818	3.273		
		22ϕ25	10800	3.600		
116	300　250　200 200　250 200　250 250 $S_z \leqslant 200$	12ϕ20	3770	1.257	ϕ6	0.490
		12ϕ22	4561	1.520	ϕ8	0.888
		12ϕ25	5891	1.964	ϕ10	1.414
		18ϕ22	6842	2.281		
		18ϕ25	8836	2.945		
		20ϕ25	9818	3.273		
		22ϕ25	10800	3.600		

序号	截面钢筋布置	纵力受力钢筋			箍筋@100	
		根数 ϕ 直径	A_s（mm²）	ρ（%）	ϕ 直径	ρ_v（%）
117	350 250 200 250 250 200 200 250 $200<S_z\leqslant250$	12ϕ20	3770	1.206	ϕ6	0.457
		12ϕ22	4561	1.460	ϕ8	0.829
		12ϕ25	5891	1.885	ϕ10	1.320
		18ϕ22	6842	2.189		
		18ϕ25	8836	2.828		
		20ϕ25	9818	3.142		
		22ϕ25	10800	3.456		
118	350 250 200 250 250 200 200 250 $S_z\leqslant200$	12ϕ20	3770	1.206	ϕ6	0.482
		12ϕ22	4561	1.460	ϕ8	0.872
		12ϕ25	5891	1.885	ϕ10	1.389
		18ϕ22	6842	2.189		
		18ϕ25	8836	2.828		
		20ϕ25	9818	3.142		
		22ϕ25	10800	3.456		

序号	截面钢筋布置	纵力受力钢筋			箍筋@100	
		根数φ直径	A_s（mm²）	ρ（%）	φ直径	ρ_v（%）
119		12φ20	3770	1.257	φ6	0.439
		12φ22	4561	1.520	φ8	0.796
		12φ25	5891	1.964	φ10	1.269
		18φ22	6842	2.281		
		18φ25	8836	2.945		
		20φ25	9818	3.273		
		22φ25	10800	3.600		
120		12φ20	3770	1.257	φ6	0.515
		12φ22	4561	1.520	φ8	0.934
		12φ25	5891	1.964	φ10	1.487
		18φ22	6842	2.281		
		18φ25	8836	2.945		
		20φ25	9818	3.273		
		22φ25	10800	3.600		

序号	截面钢筋布置	纵力受力钢筋			箍筋@100	
		根数 ϕ 直径	A_s（mm²）	ρ（%）	ϕ 直径	ρ_v（%）
121	300 | 250 | 250 250 200 250 $250<S_z\leqslant300$	12ϕ20	3770	1.206	ϕ6	0.433
		12ϕ22	4561	1.460	ϕ8	0.785
		12ϕ25	5891	1.885	ϕ10	1.251
		18ϕ22	6842	2.189		
		18ϕ25	8836	2.828		
		20ϕ25	9818	3.142		
		22ϕ25	10800	3.456		
122	300 | 250 | 250 200 250 250 $200<S_z\leqslant250$	12ϕ20	3770	1.206	ϕ6	0.457
		12ϕ22	4561	1.460	ϕ8	0.829
		12ϕ25	5891	1.885	ϕ10	1.320
		18ϕ22	6842	2.189		
		18ϕ25	8836	2.828		
		20ϕ25	9818	3.142		
		22ϕ25	10800	3.456		

序号	截面钢筋布置	纵力受力钢筋			箍筋@100	
		根数ϕ直径	A_s（mm²）	ρ（%）	ϕ直径	ρ_v（%）
123	300 250 250 / 250 200 250 / $S_z \leqslant 200$	12ϕ20	3770	1.206	ϕ6	0.506
		12ϕ22	4561	1.460	ϕ8	0.916
		12ϕ25	5891	1.885	ϕ10	1.459
		18ϕ22	6842	2.189		
		18ϕ25	8836	2.828		
		20ϕ25	9818	3.142		
		22ϕ25	10800	3.456		
124	150 250 150 / 250 250 250 / $250 < S_z \leqslant 300$	12ϕ20	3770	1.436	ϕ6	0.462
		12ϕ22	4561	1.738	ϕ8	0.838
		12ϕ25	5891	2.244	ϕ10	1.336
		18ϕ22	6842	2.606		
		18ϕ25	8836	3.366		
		20ϕ25	9818	3.740		

序号	截面钢筋布置	纵力受力钢筋			箍筋@100	
		根数 ϕ 直径	A_s（mm²）	ρ（%）	ϕ 直径	ρ_v（%）
125	150 250 150 250 250 250 $S_z \leqslant 200$	12ϕ20	3770	1.436	ϕ6	0.492
		12ϕ22	4561	1.738	ϕ8	0.891
		12ϕ25	5891	2.244	ϕ10	1.420
		18ϕ22	6842	2.606		
		18ϕ25	8836	3.366		
		20ϕ25	9818	3.740		
126	200 250 150 250 250 250 $250 < S_z \leqslant 300$	12ϕ20	3770	1.371	ϕ6	0.454
		12ϕ22	4561	1.659	ϕ8	0.823
		12ϕ25	5891	2.142	ϕ10	1.312
		18ϕ22	6842	2.488		
		18ϕ25	8836	3.213		
		20ϕ25	9818	3.570		
		22ϕ25	10800	3.927		

序号	截面钢筋布置	纵力受力钢筋			箍筋@100	
		根数φ直径	A_s（mm²）	ρ（%）	φ直径	ρ_v（%）
127	 $S_z \leqslant 200$	12φ20	3770	1.371	φ6	0.482
		12φ22	4561	1.659	φ8	0.873
		12φ25	5891	2.142	φ10	1.391
		18φ22	6842	2.488		
		18φ25	8836	3.213		
		20φ25	9818	3.570		
		22φ25	10800	3.927		
128	 $250 < S_z \leqslant 300$	12φ20	3770	1.311	φ6	0.446
		12φ22	4561	1.586	φ8	0.809
		12φ25	5891	2.049	φ10	1.289
		18φ22	6842	2.380		
		18φ25	8836	3.073		
		20φ25	9818	3.415		
		22φ25	10800	3.757		

序号	截面钢筋布置	纵力受力钢筋			箍筋@100	
		根数ϕ直径	A_s（mm²）	ρ（%）	ϕ直径	ρ_v（%）
129	250 250 150 $200 < S_z \leqslant 250$	12ϕ20	3770	1.311	ϕ6	0.476
		12ϕ22	4561	1.586	ϕ8	0.857
		12ϕ25	5891	2.049	ϕ10	1.365
		18ϕ22	6842	2.380		
		18ϕ25	8836	3.073		
		20ϕ25	9818	3.415		
		22ϕ25	10800	3.757		
130	250 250 150 $S_z \leqslant 200$	12ϕ20	3770	1.311	ϕ6	0.499
		12ϕ22	4561	1.586	ϕ8	0.905
		12ϕ25	5891	2.049	ϕ10	1.441
		18ϕ22	6842	2.380		
		18ϕ25	8836	3.073		
		20ϕ25	9818	3.415		
		22ϕ25	10800	3.757		

序号	截面钢筋布置	纵力受力钢筋			箍筋@100	
		根数φ直径	A_s（mm²）	ρ（%）	φ直径	ρ_v（%）
131	300 250 150 / 250 250 250 250 / $250 < S_z \leqslant 300$	12φ20	3770	1.257	φ6	0.439
		12φ22	4561	1.520	φ8	0.796
		12φ25	5891	1.964	φ10	1.269
		18φ22	6842	2.281		
		18φ25	8836	2.945		
		20φ25	9818	3.273		
		22φ25	10800	3.600		
132	300 250 150 / 250 250 250 / $S_z \leqslant 200$	12φ20	3770	1.257	φ6	0.490
		12φ22	4561	1.520	φ8	0.888
		12φ25	5891	1.964	φ10	1.414
		18φ22	6842	2.281		
		18φ25	8836	2.945		
		20φ25	9818	3.273		
		22φ25	10800	3.600		

序号	截面钢筋布置	纵力受力钢筋			箍筋@100	
		根数ϕ直径	A_s（mm²）	ρ（%）	ϕ直径	ρ_v（%）
133	350 250 150 250 250 250 250 250 $250<S_z\leqslant300$	12ϕ20	3770	1.206	ϕ6	0.457
		12ϕ22	4561	1.460	ϕ8	0.829
		12ϕ25	5891	1.885	ϕ10	1.320
		18ϕ22	6842	2.189		
		18ϕ25	8836	2.828		
		20ϕ25	9818	3.142		
		22ϕ25	10800	3.456		
134	350 250 150 250 250 250 $S_z\leqslant200$	12ϕ20	3770	1.206	ϕ6	0.482
		12ϕ22	4561	1.460	ϕ8	0.872
		12ϕ25	5891	1.885	ϕ10	1.389
		18ϕ22	6842	2.189		
		18ϕ25	8836	2.828		
		20ϕ25	9818	3.142		
		22ϕ25	10800	3.456		

序号	截面钢筋布置	纵力受力钢筋			箍筋@100	
		根数φ直径	A_s（mm²）	ρ（%）	φ直径	ρ_v（%）
135	400 250 150 / 250 250 250 / 250 250 250 / 250<Sz≤300	12φ22	4561	1.403	φ6	0.450
		12φ25	5891	1.817	φ8	0.816
		18φ22	6842	2.105	φ10	1.300
		18φ25	8836	2.719		
		20φ25	9818	3.021		
		22φ25	10800	3.323		
136	400 250 150 / 250 250 / 250 250 / 250 / Sz≤200	12φ22	4561	1.403	φ6	0.474
		12φ25	5891	1.817	φ8	0.858
		18φ22	6842	2.105	φ10	1.367
		18φ25	8836	2.719		
		20φ25	9818	3.021		
		22φ25	10800	3.323		

序号	截面钢筋布置	纵力受力钢筋			箍筋@100	
		根数φ直径	A_s（mm²）	ρ（%）	φ直径	ρ_v（%）
137	200 250 200 250 250 250 250<S_z≤300	12φ20	3770	1.311	φ6	0.446
		12φ22	4561	1.586	φ8	0.809
		12φ25	5891	2.049	φ10	1.289
		18φ22	6842	2.380		
		18φ25	8836	3.073		
		20φ25	9818	3.415		
		22φ25	10800	3.757		
138	200 250 200 250 250 250 S_z≤200	12φ20	3770	1.311	φ6	0.473
		12φ22	4561	1.586	φ8	0.857
		12φ25	5891	2.049	φ10	1.365
		18φ22	6842	2.380		
		18φ25	8836	3.073		
		20φ25	9818	3.415		
		22φ25	10800	3.757		

374

序号	截面钢筋布置	纵力受力钢筋			箍筋@100	
		根数 ϕ 直径	A_s（mm²）	ρ（%）	ϕ 直径	ρ_v（%）
139	250 250 200 250 250 250 250 $250<S_z\leqslant300$	12ϕ20	3770	1.257	ϕ6	0.439
		12ϕ22	4561	1.520	ϕ8	0.796
		12ϕ25	5891	1.964	ϕ10	1.269
		18ϕ22	6842	2.281		
		18ϕ25	8836	2.945		
		20ϕ25	9818	3.273		
		22ϕ25	10800	3.600		
140	250 250 200 250 250 250 $200<S_z\leqslant250$	12ϕ20	3770	1.257	ϕ6	0.465
		12ϕ22	4561	1.520	ϕ8	0.842
		12ϕ25	5891	1.964	ϕ10	1.342
		18ϕ22	6842	2.281		
		18ϕ25	8836	2.945		
		20ϕ25	9818	3.273		
		22ϕ25	10800	3.600		

序号	截面钢筋布置	纵力受力钢筋				箍筋@100	
		根数 ϕ 直径	A_s (mm²)	ρ (%)		ϕ 直径	ρ_v (%)
141	250 250 200 250 250 250 $S_z \leqslant 200$	12ϕ20	3770	1.257		ϕ6	0.490
		12ϕ22	4561	1.520		ϕ8	0.888
		12ϕ25	5891	1.964		ϕ10	1.414
		18ϕ22	6842	2.281			
		18ϕ25	8836	2.945			
		20ϕ25	9818	3.273			
		22ϕ25	10800	3.600			
142	300 250 200 250 250 250 $250 < S_z \leqslant 300$	12ϕ20	3770	1.206		ϕ6	0.433
		12ϕ22	4561	1.460		ϕ8	0.785
		12ϕ25	5891	1.885		ϕ10	1.251
		18ϕ22	6842	2.189			
		18ϕ25	8836	2.828			
		20ϕ25	9818	3.142			
		22ϕ25	10800	3.456			

序号	截面钢筋布置	纵力受力钢筋			箍筋@100	
		根数ϕ直径	A_s（mm^2）	ρ（%）	ϕ直径	ρ_v（%）
143	300 250 200 250 250 250 250 250 $S_z \leqslant 200$	12ϕ20	3770	1.206	ϕ6	0.482
		12ϕ22	4561	1.460	ϕ8	0.872
		12ϕ25	5891	1.885	ϕ10	1.389
		18ϕ22	6842	2.189		
		18ϕ25	8836	2.828		
		20ϕ25	9818	3.142		
		22ϕ25	10800	3.456		
144	350 250 200 250 250 250 250 $250 < S_z \leqslant 300$	12ϕ22	4561	1.403	ϕ6	0.450
		12ϕ25	5891	1.817	ϕ8	0.816
		18ϕ22	6842	2.105	ϕ10	1.300
		18ϕ25	8836	2.719		
		20ϕ25	9818	3.021		
		22ϕ25	10800	3.323		

序号	截面钢筋布置	纵力受力钢筋				箍筋@100	
		根数 ϕ 直径	A_s (mm²)	ρ (%)		ϕ 直径	ρ_v (%)
145	350　250　200　250　250　250　250　250　$S_z \leqslant 200$	12ϕ22	4561	1.403		ϕ6	0.474
		12ϕ25	5891	1.817		ϕ8	0.858
		18ϕ22	6842	2.105		ϕ10	1.367
		18ϕ25	8836	2.719			
		20ϕ25	9818	3.021			
		22ϕ25	10800	3.323			
146	250　250　250　250　250　250　250　$250 < S_z \leqslant 300$	12ϕ20	3770	1.206		ϕ6	0.433
		12ϕ22	4561	1.460		ϕ8	0.785
		12ϕ25	5891	1.885		ϕ10	1.251
		18ϕ22	6842	2.189			
		18ϕ25	8836	2.828			
		20ϕ25	9818	3.142			
		22ϕ25	10800	3.456			

序号	截面钢筋布置	纵力受力钢筋			箍筋@100	
		根数 ϕ 直径	A_s（mm²）	ρ（%）	ϕ 直径	ρ_v（%）
147	250 250 250 200<S_z≤250	12ϕ20	3770	1.206	ϕ6	0.457
		12ϕ22	4561	1.460	ϕ8	0.829
		12ϕ25	5891	1.885	ϕ10	1.320
		18ϕ22	6842	2.189		
		18ϕ25	8836	2.828		
		20ϕ25	9818	3.142		
		22ϕ25	10800	3.456		
148	250 250 250 S_z≤200	12ϕ20	3770	1.206	ϕ6	0.506
		12ϕ22	4561	1.460	ϕ8	0.916
		12ϕ25	5891	1.885	ϕ10	1.459
		18ϕ22	6842	2.189		
		18ϕ25	8836	2.828		
		20ϕ25	9818	3.142		
		22ϕ25	10800	3.456		

序号	截面钢筋布置	纵力受力钢筋			箍筋@100	
		根数ϕ直径	A_s（mm²）	ρ（%）	ϕ直径	ρ_v（%）
149	$250 < S_z \leqslant 300$	12ϕ22	4561	1.403	ϕ6	0.427
		12ϕ25	5891	1.817	ϕ8	0.774
		18ϕ22	6842	2.105	ϕ10	1.233
		18ϕ25	8836	2.719		
		20ϕ25	9818	3.021		
		22ϕ25	10800	3.323		
150	$200 < S_z \leqslant 250$	12ϕ22	4561	1.403	ϕ6	0.474
		12ϕ25	5891	1.817	ϕ8	0.858
		18ϕ22	6842	2.105	ϕ10	1.367
		18ϕ25	8836	2.719		
		20ϕ25	9818	3.021		
		22ϕ25	10800	3.323		

序号	截面钢筋布置	纵力受力钢筋			箍筋@100	
		根数φ直径	A_s（mm²）	ρ（%）	φ直径	ρ_v（%）
151	300 | 250 | 250 250 | 250 250 $S_z \leqslant 200$	12φ22	4561	1.403	φ6	0.497
		12φ25	5891	1.817	φ8	0.900
		18φ22	6842	2.105	φ10	1.433
		18φ25	8836	2.719		
		20φ25	9818	3.021		
		22φ25	10800	3.323		
152	150 | 250 | 150 250 300 250 $S_z \leqslant 200$	12φ20	3770	1.371	φ6	0.482
		12φ22	4561	1.659	φ8	0.873
		12φ25	5891	2.142	φ10	1.391
		18φ22	6842	2.488		
		18φ25	8836	3.213		
		20φ25	9818	3.570		
		22φ25	10800	3.927		

381

序号	截面钢筋布置	纵力受力钢筋			箍筋@100	
		根数ϕ直径	A_s（mm²）	ρ（%）	ϕ直径	ρ_v（%）
153	200 250 150 250 300 250 $S_z \leqslant 200$	12ϕ20	3770	1.311	ϕ6	0.473
		12ϕ22	4561	1.586	ϕ8	0.857
		12ϕ25	5891	2.049	ϕ10	1.365
		18ϕ22	6842	2.380		
		18ϕ25	8836	3.073		
		20ϕ25	9818	3.415		
		22ϕ25	10800	3.757		
154	250 250 150 250 300 250 $200 < S_z \leqslant 250$	12ϕ20	3770	1.257	ϕ6	0.465
		12ϕ22	4561	1.520	ϕ8	0.842
		12ϕ25	5891	1.964	ϕ10	1.342
		18ϕ22	6842	2.281		
		18ϕ25	8836	2.945		
		20ϕ25	9818	3.273		
		22ϕ25	10800	3.600		

序号	截面钢筋布置	纵力受力钢筋			箍筋@100	
		根数 ϕ 直径	A_s（mm²）	ρ（%）	ϕ 直径	ρ_v（%）
155	$S_z \leqslant 200$	12ϕ20	3770	1.257	ϕ6	0.490
		12ϕ22	4561	1.520	ϕ8	0.888
		12ϕ25	5891	1.964	ϕ10	1.414
		18ϕ22	6842	2.281		
		18ϕ25	8836	2.945		
		20ϕ25	9818	3.273		
		22ϕ25	10800	3.600		
156	$250 < S_z \leqslant 300$	12ϕ20	3770	1.206	ϕ6	0.457
		12ϕ22	4561	1.460	ϕ8	0.829
		12ϕ25	5891	1.885	ϕ10	1.320
		18ϕ22	6842	2.189		
		18ϕ25	8836	2.828		
		20ϕ25	9818	3.142		
		22ϕ25	10800	3.456		

序号	截面钢筋布置	纵力受力钢筋			箍筋@100	
		根数 ϕ 直径	A_s（mm²）	ρ（%）	ϕ 直径	ρ_v（%）
157	300 250 150 / 250 / 300 / 250 / $S_z \leqslant 200$	12ϕ20	3770	1.206	ϕ6	0.482
		12ϕ22	4561	1.460	ϕ8	0.872
		12ϕ25	5891	1.885	ϕ10	1.389
		18ϕ22	6842	2.189		
		18ϕ25	8836	2.828		
		20ϕ25	9818	3.142		
		22ϕ25	10800	3.456		
158	350 250 150 / 250 / 300 / 250 / $S_z \leqslant 200$	12ϕ22	4561	1.403	ϕ6	0.482
		12ϕ25	5891	1.817	ϕ8	0.873
		18ϕ22	6842	2.105	ϕ10	1.391
		18ϕ25	8836	2.719		
		20ϕ25	9818	3.021		
		22ϕ25	10800	3.323		

序号	截面钢筋布置	纵力受力钢筋			箍筋@100	
		根数 ϕ 直径	A_s（mm²）	ρ（%）	ϕ 直径	ρ_v（%）
159	400 250 150 250 300 250 $S_z \leqslant 200$	12ϕ22	4561	1.351	ϕ6	0.466
		12ϕ25	5891	1.745	ϕ8	0.845
		18ϕ22	6842	2.027	ϕ10	1.346
		18ϕ25	8836	2.618		
		20ϕ25	9818	2.909		
		22ϕ25	10800	3.200		
160	200 250 200 250 300 250 $S_z \leqslant 200$	12ϕ20	3770	1.257	ϕ6	0.465
		12ϕ22	4561	1.520	ϕ8	0.842
		12ϕ25	5891	1.964	ϕ10	1.342
		18ϕ22	6842	2.281		
		18ϕ25	8836	2.945		
		20ϕ25	9818	3.273		
		22ϕ25	10800	3.600		

序号	截面钢筋布置	纵力受力钢筋			箍筋@100	
		根数φ直径	A_s（mm²）	ρ（%）	φ直径	ρ_v（%）
161	250　250　200　　250　300　250　　$200 < S_z \leqslant 250$	12φ20	3770	1.206	φ6	0.457
		12φ22	4561	1.460	φ8	0.829
		12φ25	5891	1.885	φ10	1.320
		18φ22	6842	2.189		
		18φ25	8836	2.828		
		20φ25	9818	3.142		
		22φ25	10800	3.456		
162	250　250　200　　250　300　250　　$S_z \leqslant 200$	12φ20	3770	1.206	φ6	0.482
		12φ22	4561	1.460	φ8	0.872
		12φ25	5891	1.885	φ10	1.389
		18φ22	6842	2.189		
		18φ25	8836	2.828		
		20φ25	9818	3.142		
		22φ25	10800	3.456		

序号	截面钢筋布置	纵力受力钢筋			箍筋@100	
		根数 ϕ 直径	A_s （mm²）	ρ （%）	ϕ 直径	ρ_v （%）
163	300 250 200 / 250 / 300 / 250 / $250 < S_z \leqslant 300$	12ϕ22	4561	1.403	ϕ6	0.450
		12ϕ25	5891	1.817	ϕ8	0.816
		18ϕ22	6842	2.105	ϕ10	1.300
		18ϕ25	8836	2.719		
		20ϕ25	9818	3.021		
		22ϕ25	10800	3.323		
164	300 250 200 / 250 / 300 / 250 / $S_z \leqslant 200$	12ϕ22	4561	1.403	ϕ6	0.474
		12ϕ25	5891	1.817	ϕ8	0.858
		18ϕ22	6842	2.105	ϕ10	1.367
		18ϕ25	8836	2.719		
		20ϕ25	9818	3.021		
		22ϕ25	10800	3.323		

序号	截面钢筋布置	纵力受力钢筋			箍筋@100	
		根数ϕ直径	A_s（mm²）	ρ（%）	ϕ直径	ρ_v（%）
165	 $S_z \leqslant 200$	12ϕ22	4561	1.351	ϕ6	0.466
		12ϕ25	5891	1.745	ϕ8	0.845
		18ϕ22	6842	2.027	ϕ10	1.346
		18ϕ25	8836	2.618		
		20ϕ25	9818	2.909		
		22ϕ25	10800	3.200		
166	 $200 < S_z \leqslant 250$	12ϕ22	4561	1.403	ϕ6	0.450
		12ϕ25	5891	1.817	ϕ8	0.816
		18ϕ22	6842	2.105	ϕ10	1.300
		18ϕ25	8836	2.719		
		20ϕ25	9818	3.021		
		22ϕ25	10800	3.323		

序号	截面钢筋布置	纵力受力钢筋				箍筋@100	
		根数 ϕ 直径	A_s（mm²）	ρ（%）		ϕ 直径	ρ_v（%）
167	250 250 250, 250, 300, 250, $S_z \leqslant 200$	12ϕ22	4561	1.403		ϕ6	0.497
		12ϕ25	5891	1.817		ϕ8	0.900
		18ϕ22	6842	2.105		ϕ10	1.433
		18ϕ25	8836	2.719			
		20ϕ25	9818	3.021			
		22ϕ25	10800	3.323			
168	300 250 250, 250, 300, 250, $250 < S_z \leqslant 300$	12ϕ22	4561	1.351		ϕ6	0.444
		12ϕ25	5891	1.745		ϕ8	0.805
		18ϕ22	6842	2.027		ϕ10	1.282
		18ϕ25	8836	2.618			
		20ϕ25	9818	2.909			
		22ϕ25	10800	3.200			

389

序号	截面钢筋布置	纵力受力钢筋			箍筋@100	
		根数 ϕ 直径	A_s （mm²）	ρ （%）	ϕ 直径	ρ_v （%）
169	300 250 250 250 300 250 200<S_z≤250	12ϕ22	4561	1.351	ϕ6	0.466
		12ϕ25	5891	1.745	ϕ8	0.845
		18ϕ22	6842	2.027	ϕ10	1.346
		18ϕ25	8836	2.618		
		20ϕ25	9818	2.909		
		22ϕ25	10800	3.200		
170	300 250 250 250 300 250 S_z≤200	12ϕ22	4561	1.351	ϕ6	0.489
		12ϕ25	5891	1.745	ϕ8	0.885
		18ϕ22	6842	2.027	ϕ10	1.410
		18ϕ25	8836	2.618		
		20ϕ25	9818	2.909		
		22ϕ25	10800	3.200		

第 3 章　异形柱与轴压比相关的最小配箍率

异形柱箍筋加密区的最小配箍率（％）。

将《规程》表 6.2.9 要求的最小配箍特征值要求转换为最小配箍率要求，以方便使用。转换是针对 HPB300 钢筋所做，原因一是异形柱多为短柱，短柱还要同时满足配箍率不小于 1.2％的要求，使用更高强度钢筋时，也不会因此而少配箍筋；原因二是使用 HPB300 作箍筋最为经济，更高强度钢筋作为箍筋时，配箍特征值要比使用 HPB300 时更高。

本章表格中还考虑了《规程》第 6.2.9 条 2 款的规定，即对抗震等级为一、二、三、四级的框架柱，箍筋加密区的箍筋体积配箍率不应小于 1.0％、0.8％、0.6％、0.5％。

L 形、Z 形柱箍筋加密区的箍筋最小配筋率

表 3-1a

混凝土强度	抗震等级	柱轴压比									
		≤0.30	0.35	0.40	0.45	0.50	0.55	0.60	0.65	0.70	0.75
≤C35	一级	1.051	1.175	1.299	1.423						
	二级	0.800	0.865	0.990	1.113	1.299	1.423				

混凝土强度	抗震等级	柱轴压比									
		≤0.30	0.35	0.40	0.45	0.50	0.55	0.60	0.65	0.70	0.75
≤C35	三级	0.619	0.742	0.804	0.928	1.051	1.175	1.299	1.423		
	四级	0.557	0.619	0.680	0.742	0.804	0.928	1.051	1.175	1.299	1.423
C40	一级	1.203	1.344	1.486	1.627						
	二级	0.849	0.990	1.132	1.273	1.486	1.627				
	三级	0.707	0.849	0.920	1.061	1.203	1.344	1.486	1.627		
	四级	0.637	0.707	0.778	0.849	0.920	1.061	1.203	1.344	1.486	1.627
C45	一级	1.329	1.485	1.641	1.797						
	二级	0.938	1.094	1.250	1.407	1.641	1.797				
	三级	0.782	0.938	1.016	1.172	1.329	1.485	1.641	1.797		
	四级	0.703	0.782	0.860	0.938	1.016	1.172	1.329	1.485	1.641	1.797
C50	一级	1.455	1.626	1.797	1.968						
	二级	1.027	1.198	1.369	1.540	1.797	1.968				
	三级	0.856	1.027	1.112	1.283	1.455	1.626	1.797	1.968		
	四级	0.770	0.856	0.941	1.027	1.112	1.283	1.455	1.626	1.797	1.968

T 形柱箍筋加密区的箍筋最小配筋率　　　　表 3-1b

混凝土强度	抗震等级	柱轴压比										
		≤0.30	0.35	0.40	0.45	0.50	0.55	0.60	0.65	0.70	0.75	0.80
≤C35	一级	1.000	1.113	1.237	1.361	1.484						
	二级	0.800	0.804	0.928	1.051	1.237	1.361	1.484				
	三级	0.600	0.680	0.742	0.866	0.990	1.113	1.237	1.361	1.484		
	四级	0.500	0.577	0.619	0.680	0.804	0.866	0.990	1.113	1.237	1.361	1.484
C40	一级	1.132	1.273	1.415	1.556	1.698						
	二级	0.800	0.920	1.061	1.203	1.415	1.556	1.698				
	三级	0.637	0.778	0.849	0.990	1.132	1.273	1.415	1.556	1.698		
	四级	0.566	0.637	0.707	0.778	0.920	0.990	1.132	1.273	1.415	1.556	1.698
C45	一级	1.250	1.407	1.563	1.719	1.876						
	二级	0.860	1.016	1.172	1.329	1.563	1.719	1.876				
	三级	0.703	0.860	0.938	1.094	1.250	1.407	1.563	1.719	1.876		
	四级	0.625	0.703	0.782	0.860	1.016	1.094	1.250	1.407	1.563	1.719	1.876
C50	一级	1.369	1.540	1.711	1.882	2.053						
	二级	0.941	1.112	1.283	1.455	1.711	1.882	2.053				
	三级	0.770	0.941	1.027	1.198	1.369	1.540	1.711	1.882	2.053		
	四级	0.684	0.770	0.856	0.941	1.112	1.198	1.369	1.540	1.711	1.882	2.053

表 3-1c

十字形柱箍筋加密区的箍筋最小配筋率

混凝土强度	抗震等级	柱轴压比											
		≤0.30	0.35	0.40	0.45	0.50	0.55	0.60	0.65	0.70	0.75	0.80	0.85
≤C35	一级	1.000	1.051	1.113	1.237	1.423	1.546						
	二级	0.800	0.800	0.866	0.990	1.113	1.237	1.423	1.546				
	三级	0.600	0.619	0.680	0.804	0.928	1.051	1.175	1.299	1.427	1.546		
	四级	0.500	0.500	0.557	0.619	0.742	0.804	0.928	1.051	1.175	1.299	1.423	1.546
C40	一级	1.061	1.203	1.273	1.415	1.627	1.769						
	二级	0.800	0.849	0.990	1.132	1.273	1.415	1.627	1.769				
	三级	0.600	0.707	0.778	0.920	1.061	1.203	1.344	1.486	1.627	1.769		
	四级	0.500	0.566	0.637	0.707	0.849	0.920	1.061	1.203	1.344	1.486	1.627	1.769
C45	一级	1.172	1.329	1.407	1.563	1.797	1.954						
	二级	0.800	0.938	1.094	1.250	1.407	1.563	1.797	1.954				
	三级	0.625	0.782	0.860	1.016	1.172	1.329	1.485	1.641	1.797	1.954		
	四级	0.547	0.625	0.703	0.782	0.938	1.016	1.172	1.329	1.485	1.641	1.797	1.954
C50	一级	1.283	1.455	1.540	1.711	1.968	2.139						
	二级	0.856	1.027	1.198	1.369	1.540	1.711	1.968	2.139				
	三级	0.685	0.856	0.941	1.113	1.283	1.455	1.626	1.797	1.968	2.139		
	四级	0.599	0.685	0.770	0.856	1.027	1.113	1.283	1.455	1.626	1.797	1.968	2.139

第4章 异形柱非加密区最大箍筋间距表

在确定了异形柱箍筋加密区的箍筋配置后，可根据本章内容确定非加密区的箍筋配置。

非加密区箍筋首先要满足柱受剪承载力要求，因《规程》要求非加密区箍筋体积配箍率不小于加密区的一半，所以一般采取与加密区箍筋相同配置（箍筋直径、拉筋位置和数量），只将箍筋间距放大；在满足本章表格要求的情况下，最大可比加密区箍筋间距放大一倍。

各抗震等级对应各纵向受力纵筋直径的非加密区最大箍筋间距表　　　　　　　表 4-1

肢厚（mm）	抗震等级	纵筋直径（mm）	最大间距 s（mm）	肢厚（mm）	抗震等级	纵筋直径（mm）	最大间距 s（mm）
200	一、二级	14	140	250	一、二级	14	140
		16	160			16	160
		18	180			18	180
		≥20	200			≥20	200
	三、四级	≥14	200		三、四级	14	210
						16	240
						≥18	250

第 5 章 异形柱框架节点受剪承载力计算表

5.1 适用范围

混凝土：C25～C50；箍筋：HPB300、HRB400、HRB500；梁高：300～600mm，截面肢宽 $b_j=$ 200mm、250mm；肢长 $h_j=400～800$mm，Z形柱 $h_j=600～1000$mm。因为异形柱用于层高 3m 左右的住宅，又不允许出现极短柱，故一般 h_j 不大于 800mm，Z 形柱翼缘方向 h_j 为两翼缘肢长之和，如其一肢肢长为 400mm（最小肢长），为避免出现极短柱，另一肢长则不大于 600mm，即截面翼缘方向外轮廓不大于 800mm。

当梁上、下纵向钢筋均为一排时，梁截面有效高度取值为：$h_{b0}=h_b-40$mm，$h_{b0}-a_s'=h_b-80$mm；当梁上、下纵向钢筋均为两排时，梁截面有效高度取值为：$h_{b0}=h_b-70$mm，$h_{b0}-a_s'=h_b-140$mm。

5.2 制表公式

整理《混凝土异形柱结构技术规程》节点承载力计算公式，定义可用表格表示的量如下：

396

（1）框架节点核心区截面尺寸条件：

无地震作用组合

$$V_j \leqslant \frac{\lfloor V_j \rfloor}{\zeta_v} \zeta_v = 0.26 \zeta_v \zeta_h f_c b_j h_j \tag{5-1}$$

有地震作用组合

$$V_j \leqslant \frac{\lfloor V_j E \rfloor}{\zeta_v} \zeta_v = \frac{0.21}{\gamma_{RE}} \zeta_N \zeta_v \zeta_h f_c b_j h_j \tag{5-2}$$

（2）框架节点核心区受剪承载力公式：

无地震作用组合

$$V_j \leqslant \frac{V_{cj}}{\zeta_v} \zeta_v + V_{svj} \tag{5-3}$$

$$\frac{V_{cj}}{\zeta_v} = 1.38 \left(1 + \frac{0.3N}{f_c A}\right) \zeta_h f_t b_j h_j \tag{5-4}$$

$$V_{svj} = \frac{f_{yv} A_{svj}}{s} (h_{b0} - a_s') \tag{5-5}$$

有地震作用组合

$$V_j \leqslant \frac{V_{cjE}}{\zeta_v} \zeta_v + V_{svjE} \tag{5-6}$$

$$\frac{V_{cjE}}{\zeta_v} = \frac{1.1}{\gamma_{RE}} \left(1 + \frac{0.3N}{f_c A}\right) \zeta_N \zeta_h f_t b_j h_j \tag{5-7}$$

$$V_{svjE}.\frac{f_{yv}A_{svj}}{\gamma_{RE}s}(h_{b0}-a'_s)\tag{5-8}$$

本书 5.5 节用表格形式给出了 L 形、T 形、十字形截面（两正交肢方向）和 Z 形截面腹板方向在无地震作用组合下剪压比限制条件 V_j $/\zeta_v$。

5.6 节用表格形式给出了 Z 形截面翼缘方向在无地震作用组合下剪压比限制条件 V_j $/\zeta_v$。

5.7 节用表格形式给出了 L 形、T 形、十字形截面（两正交肢方向）和 Z 形截面腹板方向在有地震作用组合下剪压比限制条件 V_{jE} $/\zeta_v$。

5.8 节用表格形式给出了 Z 形截面翼缘方向在有地震作用组合下剪压比限制条件 V_{jE} $/\zeta_v$。

5.5 节还用表格形式给出了 L 形、T 形、十字形截面（两正交肢方向）和 Z 形截面腹板方向在无地震作用组合下混凝土受剪承载力 V_{cj}/ζ_v。

5.6 节还用表格形式给出了 Z 形截面翼缘方向在无地震作用组合下混凝土受剪承载力 V_{cj}/ζ_v。

5.9 节用表格形式给出了 L 形、T 形、十字形截面（两正交肢方向）和 Z 形截面腹板方向在有地震作用组合下混凝土受剪承载力 V_{cjE}/ζ_v。

5.10 节用表格形式给出了 Z 形截面翼缘方向在有地震作用组合下混凝土受剪承载力 V_{cjE}/ζ_v。

5.11 节用表格形式给出了在无地震作用组合下箍筋承载力 V_{svj}。

5.12 节用表格形式给出了在有地震作用组合下箍筋承载力 V_{svjE}。

轴压比影响系数 ζ_N 见表 5-1，截面高度影响系数 ζ_h 见表 5-2，等肢截面正交肢影响系数 ζ_v 见表 5-3，不等肢截面正交肢影响系数 $\zeta_{v,cf}$ 见表 5-4。

轴压比影响系数 ζ_N 表 5-1

轴压比	≤0.3	0.4	0.5	0.6	0.7	0.8	0.9
ζ_N	1.00	0.98	0.95	0.90	0.88	0.86	0.84

注：1. 轴压比 $N/(f_c A)$ 指与节点剪力设计值对应的该节点上柱底部轴向压力设计值 N 与柱全截面面积 A 和混凝土轴心抗压强度设计值 f_c 乘积的比值；
  2. 轴压比为表列数值之间值时，ζ_N 按直线内插法确定。

截面高度影响系数 ζ_h 表 5-2

h_j (mm)	≤600	700	800	900	1000
ζ_h	1.00	0.90	0.85	0.80	0.75

注：1. 对于 Z 形截面翼缘方向，表中 h_j 应以翼缘的截面高度 h_c 和 h_c' 的较大值代替，h_j≤600mm，$\zeta_h \equiv 1$；
  2. h_j 为表列数值之间值时，ζ_h 按直线内插法确定。

正交肢影响系数应按下列规定采用：

（1）对柱肢截面高度和厚度相同的 L 形、T 形和十字形等肢异形柱节点，正交肢影响系数 ζ_v 应按表 5-3 取用。

（2）对翼缘截面高度 h_c 和 h_c' 相同，腹板截面高度 b_f 为翼缘截面高度的 2 倍且肢厚度 b_c 和 h_f 相同的 Z 形截面节点，正交肢影响系数 ζ_v 应按表 5-3 采用，但表中 $b_f - b_c$ 应以 $0.5b_f - b_c$ 代替。

正交肢影响系数 ζ_v 表 5-3

$b_f - b_c$ (mm)	0	200	300	400	500	600	700
L 形、Z 形	1.00	1.033	1.05	1.10	1.10	1.10	1.10

T 形	1.00	1.167	1.25	1.30	1.35	1.40	1.40
十字形	1.00	1.267	1.40	1.45	1.50	1.55	1.55

注：1. 表中 b_f 为垂直于验算方向的柱肢截面高度；

2. 表中的十字形和 T 形截面是指翼缘为对称的截面。若不对称时，则翼缘的不对称部分不计算在 b_f 数值内；

3. $b_f - b_c$ 为表列数值之间值时，ζ_v 按直线内插法确定。

（3）对柱肢截面高度与厚度不相同的 L 形、T 形和十字形不等肢异形柱节点，根据柱肢截面高度与厚度不相同情况，按表 5-4 分为四类；在式（5-1）、式（5-2）和式（5-4）、式（5-7）中，ζ_v 均应以有效正交肢影响系数 $\zeta_{v,ef}$ 代替，$\zeta_{v,ef}$ 应按表 5-4 取用。

有效正交肢影响系数 $\zeta_{v,ef}$ 表 5-4

截面类型	L 形、T 形和十字形截面			
	A 类	B 类	C 类	D 类
截面特征	$b_f \geqslant h_c$ 和 $h_f \geqslant b_c$	$b_f \geqslant h_c$ 和 $h_f < b_c$	$b_f < h_c$ 和 $h_f \geqslant b_c$	$b_f < h_c$ 和 $h_f < b_c$
$\zeta_{v,ef}$	ζ_v	$1 + \dfrac{(\zeta_v - 1)\, h_f}{b_c}$	$1 + \dfrac{(\zeta_v - 1)\, b_f}{b_c}$	$1 + \dfrac{(\zeta_v - 1)\, b_f h_f}{b_c h_c}$

注：1. 对 A 类节点，取 $\zeta_{v,ef} = \zeta_v$，ζ_v 值按表 5-3 取用，但表中 $(b_f - b_c)$ 值应以 $(h_c - b_c)$ 值代替；

2. 对 B 类、C 类和 D 类节点，确定 $\zeta_{v,ef}$ 值时，ζ_v 值按表 5-3 取用，但对 B 类和 D 类节点，表中 $(b_f - b_c)$ 值应分别以 $(h_c - h_f)$ 和 $(b_f - h_f)$ 值代替。

（4）对翼缘截面高度与肢厚不相同或腹板截面高度不符合第二款规定的 Z 形柱节点，其有效正交

肢影响系数 $\zeta_{v,ef}$ 可根据翼缘截面高度 h_c、h_c' 的相对大小将 Z 形截面划分为两个 L 形截面，按第三款规定求得两个 L 形截面的有效正交肢影响系数 $\zeta_{v,ef}$ 并取其较小值。

（5）对 Z 形柱节点，当左、右侧梁端均为负弯矩且大小相同或相近时，应根据第四款规定，将 Z 形截面划分为两个 L 形截面的，并按 L 形柱节点验算核心区的受剪承载力。

（6）对 Z 形柱节点，当验算方向为腹板方向，对 T 形柱节点，验算方向为翼缘方向时，节点核心区有效验算厚度和截面高度，可取 $b_j=h_f$、$h_j=b_f$；轴压比影响系数 ζ_N 和截面高度影响系数 ζ_h 按表 5-1 和表 5-2 采用；正交肢影响系数 ζ_v 和有效正交肢影响系数 $\zeta_{v,ef}$，对 Z 形截面可均取为 1.0，对 T 形截面可按 L 形截面的相关规定取值。

5.3　使用方法

（1）验算截面限制条件时，根据截面尺寸、混凝土强度等级、抗震或非抗震设计查表 5-5 或表 5-6、表 5-7 得到 $\lfloor V_j \rfloor/\zeta_v$ 或 $\lfloor V_{jE} \rfloor/\zeta_v$，再查表 5-3 得 ζ_v，将两者相乘后得到 $\lfloor V_j \rfloor$ 或 $\lfloor V_{jE} \rfloor$，将其与节点剪力设计值比较，即得知该节点是否满足截面限制条件，如不满足可提高混凝土强度等级或增大节点尺寸。

（2）当 $V_j \leqslant \lfloor V_j \rfloor$ 或 $\lfloor V_{jE} \rfloor$ 时，由 V_j-V_{cj} 查 V_{svj} 表（表 5-10），或由 V_j-V_{cjE} 查 V_{svjE} 表（表 5-11），选择合适的箍筋直径和间距，使得 $V_j-V_{cj} \leqslant V_{svj}$，或 $V_j-V_{cjE} \leqslant V_{svjE}$。也可根据已知的箍筋直径和间距进行截面受剪承载力验算。

（3）箍筋承载力表内数据按梁上下均为一排纵向钢筋计算，当梁上、下均为两排纵向钢筋时，查得的值应乘以"两排钢筋修正系数"进行修正。

节点核心区水平箍筋的配置还应符合下列要求：

非抗震设计时，节点核心区箍筋的最小直径、最大间距应符合异形柱规程第 6.2.8 条规定。

抗震设计时，节点核心区箍筋的最小直径、最大间距宜按异形柱规程表 6.2.10 采用。对一、二、三和四级抗震等级，节点核心区配箍特征值分别不宜小于 0.12、0.10、0.08 和 0.06，且体积配箍率分别不宜小于 0.9%、0.7%、0.6% 和 0.5%。对剪跨比不大于 2 的框架柱，节点核心区体积配箍率不宜小于核心区上、下柱端体积配箍率中的较大值。

5.4 算例

【例1】 Z 形截面柱节点算例

作者撰写的配合异形柱新规程的宣贯教材，第 21 章结构算例，位于 6 度（0.05g）抗震设防区，Ⅱ类场地，抗震等级为三级，共 16 层（包括 1 层地下室），地下室层高 3m，一层层高 3m，其余层高均为 2.9m，结构总高为 43.6m。柱截面为 L 形、T 形和 Z 形，墙厚、异形柱肢厚均为 200mm。异形柱、梁和楼板的混凝土等级均为 C30；梁柱纵筋为 HRB400，箍筋和楼板钢筋为 HPB300。

梁截面尺寸均为 200mm×500mm，设纵筋合力点至截面边缘的距离为 40mm，梁截面有效高度 460mm。

【解】 先算 Z 形柱翼缘方向（图 5-1），作者撰写的配合异形柱新规程的宣贯教材已算出翼缘方向，静力组合（恒+活+风），最大节点剪力为：$V_j = 185.35 \text{kN}$；地震作用组合（恒+活+地震），最大节点剪力为：$V_j = 126.997 \text{kN}$。

$h_c = h'_c = 450\text{mm}$，$h_j = 900\text{mm}$，由表 5-2 得截面高度影响系数 $\zeta_h = 1.0$。

由表 5-3，用 0.5×800 代替 b_f 查表得正交肢影响系数 $\zeta_v = 1.0 + 200 \times 0.05/300 = 1.033$，且此截面属于不等肢 Z 形截面，并属于表 5-4 中 C 类，$\zeta_v = 1.0 + (1.033 - 1) \times 400/450 = 1.03$。

因是普通钢筋混凝土，以下公式中的纤维增强系数 α 均取 1。

恒载、活载及风载组合下的截面限制条件，由表 5-6b 查得 $\lfloor V_j \rfloor / \zeta_v = 669.2\text{kN}$，$\lfloor V_j \rfloor = 1.03 \times 669.2 = 689.3\text{kN}$。$\lfloor V_j \rfloor > V_j = 185.35\text{kN}$，满足要求。

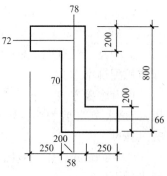

图 5-1　Z 形柱节点截面

当只算一肢时，恒载、活载及风载组合下的截面限制条件，由表 5-6b 查得 $\lfloor V_j \rfloor / \zeta_v = 334.6\text{kN}$，$\lfloor V_j \rfloor = 1.03 \times 334.6 = 344.6\text{kN}$。远大于单肢翼缘所受的剪力，满足要求。

地震作用下上层柱底压力 $N = 1245950\text{N}$，轴压比 $n = N/(f_c A) = 1245950/(14.3 \times 260000) = 0.335$，由此，查表 5-8b 得，有地震作用组合的截面限制条件制约的最大剪力为：

$$\lfloor V_{jE} \rfloor / \zeta_v = 635.9 + 0.035 \times (623.2 - 635.9)/(0.4 - 0.3) = 631.5\text{kN}，$$

$$\lfloor V_{jE} \rfloor = 1.03 \times 631.5 = 650.4\text{kN}。$$

其大于作用的剪力 126.997kN，故满足要求。

下面计算节点受剪承载力。因 $N > 0.3f_c A$，无地震作用组合时，由表 5-6b 查得 $\lfloor V_{cj} \rfloor / \zeta_v = 387.2\text{kN}$，混凝土项抗力为：$\lfloor V_{cj} \rfloor = 1.03 \times 387.2 = 398.8\text{kN}$。现作用的剪力 185.905kN 小于此，故满足要求。

地震作用组合时，由表 5-10b 查得：

$V_{cjE}/\zeta_v = 363.1 + 0.035 \times (355.8 - 363.1)/(0.4 - 0.3) = 360.5\text{kN}$，混凝土项抗力为：$V_{cjE} = 1.03 \times 360.5 = 371.4\text{kN}$。现作用的剪力 126.997kN 小于此，故满足要求。

又因是三级抗震，短柱，箍筋间距按构造要求配为与柱端加密区箍筋同：直径 8mm、间距 93mm，即体积配箍率 1.2%。

再看腹板方向，作者撰写的配合异形柱新规程的宣贯教材已算出腹板方向，静力组合（恒＋活＋风），最大节点剪力为：$V_j = 172.56\text{kN}$；地震作用组合（恒＋活＋地震），最大节点剪力为：$V_j = 82.18\text{kN}$。

$h_j = 800\text{mm}$，正交肢影响系数 $\zeta_v = 1.0$，因是普通钢筋混凝土，以下公式中的纤维增强系数 α 均取 1。

恒载、活载及风载组合下的截面限制条件，由表 5-5b 查得，$\lfloor V_j \rfloor/\zeta_v = 505.6\text{kN}$，$\lfloor V_j \rfloor = 1.0 \times 505.6 = 505.6\text{kN}$。$\lfloor V_j \rfloor > V_j = 172.56\text{kN}$，满足要求。

地震作用下上层柱底压力 $N = 1245950\text{N}$，轴压比 $n = 0.335$，由此，查表 5-7b 得，有地震作用组合的截面限制条件制约的最大剪力为：

$$\lfloor V_{jE} \rfloor/\zeta_v = 480.5 + 0.035 \times (470.9 - 480.5)/(0.4 - 0.3) = 477.1\text{kN}, \lfloor V_{jE} \rfloor$$
$$= 1.0 \times 477.1 = 477.1\text{kN}.$$

其大于作用的剪力 82.18kN，故满足要求。

下面计算节点受剪承载力。因 $N > 0.3 f_c A$，无地震作用组合时，由表 5-5b 查得，$V_{cj}/\zeta_v = 292.5\text{kN}$，混凝土项抗力为：$V_{cj} = 1.0 \times 292.5 = 292.5\text{kN}$。现作用的剪力 172.56kN 小于此，可按构造要求配箍筋。

404

地震作用组合时，由表 5-9b 查得：

$V_{cjE}/\zeta_v = 274.3 + 0.035 \times (268.6 - 274.3)/(0.4 - 0.3) = 272.3\text{kN}$，混凝土项抗力为：$V_{cjE} = 1.0 \times 272.3 = 272.3\text{kN}$。现作用的剪力 82.18kN 小于此，故满足要求。

以上查表计算结果与作者撰写的配合异形柱新规程的宣贯教材手算结果相同。

【例 2】　T 形柱节点算例

某四级抗震等级框架结构某节点截面图如图 5-2 所示[3]。混凝土强度等级为 C35，箍筋采用 HPB300 级钢筋。虽然是 6 度区抗震设计，但对有些节点承载力起控制作用的是由永久荷载、可变荷载和 y 向风作用组合引起的。对图 5-2 节点翼缘方向作用的剪力为 $V_j = 306.56\text{kN}$。轴向压力取该节点上层柱底最小压力，即相当于轴压比 0.34 的压力。试计算此 T 形截面节点翼缘方向受剪承载力。

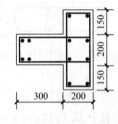

图 5-2　T 形柱节点截面

【解】　按规程要求 ζ_v 按 L 形截面取值，查得 $\zeta_v = 1.05$；$\zeta_h = 1.0$ 先验算截面限制条件，由表 5-5c 得到：

$$\lfloor V_j \rfloor / \zeta_v = 434.2\text{kN}, \lfloor V_j \rfloor = 1.05 \times 434.2 = 455.9\text{kN} > \lfloor V_j \rfloor = 306.56\text{kN}，故满足要求。$$

表 5-5c 得到：

$$V_{cj}/\zeta_v = 236.2\text{kN}, 混凝土项抗力为：V_{cj} = 1.05 \times 236.2 = 248.0\text{kN}。$$

由 $V_j - V_{cj} = 306.56 - 248.0 = 58.56\text{kN}$ 和梁高 400mm 查表 5-11a，选择合适的箍筋直径和间距为 $\phi 8@100$，使得 $V_j - V_{cj} \leqslant V_{svj} = 86.9\text{kN}$。

【例 3】　某非抗震设计的十层框架[4]，一、二层层高 3.3m、其余各层层高 2.9m，累计总高 29.8m。一至二层为第一个标准层、三至五层为第二标准层、六至十层为第三标准层。一、二层混凝

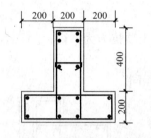

图 5-3 六层 T 形柱节点截面

土强度等级为 C35，其余各层为 C30。二、三标准层结构布置相同，只是构件截面尺寸有变化。为适应新规范要求，纵向受力钢筋选用 HRB400，箍筋选用 HPB300。异形柱均为等肢截面，即两方向肢的肢高、肢厚分别相等。其中 6 层 7 号节点截面尺寸如图 5-3 所示。腹板方向受到的静载与风载组合剪力为：380.47kN，相应的上层柱底轴向压力 $N = 609.4$kN。试计算该节点受剪承载力。

【解】 按规程要求，查得 $\zeta_v = 1.30$，轴压比 $= 0.43$。先验算截面限制条件，由表 5-5b 得到：

$$\lfloor V_j \rfloor / \zeta_v = 446.2\text{kN}, \lfloor V_j \rfloor = 1.30 \times 446.2 = 580.1kN > V_j = 380.47\text{kN}，故满足要求。$$

由表 5-5b 得到：

$$V_{cj}/\zeta_v = 251.8\text{kN}，混凝土项抗力为：V_{cj} = 1.30 \times 251.8 = 327.3\text{kN}。$$

由 $V_j - V_{cj} = 380.47 - 327.3 = 53.17$kN 和梁高 500mm 查表 5-11a，选择合适的箍筋直径和间距为 $\phi8@200$，使得 $V_j - V_{cj} \leqslant V_{svj} = 57.0$kN。

与原文献相比，因为箍筋设计强度从 210MPa 提高到 270MPa，箍筋间距比原来的 180mm 有所增大。

【例 4】 二级抗震 T 形柱框架节点

6 层异形柱框架结构首层某 T 形柱上节点，T 形柱为等肢截面，肢厚 200mm，肢长 600mm，如图 5-3 所示，混凝土 C35，箍筋采用 HPB300 级钢筋。其翼缘方向也是受剪力较大的方向，地震作用组合产生的剪力为 447.89kN，相应的上层柱底轴向压力 N = 373.2kN（轴压比 0.112）。框架梁高

400mm。试确定箍筋用量。

【解】 按规程要求 ζ_v 按 L 形截面取值，查得 $\zeta_v = 1.1$；$\zeta_h = 1.0$ 先验算截面限制条件，由表 5-5c 得到：

$$\lfloor V_j \rfloor / \zeta_v = 521.0 \text{kN}, \lfloor V_j \rfloor = 1.1 \times 521.0 = 573.1 \text{kN} > V_j = 447.89 \text{kN}, 满足要求。$$

由表 5-5c 得到：

$V_{cj} / \zeta_v = 267.8 + 0.012 \times (271.7 - 267.8)/(0.15 - 0.1) = 269.4 \text{kN}$，混凝土项抗力为：$V_{cj} = 1.1 \times 269.4 = 296.4 \text{kN}$。

由 $V_j - V_{cj} = 447.89 - 296.4 = 151.49 \text{kN}$ 和梁高 400mm 查表 5-12a，选择合适的箍筋直径和间距为 $\phi 10@100$，使得 $V_j - V_{cj} \leqslant V_{svj} = 159.6 \text{kN}$。

5.5 非抗震设计柱框架节点剪压比和混凝土受剪承载力表

非抗震设计柱框架节点剪压比和混凝土受剪承载力 $\lfloor V_j \rfloor / \zeta_v$、$V_{cj} / \zeta_v$（混凝土强度等级 C25）　　　　表 5-5a

b_j(mm)	h_j(mm)	$\lfloor V_j \rfloor / \zeta_v$(kN)	V_{cj}/ζ_v(kN)，当 $N/(f_cA)$ 为：						
			$\leqslant 0$	0.05	0.10	0.15	0.20	0.25	$\geqslant 0.30$
200	400	247.5	140.2	142.3	144.4	146.5	148.6	150.7	152.8
	450	278.5	157.7	160.1	162.5	164.8	167.2	169.6	171.9
	500	309.4	175.3	177.9	180.5	183.1	185.8	188.4	191.0
	550	340.3	192.8	195.7	198.6	201.5	204.4	207.2	210.1

b_j(mm)	h_j(mm)	$\lfloor V_j \rfloor/\zeta_v$(kN)	V_{cj}/ζ_v(kN)，当 $N/(f_cA)$ 为：						
			≤0	0.05	0.10	0.15	0.20	0.25	≥0.30
200	600	371.3	210.3	213.5	216.6	219.8	222.9	226.1	229.2
	650	382.1	216.4	219.7	222.9	226.2	229.4	232.7	235.9
	700	389.8	220.8	224.1	227.5	230.8	234.1	237.4	240.7
	750	406.1	230.0	233.5	236.9	240.4	243.8	247.3	250.7
	800	420.8	238.4	241.9	245.5	249.1	252.7	256.2	259.8
250	400	309.4	175.3	177.9	180.5	183.1	185.8	188.4	191.0
	450	348.1	197.2	200.1	203.1	206.0	209.0	212.0	214.9
	500	386.8	219.1	222.4	225.6	228.9	232.2	235.5	238.8
	550	425.4	241.0	244.6	248.2	251.8	255.4	259.1	262.7
	600	464.1	262.9	266.8	270.8	274.7	278.7	282.8	286.6
	650	477.6	270.6	274.6	278.7	282.7	286.8	290.8	294.9
	700	487.3	276.0	280.2	284.3	288.5	292.6	296.7	300.9
	750	507.6	287.5	291.8	296.2	300.5	304.8	309.1	313.4
	800	526.0	297.9	302.4	306.9	311.3	315.8	320.3	324.8

非抗震设计柱框架节点剪压比和混凝土受剪承载力 $\lfloor V_j \rfloor/\zeta$、$V_{cj}/\zeta$（混凝土强度等级 C30）　表 5-5b

b_j(mm)	h_j(mm)	$\lfloor V_j \rfloor/\zeta_v$(kN)	V_{cj}/ζ_v(kN)，当 $N/(f_cA)$ 为：						
			$\leqslant 0$	0.05	0.10	0.15	0.20	0.25	$\geqslant 0.30$
	400	297.4	157.9	160.2	162.6	165.0	167.3	169.7	172.1
	450	334.6	177.6	180.3	182.9	185.6	188.3	190.9	193.6
	500	371.8	197.3	200.3	203.3	206.2	209.2	212.1	215.1
	550	409.0	217.1	220.3	223.6	226.8	230.1	233.4	236.6
200	600	446.2	236.8	240.4	243.9	247.5	251.0	254.6	258.1
	650	459.2	243.7	247.4	251.0	254.7	258.3	262.0	265.6
	700	468.5	248.6	252.4	256.1	259.8	263.6	267.3	271.0
	750	488.0	259.0	262.9	266.8	270.7	274.5	278.4	282.3
	800	505.6	268.4	272.4	276.4	280.5	284.5	288.5	292.5
	400	371.8	197.3	200.3	203.3	206.2	209.2	212.1	215.1
	450	418.3	222.0	225.3	228.7	232.0	235.3	238.7	242.0
	500	464.8	246.7	250.4	254.1	257.8	261.5	265.2	268.9
	550	511.2	271.3	275.4	279.5	283.6	287.6	291.7	295.8
250	600	557.7	296.0	300.5	304.9	309.3	313.8	318.2	322.7
	650	574.0	304.6	309.2	313.8	318.4	322.9	327.5	332.1
	700	585.6	310.8	315.5	320.1	324.8	329.5	334.1	338.8
	750	610.0	323.8	328.6	333.5	338.3	343.2	348.0	352.9
	800	632.1	335.5	340.5	345.5	350.6	355.6	360.6	365.7

非抗震设计柱框架节点剪压比和混凝土受剪承载力 $\lfloor V_j \rfloor / \zeta_v$、$V_{cj}/\zeta_v$（混凝土强度等级 C35）　　表 5-5c

b_j (mm)	h_j (mm)	$\lfloor V_j \rfloor / \zeta_v$ (kN)	V_{cj}/ζ_v (kN)，当 $N/(f_{cA})$ 为：						
			$\leqslant 0$	0.05	0.10	0.15	0.20	0.25	$\geqslant 0.30$
200	400	347.4	173.3	175.9	178.5	181.1	183.7	186.3	188.9
	450	390.8	195.0	197.9	200.8	203.8	206.7	209.6	212.5
	500	434.2	216.7	219.9	223.2	226.4	229.7	232.9	236.2
	550	477.6	238.3	241.9	245.5	249.1	252.6	256.2	259.8
	600	521.0	260.0	263.9	267.8	271.7	275.6	279.5	283.4
	650	536.2	267.6	271.6	275.6	279.6	283.6	287.6	291.7
	700	547.1	273.0	277.1	281.2	285.3	289.4	293.5	297.6
	750	569.9	284.4	288.6	292.9	297.2	301.4	305.7	310.0
	800	590.5	294.7	299.1	303.5	307.9	312.3	316.8	321.2
250	400	434.2	216.7	219.9	223.2	226.4	229.7	232.9	236.2
	450	488.5	243.7	247.4	251.1	254.7	258.4	262.0	265.7
	500	542.8	270.8	274.9	278.9	283.0	287.1	291.1	295.2
	550	597.0	297.9	302.4	306.8	311.3	315.8	320.3	324.7
	600	651.3	325.0	329.9	334.7	339.6	344.5	349.4	354.2
	650	670.3	334.5	339.5	344.5	349.5	354.5	359.6	364.6
	700	683.9	341.2	346.4	351.5	356.6	361.7	366.8	372.0
	750	710.4	355.5	360.8	366.1	371.5	376.8	382.1	387.4
	800	738.1	368.3	373.8	379.4	384.9	390.4	395.9	401.5

非抗震设计柱框架节点剪压比和混凝土受剪承载力$\lfloor V_j \rfloor/\zeta$、$V_{cj}/\zeta$（混凝土强度等级 C40）　表 5-5d

b_j (mm)	h_j (mm)	$\lfloor V_j \rfloor/\zeta_v$ (kN)	V_{cj}/ζ_v (kN)，当 $N/(f_cA)$ 为：						
			$\leqslant 0$	0.05	0.10	0.15	0.20	0.25	$\geqslant 0.30$
200	400	397.3	188.8	191.6	194.4	197.3	200.1	202.9	205.8
	450	446.9	212.4	215.6	218.8	221.9	225.1	228.3	231.5
	500	496.6	236.0	239.5	243.1	246.6	250.1	253.7	257.2
	550	546.3	259.6	263.5	267.4	271.3	275.2	279.0	282.9
	600	595.9	283.2	287.4	291.7	295.9	300.2	304.4	308.7
	650	613.3	291.4	295.8	300.2	304.5	308.9	313.3	317.7
	700	625.7	297.3	301.8	306.3	310.7	315.2	319.6	324.1
	750	651.8	309.7	314.4	319.0	323.7	328.3	333.0	337.6
	800	675.4	320.9	325.7	330.6	335.4	340.2	345.0	349.8
250	400	496.6	236.0	239.5	243.1	246.6	250.1	253.7	257.2
	450	558.7	265.5	269.5	273.4	277.4	281.4	285.4	289.4
	500	620.8	295.0	299.4	303.8	308.2	312.7	317.1	321.5
	550	682.8	324.5	329.3	334.2	339.1	343.9	348.8	353.7
	600	744.9	354.0	359.3	364.6	369.9	375.2	380.5	385.8
	650	766.6	364.3	369.8	375.2	380.7	386.2	391.6	397.1
	700	782.1	371.7	377.2	382.8	388.4	394.0	399.5	405.1
	750	814.7	387.2	393.0	398.8	404.6	410.4	416.2	422.0
	800	844.2	401.2	407.2	413.2	419.2	425.2	431.3	437.3

非抗震设计柱框架节点剪压比和混凝土受剪承载力$\lfloor V_j \rfloor / \zeta_v$、$V_{cj}/\zeta_v$（混凝土强度等级 C45）　表 5-5e

b_j（mm）	h_j（mm）	$\lfloor V_j \rfloor / \zeta_v$（kN）	V_{cj}/ζ_v（kN），当 $N/(f_c A)$ 为：						
			$\leqslant 0$	0.05	0.10	0.15	0.20	0.25	$\geqslant 0.30$
200	400	438.9	198.7	201.7	204.7	207.7	210.6	213.6	216.6
	450	493.7	223.6	226.9	230.3	233.6	237.0	240.3	243.7
	500	548.6	248.4	252.1	255.9	259.6	263.3	267.0	270.8
	550	603.5	273.2	277.3	281.4	285.5	289.6	293.7	297.8
	600	658.3	298.1	302.6	307.0	311.5	316.0	320.4	324.9
	650	677.5	306.8	311.4	316.0	320.6	325.2	329.8	334.4
	700	691.2	313.0	317.7	322.4	327.1	331.8	336.5	341.2
	750	720.0	326.0	330.9	335.8	340.7	345.6	350.5	355.4
	800	746.1	337.8	342.9	348.0	353.0	358.1	363.2	368.2
250	400	548.6	248.4	252.1	255.9	259.6	263.3	267.0	270.8
	450	617.2	279.5	283.6	287.8	292.0	296.2	300.4	304.6
	500	685.8	310.5	315.2	319.8	324.5	329.1	333.8	338.4
	550	754.3	341.6	346.7	351.8	356.9	362.0	367.2	372.3
	600	822.9	372.6	378.2	383.8	389.4	395.0	400.5	406.1
	650	846.9	383.5	389.2	395.0	400.7	406.5	412.2	418.0
	700	864.0	391.2	397.1	403.0	408.8	414.7	420.6	426.4
	750	900.0	407.5	413.6	419.8	425.9	432.0	438.1	444.2
	800	932.6	422.3	428.6	434.9	441.3	447.6	454.0	460.3

非抗震设计柱框架节点剪压比和混凝土受剪承载力$\lfloor V_j \rfloor/\zeta_v$、$V_{cj}/\zeta_v$（混凝土强度等级 C50）   表 5-5f

b_j (mm)	h_j (mm)	$\lfloor V_j \rfloor/\zeta_v$ (kN)	V_{cj}/ζ_v (kN)，当 $N/(f_cA)$ 为：						
			$\leqslant 0$	0.05	0.10	0.15	0.20	0.25	$\geqslant 0.30$
200	400	480.5	208.7	211.8	214.9	218.0	221.2	224.3	227.4
	450	540.5	234.7	238.3	241.8	245.3	248.8	252.3	255.9
	500	600.6	260.8	264.7	268.6	272.6	276.5	280.4	284.3
	550	660.7	286.9	291.2	295.5	299.8	304.1	308.4	312.7
	600	720.7	313.0	317.7	322.4	327.1	331.8	336.5	341.2
	650	741.7	322.1	326.9	331.8	336.6	341.4	346.3	351.1
	700	756.8	328.6	333.6	338.5	343.4	348.4	353.3	358.2
	750	788.3	342.3	347.5	352.6	357.7	362.9	368.0	373.1
	800	816.8	354.7	360.0	365.4	370.7	376.0	381.3	386.6
250	400	600.6	260.8	264.7	268.6	272.6	276.5	280.4	284.3
	450	675.7	293.4	297.8	302.2	306.6	311.0	315.4	319.8
	500	750.8	326.0	330.9	335.8	340.7	345.6	350.5	355.4
	550	825.8	358.6	364.0	369.4	374.8	380.1	385.5	390.9
	600	900.9	391.2	397.1	403.0	408.8	414.7	420.6	426.4
	650	927.2	402.6	408.7	414.7	420.8	426.8	432.8	438.9
	700	945.9	410.8	417.0	423.1	429.3	435.4	441.6	447.8
	750	985.4	427.9	434.3	440.7	447.2	453.6	460.0	466.4
	800	1021.0	443.4	450.0	456.7	463.3	470.0	476.6	483.3

5.6 非抗震设计 Z 形柱框架节点翼缘方向混凝土受剪承载力

非抗震设计 Z 形柱框架节点翼缘方向混凝土受剪承载力 $\lfloor V_j \rfloor / \zeta_v$、$V_{cj}/\zeta_v$（混凝土强度等级 C25）　　　　　　表 5-6a

b_j (mm)	h_j (mm)	$\lfloor V_j \rfloor / \zeta_v$ (kN)	V_{cj}/ζ_v (kN)，当 $N/(f_cA)$ 为：						
			$\leqslant 0$	0.05	0.10	0.15	0.20	0.25	$\geqslant 0.30$
200	800	495.0	280.4	284.6	288.8	293.0	297.2	301.4	305.7
	850	526.0	297.9	302.4	306.9	311.3	315.8	320.3	324.8
	900	556.9	315.5	320.2	324.9	329.7	334.4	339.1	343.9
	950	587.9	333.0	338.0	343.0	348.0	353.0	358.0	363.0
	1000	618.8	350.5	355.8	361.0	366.3	371.6	376.8	382.7
250	800	618.8	350.5	355.8	361.0	366.3	371.6	376.8	382.7
	850	657.5	372.4	378.0	383.6	389.2	394.8	400.4	405.9
	900	696.2	394.4	400.3	406.2	412.1	418.0	423.9	429.8
	950	734.8	416.2	422.5	428.7	435.0	435.0	447.5	453.7
	1000	773.5	438.2	444.7	451.3	457.9	464.4	471.0	477.6

非抗震设计 Z 形柱框架节点翼缘方向混凝土受剪承载力$\lfloor V_j \rfloor/\zeta_v$、$V_{cj}/\zeta_v$（混凝土强度等级 C30） 表 5-6b

b_j (mm)	h_j (mm)	$\lfloor V_j \rfloor/\zeta_v$ (kN)	V_{cj}/ζ_v (kN)，当 $N/(f_cA)$ 为：						
			$\leqslant 0$	0.05	0.10	0.15	0.20	0.25	$\geqslant 0.30$
200	800	594.9	315.7	320.5	325.2	330.0	334.7	339.4	344.2
	850	632.1	335.5	340.5	345.5	350.6	355.6	360.6	365.7
	900	669.2	355.2	360.5	365.9	371.2	376.5	381.9	387.2
	950	706.4	374.9	380.6	386.2	391.8	397.4	403.1	408.7
	1000	743.6	394.7	400.6	406.5	412.4	418.4	424.3	430.2
250	800	743.6	394.7	400.6	406.5	412.4	418.4	424.3	430.2
	850	790.1	419.7	425.6	431.9	438.2	444.5	450.8	457.1
	900	836.6	444.0	450.7	457.3	464.0	470.7	477.3	484.0
	950	883.0	468.7	475.7	482.7	489.8	496.8	503.8	510.9
	1000	929.5	493.4	500.8	508.2	515.6	523.0	530.4	537.8

非抗震设计 Z 形柱框架节点翼缘方向混凝土受剪承载力$\lfloor V_j \rfloor/\zeta_v$、$V_{cj}/\zeta_v$（混凝土强度等级 C35） 表 5-6c

b_j (mm)	h_j (mm)	$\lfloor V_j \rfloor/\zeta_v$ (kN)	V_{cj}/ζ_v (kN)，当 $N/(f_cA)$ 为：						
			$\leqslant 0$	0.05	0.10	0.15	0.20	0.25	$\geqslant 0.30$
200	800	694.7	346.7	351.9	357.1	362.3	367.5	372.7	377.9
	850	738.1	368.3	373.8	379.4	384.9	390.4	395.9	401.5
	900	781.6	390.0	395.8	401.7	407.5	413.4	419.2	425.1
	950	825.0	411.7	417.8	424.0	430.2	436.4	442.5	448.7
	1000	868.4	433.3	439.8	446.3	452.8	459.3	465.8	472.3

b_j (mm)	h_j (mm)	$\lfloor V_j \rfloor/\zeta_v$ (kN)	V_{cj}/ζ_v (kN)，当 $N/(f_cA)$ 为：						
			$\leqslant 0$	0.05	0.10	0.15	0.20	0.25	$\geqslant 0.30$
	800	868.4	433.3	439.8	446.3	452.8	459.3	465.8	472.3
	850	922.7	460.4	467.3	474.2	481.1	488.0	494.9	501.8
250	900	977.0	487.5	494.8	502.1	509.4	516.7	524.0	531.4
	950	1031.2	514.6	522.3	530.0	537.7	545.4	553.2	560.9
	1000	1085.5	541.7	549.8	557.9	566.0	574.1	582.3	590.4

非抗震设计 Z 形柱框架节点翼缘方向混凝土受剪承载力 $\lfloor V_j \rfloor/\zeta_v$、$V_{cj}/\zeta_v$（混凝土强度等级 C40）　　　表 5-6d

b_j (mm)	h_j (mm)	$\lfloor V_j \rfloor/\zeta_v$ (kN)	V_{cj}/ζ_v (kN)，当 $N/(f_cA)$ 为：						
			$\leqslant 0$	0.05	0.10	0.15	0.20	0.25	$\geqslant 0.30$
	800	794.6	377.6	383.2	388.9	394.6	400.2	405.9	411.5
	850	844.2	401.2	407.2	413.2	419.2	425.2	431.3	437.3
200	900	893.9	424.8	431.1	437.5	443.9	450.2	456.6	463.0
	950	943.5	448.4	455.1	461.8	468.5	475.3	482.0	488.7
	1000	993.2	472.0	479.0	486.1	493.2	500.3	507.4	514.4
	800	993.2	472.0	479.0	486.1	493.2	500.3	507.4	514.4
	850	1055.3	501.5	509.0	516.5	524.0	531.5	539.1	546.6
250	900	1117.4	531.0	538.9	546.9	554.8	562.8	570.8	578.7
	950	1179.4	560.5	568.9	577.3	585.7	594.1	602.5	610.9
	1000	1241.5	590.0	598.8	607.6	616.5	625.3	634.2	643.0

非抗震设计 Z 形柱框架节点翼缘方向混凝土受剪承载力 $\lfloor V_j \rfloor/\zeta_v$、$V_{cj}/\zeta_v$（混凝土强度等级 C45） 表 5-6e

b_j (mm)	h_j (mm)	$\lfloor V_j \rfloor/\zeta_v$ (kN)	V_{cj}/ζ_v (kN)，当 $N/(f_cA)$ 为：						
			$\leqslant 0$	0.05	0.10	0.15	0.20	0.25	$\geqslant 0.30$
200	800	877.8	397.4	403.4	409.4	415.3	421.3	427.2	433.2
	850	932.6	422.3	428.6	434.9	441.3	447.6	347.1	454.0
	900	987.5	447.1	453.8	460.5	467.2	473.9	480.7	487.4
	950	1042.3	472.0	479.0	486.1	493.2	500.3	400.5	507.4
	1000	1097.2	496.8	504.3	511.7	519.2	526.6	534.1	541.5
250	800	1097.2	496.8	504.3	511.7	519.2	526.6	534.1	541.5
	850	1165.8	527.9	535.8	543.7	551.6	559.5	433.9	567.4
	900	1234.4	558.9	567.3	575.7	584.1	592.4	600.8	609.2
	950	1302.9	590.0	598.8	607.6	616.5	625.3	500.7	634.2
	1000	1371.5	621.0	630.3	639.6	648.9	658.3	667.6	676.9

非抗震设计 Z 形柱框架节点翼缘方向混凝土受剪承载力 $\lfloor V_j \rfloor/\zeta_v$、$V_{cj}/\zeta_v$（混凝土强度等级 C50） 表 5-6f

b_j (mm)	h_j (mm)	$\lfloor V_j \rfloor/\zeta_v$ (kN)	V_{cj}/ζ_v (kN)，当 $N/(f_cA)$ 为：						
			$\leqslant 0$	0.05	0.10	0.15	0.20	0.25	$\geqslant 0.30$
200	800	961.0	417.3	423.6	429.8	436.1	442.4	448.6	454.9
	850	1021.0	443.4	450.0	456.7	463.3	470.0	476.6	483.3
	900	1081.1	469.5	476.5	483.6	490.6	497.6	504.7	511.7
	950	1141.1	495.6	503.0	510.4	517.9	525.3	532.7	540.2
	1000	1201.2	521.6	529.5	537.3	545.1	552.9	560.8	568.6

b_j (mm)	h_j (mm)	$\lfloor V_j \rfloor/\zeta_v$ (kN)	V_{cj}/ζ_v (kN)，当 $N/(f_cA)$ 为：						
			$\leqslant 0$	0.05	0.10	0.15	0.20	0.25	$\geqslant 0.30$
250	800	1201.2	521.6	529.5	537.3	545.1	552.9	560.8	568.6
	850	1276.2	554.2	562.6	570.9	579.2	587.5	595.8	604.1
	900	1351.4	586.8	595.6	604.5	613.3	622.1	630.9	639.7
	950	1426.4	619.4	628.7	638.0	647.3	656.6	665.9	675.2
	1000	1501.5	652.1	661.8	671.6	681.4	691.2	701.0	710.7

5.7 抗震设计框架节点混凝土受剪承载力

抗震设计框架节点剪压比限制条件 $\lfloor V_{jE} \rfloor/\zeta_v$（混凝土强度等级 C25）　　　　表 5-7a

b_j (mm)	h_j (mm)	$\lfloor V_{jE} \rfloor/\zeta_v$ (kN)，当 $N/(f_cA)$ 为：						
		$\leqslant 0.3$	0.4	0.5	0.6	0.7	0.8	0.9
200	400	235.2	230.5	223.4	211.7	207.0	202.2	197.6
	450	264.6	259.3	251.4	238.1	232.8	227.6	222.3
	500	294.0	288.1	279.3	264.6	258.7	252.8	247.0
	550	323.4	316.9	307.2	291.1	284.6	278.1	271.7
	600	352.8	345.7	335.2	317.5	310.5	303.4	296.4
	650	363.1	355.8	344.9	326.8	319.5	312.3	305.0
	700	370.4	363.0	351.9	333.4	326.0	318.6	311.2
	750	385.9	378.2	366.6	347.3	339.6	331.9	324.1
	800	399.8	391.8	379.8	359.9	351.9	343.9	335.9

b_j (mm)	h_j (mm)	$\lfloor V_{jE}\rfloor/\zeta_v$ (kN)，当 $N/(f_cA)$ 为：						
		≤0.3	0.4	0.5	0.6	0.7	0.8	0.9
250	400	294.0	288.1	279.3	264.6	258.7	252.8	247.0
	450	330.8	324.1	314.2	297.7	291.1	284.4	277.8
	500	367.5	360.2	349.1	330.8	323.4	316.1	308.7
	550	404.3	396.2	384.0	363.8	355.7	347.7	339.6
	600	441.0	432.2	419.0	396.9	388.1	379.3	370.4
	650	453.9	444.8	431.2	408.5	399.4	390.3	381.2
	700	463.1	453.8	439.9	416.7	407.5	398.2	389.0
	750	482.3	472.7	458.2	434.1	424.5	414.8	405.2
	800	499.8	489.8	474.8	449.8	439.8	429.8	419.8

抗震设计框架节点剪压比限制条件$\lfloor V_{jE}\rfloor/\zeta_v$（混凝土强度等级 C30）　　表 5-7b

b_j (mm)	h_j (mm)	$\lfloor V_{jE}\rfloor/\zeta_v$ (kN)，当 $N/(f_cA)$ 为：						
		≤0.3	0.4	0.5	0.6	0.7	0.8	0.9
200	400	282.6	277.0	268.5	254.4	248.7	243.1	237.4
	450	318.0	311.6	302.1	286.2	279.8	273.4	267.1
	500	353.3	346.2	335.6	318.0	310.9	303.8	296.8
	550	388.6	380.9	369.2	349.8	342.0	334.2	326.4
	600	424.0	415.5	402.8	381.6	373.1	364.6	356.1
	650	436.3	427.6	414.5	392.7	384.0	375.2	366.5
	700	445.2	436.2	422.9	400.6	391.7	382.8	373.9
	750	463.7	454.4	440.5	417.3	408.1	398.8	389.5
	800	480.5	470.9	456.5	432.4	422.8	413.2	403.6

b_j (mm)	h_j (mm)	$\lfloor V_{jE} \rfloor / \zeta_v$ (kN)，当 $N/(f_c A)$ 为：						
		$\leqslant 0.3$	0.4	0.5	0.6	0.7	0.8	0.9
250	400	353.3	346.2	335.6	318.0	310.9	303.8	296.8
	450	397.5	389.5	377.6	357.7	349.8	341.8	333.9
	500	441.6	432.8	419.5	397.5	388.6	379.8	371.0
	550	485.8	476.1	461.4	437.2	427.5	417.8	408.1
	600	529.9	519.3	503.4	476.9	466.3	455.7	445.2
	650	545.4	534.5	518.1	490.9	480.0	469.0	458.1
	700	556.4	545.3	528.6	500.8	489.7	478.5	467.4
	750	579.6	568.0	550.6	521.7	510.1	498.5	486.9
	800	600.6	588.6	570.6	540.5	528.5	516.5	504.5

抗震设计框架节点剪压比限制条件 $\lfloor V_{jE} \rfloor / \zeta_v$（混凝土强度等级 C35）　　　　表 5-7c

b_j (mm)	h_j (mm)	$\lfloor V_{jE} \rfloor / \zeta_v$ (kN)，当 $N/(f_c A)$ 为：						
		$\leqslant 0.3$	0.4	0.5	0.6	0.7	0.8	0.9
200	400	330.1	323.5	313.6	297.1	290.5	283.9	277.3
	450	371.3	363.9	352.8	334.2	326.8	319.3	311.9
	500	412.6	404.3	392.0	371.3	363.1	354.8	346.6
	550	453.8	444.8	431.2	408.5	399.4	390.3	381.2
	600	495.1	485.2	470.4	445.6	435.7	425.8	415.9
	650	509.5	499.4	484.1	458.6	448.4	438.2	428.0
	700	519.9	509.5	493.9	467.9	457.5	447.1	436.7
	750	541.5	530.7	514.4	487.4	476.5	465.7	454.9
	800	561.1	549.9	533.1	505.0	493.8	482.6	471.3

b_j (mm)	h_j (mm)	$\lfloor V_{jE} \rfloor / \zeta_v$ (kN)，当 $N/(f_c A)$ 为：						
		≤0.3	0.4	0.5	0.6	0.7	0.8	0.9
250	400	412.6	404.3	392.0	371.3	363.1	354.8	346.6
	450	464.2	454.9	441.0	417.7	408.5	399.2	389.9
	500	515.7	505.4	489.9	464.2	453.8	443.5	433.2
	550	567.3	556.0	538.9	510.6	499.2	487.9	476.5
	600	618.9	606.5	587.9	557.0	544.6	532.2	519.9
	650	636.9	624.2	605.1	573.2	560.5	547.8	535.0
	700	649.8	636.8	617.3	584.8	571.8	558.9	545.9
	750	676.9	663.5	643.1	609.2	595.7	582.1	568.6
	800	701.4	687.4	666.3	631.3	617.2	603.2	589.2

抗震设计框架节点剪压比限制条件 $\lfloor V_{jE} \rfloor / \zeta_v$（混凝土强度等级 C40） 表 5-7d

b_j (mm)	h_j (mm)	$\lfloor V_{jE} \rfloor / \zeta_v$ (kN)，当 $N/(f_c A)$ 为：						
		≤0.3	0.4	0.5	0.6	0.7	0.8	0.9
200	400	377.5	370.0	358.6	339.8	332.2	324.7	317.1
	450	424.7	416.2	403.5	382.2	373.7	365.2	356.7
	500	471.9	462.4	448.3	424.7	415.3	405.8	396.4
	550	519.1	508.7	493.2	467.2	456.8	446.4	436.0
	600	566.3	554.9	537.9	509.6	498.3	487.0	475.7
	650	582.8	571.1	553.6	524.5	512.8	501.2	489.5
	700	594.6	582.7	564.8	535.1	523.2	511.3	499.4
	750	619.3	607.0	588.4	557.4	545.0	532.6	520.3
	800	641.8	628.9	609.7	577.6	564.7	551.9	539.1

b_j (mm)	h_j (mm)	$\lfloor V_{jE} \rfloor/\zeta_v$ (kN)，当 $N/(f_cA)$ 为：						
		$\leqslant 0.3$	0.4	0.5	0.6	0.7	0.8	0.9
250	400	471.9	462.4	448.3	424.7	415.3	405.8	396.4
	450	530.9	520.3	504.3	477.8	467.2	456.5	445.9
	500	589.9	578.1	560.4	530.9	519.1	507.3	495.5
	550	648.8	635.9	616.4	584.0	571.0	558.0	545.0
	600	707.8	693.7	672.4	637.0	622.9	608.7	594.6
	650	728.5	713.9	692.0	655.6	641.1	626.5	611.9
	700	743.2	728.4	706.1	668.9	654.0	639.2	624.3
	750	774.2	758.7	735.5	696.8	681.3	665.8	650.3
	800	802.2	786.2	762.1	722.0	705.9	689.9	673.9

抗震设计框架节点剪压比限制条件 $\lfloor V_{jE} \rfloor/\zeta_v$（混凝土强度等级 C45） 表 5-7e

b_j (mm)	h_j (mm)	$\lfloor V_{jE} \rfloor/\zeta_v$ (kN)，当 $N/(f_cA)$ 为：						
		$\leqslant 0.3$	0.4	0.5	0.6	0.7	0.8	0.9
200	400	417.0	408.7	396.2	375.3	367.0	358.7	350.3
	450	469.2	459.8	445.7	422.2	412.9	403.5	394.1
	500	521.3	510.9	495.2	469.2	458.7	448.3	437.9
	550	573.4	562.0	544.8	516.1	504.6	493.1	481.7
	600	625.6	613.0	594.3	563.0	550.5	538.0	525.5
	650	643.8	630.9	611.6	579.4	566.5	553.7	540.8
	700	656.8	643.7	624.0	591.1	578.0	564.9	551.7
	750	684.2	670.5	650.0	615.8	602.1	588.4	574.7
	800	709.0	694.8	673.5	638.1	623.9	609.7	595.5

b_j (mm)	h_j (mm)	$\lfloor V_{jE}\rfloor/\zeta_v$ (kN)，当 $N/(f_cA)$ 为：						
		≤0.3	0.4	0.5	0.6	0.7	0.8	0.9
250	400	521.3	510.9	495.2	469.2	458.7	448.3	437.9
	450	586.5	574.7	557.1	527.8	516.1	504.4	492.6
	500	651.6	638.6	619.0	586.5	573.4	560.4	547.4
	550	716.8	702.4	680.9	645.1	630.8	616.4	602.1
	600	781.9	766.3	742.8	703.7	688.1	672.5	656.8
	650	804.7	788.7	764.5	724.3	708.2	692.1	676.0
	700	821.0	804.6	780.0	738.9	722.5	706.1	689.7
	750	855.2	838.1	812.5	769.7	752.6	735.5	718.4
	800	886.2	868.5	841.9	797.6	779.9	762.1	744.4

抗震设计框架节点剪压比限制条件 $\lfloor V_{jE}\rfloor/\zeta_v$（混凝土强度等级 C50） 表 5-7f

b_j (mm)	h_j (mm)	$\lfloor V_{jE}\rfloor/\zeta_v$ (kN)，当 $N/(f_cA)$ 为：						
		≤0.3	0.4	0.5	0.6	0.7	0.8	0.9
200	400	456.6	447.4	433.7	410.9	401.8	392.6	383.5
	450	513.6	503.4	488.0	462.3	452.0	441.7	431.5
	500	570.7	559.3	542.2	513.6	502.2	490.8	479.4
	550	627.8	615.2	596.4	565.0	552.4	539.9	527.3
	600	684.8	671.2	650.6	616.4	602.7	589.0	575.3
	650	704.8	690.7	669.6	634.3	620.2	606.1	592.1
	700	719.1	704.7	683.1	647.2	632.8	618.4	604.0
	750	749.1	734.1	711.6	674.1	659.2	644.2	629.2
	800	776.2	760.6	737.4	698.5	683.0	667.5	652.0

b_j (mm)	h_j (mm)	$\lfloor V_{jE}\rfloor/\zeta_v$ (kN)，当 $N/(f_cA)$ 为：						
		≤0.3	0.4	0.5	0.6	0.7	0.8	0.9
250	400	570.7	559.3	542.2	513.6	502.2	490.8	479.4
	450	642.0	629.2	609.9	577.8	565.0	552.2	539.3
	500	713.4	699.1	677.7	642.0	627.8	613.5	599.2
	550	784.7	769.0	745.5	706.2	690.6	674.9	659.2
	600	856.1	838.9	813.3	770.5	753.3	736.2	719.1
	650	881.0	863.4	837.0	792.9	775.3	757.7	740.1
	700	898.9	880.9	853.9	809.0	791.0	773.0	755.0
	750	936.3	917.6	889.5	842.7	824.0	805.2	786.5
	800	970.2	950.8	921.7	873.2	853.8	834.4	815.0

5.8 抗震设计 Z 形柱框架节点翼缘方向剪压比限制条件表

抗震设计 Z 形柱框架节点翼缘方向剪压比限制条件 $\lfloor V_{jE}\rfloor/\zeta_v$（混凝土强度等级 C25）　　　　表 5-8a

b_j (mm)	h_j (mm)	$\lfloor V_{jE}\rfloor/\zeta_v$ (kN)，当 $N/(f_cA)$ 为：						
		≤0.3	0.4	0.5	0.6	0.7	0.8	0.9
200	800	470.4	461.0	446.9	423.4	414.0	404.5	395.1
	850	499.8	489.8	474.8	449.8	439.8	429.8	419.8
	900	529.2	518.6	502.7	476.3	465.7	455.1	444.5
	950	558.6	547.4	530.7	502.7	491.6	480.4	469.2
	1000	588.0	576.2	558.6	529.2	517.4	505.7	493.9

b_j (mm)	h_j (mm)	$\lfloor V_{jE}\rfloor/\zeta_v$ (kN)，当 $N/(f_cA)$ 为：						
		≤0.3	0.4	0.5	0.6	0.7	0.8	0.9
250	800	588.0	576.2	558.6	529.2	517.4	505.7	493.9
	850	624.8	612.3	593.5	562.3	562.3	549.8	524.8
	900	661.5	648.3	628.4	595.4	582.1	568.9	555.7
	950	698.3	684.3	663.3	628.4	628.4	614.5	586.5
	1000	735.0	720.3	698.3	661.5	646.8	632.1	617.4

抗震设计 Z 形柱框架节点翼缘方向剪压比限制条件 $\lfloor V_{jE}\rfloor/\zeta_v$（混凝土强度等级 C30）　　表 5-8b

b_j (mm)	h_j (mm)	$\lfloor V_{jE}\rfloor/\zeta_v$ (kN)，当 $N/(f_cA)$ 为：						
		≤0.3	0.4	0.5	0.6	0.7	0.8	0.9
200	800	565.3	554.0	537.0	508.7	497.4	486.1	474.8
	850	600.6	588.6	570.6	540.5	528.5	516.5	504.5
	900	635.9	623.2	604.1	572.3	559.6	546.9	534.2
	950	671.3	657.8	637.7	604.1	590.7	577.3	563.9
	1000	706.6	692.5	671.3	635.9	621.8	607.7	593.5
250	800	706.6	692.5	671.3	635.9	621.8	607.7	593.5
	850	750.8	735.7	713.2	675.7	660.7	645.6	630.6
	900	794.9	779.0	755.2	715.4	699.5	683.6	667.7
	950	839.1	822.3	797.1	755.2	738.4	721.6	704.8
	1000	883.2	865.6	839.1	794.9	777.2	759.6	741.9

抗震设计 Z 形柱框架节点翼缘方向剪压比限制条件 $\lfloor V_{jE} \rfloor / \zeta_v$（混凝土强度等级 C35）　　表 5-8c

b_j (mm)	h_j (mm)	$\lfloor V_{jE} \rfloor / \zeta_v$ (kN)，当 $N/(f_c A)$ 为：						
		≤0.3	0.4	0.5	0.6	0.7	0.8	0.9
200	800	660.1	646.9	627.1	594.1	580.9	567.7	554.5
	850	701.4	687.4	666.3	631.3	617.2	606.2	589.2
	900	742.7	727.8	705.5	668.4	653.5	638.7	623.8
	950	783.9	768.2	744.7	705.5	689.8	674.2	658.5
	1000	825.2	808.7	783.9	742.7	726.2	709.7	693.1
250	800	825.2	808.7	783.9	742.7	726.2	709.7	693.1
	850	876.8	859.2	832.9	789.1	771.5	754.0	736.5
	900	928.3	909.8	881.9	835.5	816.9	798.4	779.8
	950	979.9	960.3	930.9	881.9	862.3	842.7	823.1
	1000	1031.5	1010.8	979.9	928.3	907.7	887.1	866.4

抗震设计 Z 形柱框架节点翼缘方向剪压比限制条件 $\lfloor V_{jE} \rfloor / \zeta_v$（混凝土强度等级 C40）　　表 5-8d

b_j (mm)	h_j (mm)	$\lfloor V_{jE} \rfloor / \zeta_v$ (kN)，当 $N/(f_c A)$ 为：						
		≤0.3	0.4	0.5	0.6	0.7	0.8	0.9
200	800	755.0	739.9	717.3	679.5	664.4	649.3	634.2
	850	802.2	786.2	762.1	722.0	705.9	689.9	673.8
	900	849.4	832.4	806.9	764.4	747.5	730.5	713.5
	950	896.6	878.6	851.7	806.9	789.0	771.1	753.1
	1000	943.8	924.9	896.6	849.4	830.5	811.6	792.7

b_j （mm）	h_j （mm）	$\lfloor V_{jE} \rfloor / \zeta_v$ （kN），当 $N/(f_cA)$ 为：						
		≤0.3	0.4	0.5	0.6	0.7	0.8	0.9
250	800	943.8	924.9	896.6	849.4	830.5	811.6	792.8
	850	1002.8	982.7	952.6	902.5	882.4	862.4	842.3
	900	1061.7	1040.5	1008.6	955.6	934.3	913.1	891.9
	950	1120.7	1098.3	1064.7	1008.6	986.2	963.8	941.4
	1000	1179.7	1156.1	1120.7	1061.7	1038.1	1014.5	991.0

抗震设计 Z 形柱框架节点翼缘方向剪压比限制条件 $\lfloor \mathbf{V}_{jE} \rfloor / \boldsymbol{\zeta}_v$ （混凝土强度等级 C45）　　表 5-8e

b_j （mm）	h_j （mm）	$\lfloor V_{jE} \rfloor / \zeta_v$ （kN），当 $N/(f_cA)$ 为：						
		≤0.3	0.4	0.5	0.6	0.7	0.8	0.9
200	800	834.1	817.4	792.4	750.7	734.0	717.3	700.6
	850	886.2	868.5	841.9	797.6	779.9	762.1	744.4
	900	938.3	919.6	891.4	844.5	825.7	807.0	788.2
	950	990.5	970.6	940.9	891.4	871.6	851.8	832.0
	1000	1042.6	1021.7	990.5	938.3	917.5	896.6	875.8
250	800	1042.6	1021.7	990.5	938.3	917.5	896.6	875.8
	850	1107.8	1085.6	1052.4	997.0	974.8	952.7	930.5
	900	1172.9	1149.5	1114.3	1055.6	1032.2	1008.7	985.2
	950	1238.1	1213.3	1176.2	1114.3	1089.5	1064.7	1040.0
	1000	1303.2	1277.2	1238.1	1172.9	1146.8	1120.8	1094.7

抗震设计 Z 形柱框架节点翼缘方向剪压比限制条件 $\lfloor V_{jE} \rfloor / \zeta_v$（混凝土强度等级 C50）　　　表 5-8f

b_j (mm)	h_j (mm)	V_{jE}/ζ_v (kN)，当 $N/(f_cA)$ 为：						
		≤0.3	0.4	0.5	0.6	0.7	0.8	0.9
200	800	913.1	894.9	867.5	821.8	803.6	785.3	767.0
	850	970.2	950.8	921.7	873.2	853.8	834.4	815.0
	900	1027.2	1006.7	975.9	924.5	904.0	883.5	862.9
	950	1084.3	1062.7	1030.1	975.9	954.2	932.5	910.8
	1000	1141.4	1118.6	1084.3	1027.3	1004.4	981.6	958.8
250	800	1141.4	1118.6	1084.3	1027.3	1004.4	981.6	958.8
	850	1212.8	1188.5	1152.1	1091.5	1067.2	1043.0	1018.7
	900	1284.1	1258.4	1219.9	1155.7	1130.0	1104.3	1078.6
	950	1355.4	1328.3	1287.7	1219.9	1192.8	1165.7	1138.6
	1000	1426.8	1398.2	1355.4	1284.1	1255.6	1227.0	1198.5

5.9　抗震设计框架节点混凝土受剪承载力表

抗震设计框架节点混凝土受剪承载力 V_{cjE}/ζ_v（混凝土强度等级 C25）　　　表 5-9a

b_j (mm)	h_j (mm)	V_{cjE}/ζ_v (kN)，当 $N/(f_cA)$ 为：								
		0.0	0.1	0.2	0.3	0.4	0.5	0.6	0.7	0.8	0.9
200	400	131.5	135.4	139.4	143.3	140.4	136.1	129.0	126.1	123.3	120.4
	450	147.9	152.4	156.8	161.2	158.0	153.2	145.1	141.9	138.7	135.4
	500	164.4	169.3	174.2	179.1	175.6	170.2	161.2	157.6	154.1	150.5

428

b_j (mm)	h_j (mm)	V_{cjE}/ζ_v (kN)，当 $N/(f_c A)$ 为：									
		0.0	0.1	0.2	0.3	0.4	0.5	0.6	0.7	0.8	0.9
200	550	180.8	186.2	191.6	197.1	193.1	187.2	177.4	173.4	169.5	165.5
	600	197.2	203.1	209.1	215.0	210.7	204.2	193.5	189.2	184.9	180.6
	650	203.0	209.1	215.2	221.2	216.8	210.2	199.1	194.7	190.3	185.8
	700	207.1	213.3	219.5	225.7	221.2	214.4	203.2	198.6	194.1	189.6
	750	215.7	222.2	228.7	235.1	230.4	223.4	211.6	206.9	202.2	197.5
	800	223.5	230.2	236.9	243.6	238.8	231.5	219.3	214.4	209.5	204.7
250	400	164.4	169.3	174.2	179.1	175.6	170.2	161.2	157.6	154.1	150.5
	450	184.9	190.4	196.0	201.5	197.5	191.5	181.4	177.3	173.3	169.3
	500	205.4	211.6	217.8	223.9	219.5	212.7	201.5	197.1	192.6	188.1
	550	226.0	232.8	239.5	246.3	241.4	234.0	221.7	216.8	211.8	206.9
	600	246.5	253.9	261.3	268.7	263.3	255.3	241.8	236.5	231.1	225.7
	650	253.7	261.3	268.9	276.6	271.0	262.7	248.9	243.4	237.8	232.3
	700	258.9	266.6	274.4	282.2	276.5	268.0	253.9	248.3	242.7	237.0
	750	269.6	277.8	285.8	293.9	288.0	279.2	264.5	258.6	252.8	246.9
	800	279.4	287.8	296.2	304.5	298.5	289.3	274.1	268.0	261.9	255.8

抗震设计框架节点混凝土受剪承载力 V_{cjE}/ζ_v （混凝土强度等级 C30）　　表 5-9b

b_j (mm)	h_j (mm)	V_{cjE}/ζ_v (kN)，当 $N/(f_cA)$ 为：									
		0.0	0.1	0.2	0.3	0.4	0.5	0.6	0.7	0.8	0.9
200	400	148.0	152.5	156.9	161.4	158.1	153.3	145.2	142.0	138.8	135.6
	450	166.6	171.5	176.5	181.5	177.9	172.5	163.4	159.8	156.1	152.5
	500	185.1	190.6	196.2	201.7	197.7	191.6	181.5	177.5	173.5	169.4
	550	203.6	209.7	215.8	221.9	217.4	210.8	199.7	195.3	190.8	186.4
	600	222.1	228.7	235.4	242.1	237.2	230.0	217.9	213.0	208.2	203.3
	650	228.5	235.4	242.3	249.1	244.1	236.7	224.2	219.2	214.2	209.3
	700	233.2	240.2	247.2	254.2	249.1	241.5	228.7	223.7	218.6	213.5
	750	242.9	250.2	257.5	264.7	259.5	251.5	238.3	233.0	227.7	222.4
	800	251.7	259.2	266.8	274.3	268.8	260.6	246.9	241.4	235.9	230.4
250	400	185.1	190.6	196.2	201.7	197.7	191.6	181.5	177.5	173.5	169.4
	450	208.2	214.4	220.7	226.9	222.4	215.6	204.2	199.7	195.2	190.6
	500	231.3	238.3	245.2	252.1	247.1	239.5	226.9	221.9	216.8	211.8
	550	254.5	262.1	269.7	277.4	271.8	263.5	249.6	244.0	238.5	233.0
	600	277.6	285.9	294.2	302.6	296.5	287.4	272.3	266.3	260.2	254.2
	650	285.7	294.3	302.8	311.4	305.2	295.8	280.3	274.0	267.8	261.6
	700	291.5	300.2	309.0	317.7	311.3	301.8	285.9	279.6	273.2	266.9
	750	303.6	312.7	321.8	330.9	324.3	314.4	297.8	291.2	284.6	278.0
	800	314.6	324.0	333.4	342.9	336.1	325.8	308.6	301.8	294.9	288.0

抗震设计框架节点混凝土受剪承载力 V_{cjE}/ζ_v（混凝土强度等级 C35）

表 5-9c

b_j（mm）	h_j（mm）	V_{cjE}/ζ_v（kN），当 $N/(f_cA)$ 为：									
		0.0	0.1	0.2	0.3	0.4	0.5	0.6	0.7	0.8	0.9
200	400	162.5	167.4	172.3	177.2	173.6	168.3	159.5	155.9	152.4	148.8
	450	182.9	188.3	193.8	199.3	195.3	189.4	179.4	175.4	171.4	167.4
	500	203.2	209.3	215.4	221.5	217.0	210.4	199.3	194.9	190.5	186.0
	550	223.5	230.2	236.9	243.6	238.7	231.4	219.2	214.4	209.5	204.6
	600	243.8	251.1	258.4	265.8	260.4	252.5	239.2	233.9	228.5	223.2
	650	250.9	258.5	266.0	273.5	268.0	259.8	246.2	240.7	235.2	229.7
	700	256.0	263.7	271.4	279.0	273.5	265.1	251.1	245.6	240.0	234.4
	750	266.7	274.7	282.7	290.7	284.9	276.1	261.6	255.8	250.0	244.2
	800	276.3	284.6	292.9	301.2	295.2	286.1	271.1	265.0	259.0	253.0
250	400	203.2	209.3	215.4	221.5	217.0	210.4	199.3	194.9	190.5	186.0
	450	228.6	235.4	242.3	249.1	244.2	236.7	224.2	219.2	214.3	209.3
	500	254.0	261.6	269.2	276.8	271.3	263.0	249.1	243.6	238.1	232.5
	550	279.4	287.7	296.1	304.5	298.4	289.3	274.1	268.0	261.9	255.8
	600	304.8	313.9	323.1	332.2	325.5	315.6	299.0	292.3	285.7	279.0
	650	313.7	323.1	332.5	341.9	335.0	324.8	307.7	300.9	294.0	287.2
	700	320.0	329.6	339.2	348.8	341.8	331.4	313.9	306.9	300.0	293.0
	750	333.3	343.3	353.3	363.3	356.1	345.2	327.0	319.7	312.5	305.2
	800	345.4	355.8	366.1	376.5	369.0	357.7	338.8	331.3	323.8	316.2

b_j (mm)	h_j (mm)	V_{cjE}/ζ_v (kN)，当 $N/(f_cA)$ 为：									
		0.0	0.1	0.2	0.3	0.4	0.5	0.6	0.7	0.8	0.9
200	400	177.0	182.3	187.7	193.0	189.1	183.3	173.7	169.8	166.0	162.1
	450	199.2	205.1	211.1	217.1	212.7	206.2	195.4	191.0	186.7	182.4
	500	221.3	227.9	234.6	241.2	236.4	229.2	217.1	212.3	207.4	202.6
	550	243.4	250.7	258.0	265.3	260.0	252.1	238.8	233.5	228.2	222.9
	600	265.6	273.5	281.5	289.5	283.7	275.0	260.5	254.7	248.9	243.1
	650	273.3	281.5	290.0	297.9	291.9	283.0	268.1	262.1	256.2	250.2
	700	278.8	287.2	295.6	303.9	297.8	288.7	273.5	267.5	261.4	255.3
	750	290.4	299.2	307.9	316.6	310.3	300.8	284.9	278.6	272.3	265.9
	800	301.0	310.0	319.0	328.0	321.5	311.6	295.2	288.7	282.1	275.6
250	400	221.3	227.9	234.6	241.2	236.4	229.2	217.1	212.3	207.4	202.6
	450	249.0	256.4	263.9	271.4	265.9	257.8	244.2	238.8	233.4	227.9
	500	276.6	284.9	293.2	301.5	295.5	286.4	271.4	265.3	259.3	253.3
	550	304.3	313.4	322.5	331.7	325.0	315.1	298.5	291.9	285.2	278.6
	600	331.9	341.9	351.9	361.8	354.6	343.7	325.6	318.4	311.2	303.9
	650	341.6	351.9	362.1	372.4	364.9	353.8	335.1	327.7	320.2	312.8
	700	348.5	359.0	369.5	379.9	372.3	360.9	341.9	334.3	326.7	319.1
	750	363.1	374.0	384.8	395.7	387.8	375.9	356.2	348.2	340.3	332.4
	800	376.2	387.5	398.8	410.0	401.9	389.6	369.1	360.9	352.6	344.4

抗震设计框架节点混凝土受剪承载力 V_{cjE}/ζ_v（混凝土强度等级 C45）　　表 5-9e

b_j（mm）	h_j（mm）	V_{cjE}/ζ_v（kN），当 $N/(f_cA)$ 为：									
		0.0	0.1	0.2	0.3	0.4	0.5	0.6	0.7	0.8	0.9
200	400	186.4	191.9	197.5	203.1	199.1	193.0	182.8	178.7	174.9	170.6
	450	209.6	215.9	222.2	228.5	223.9	217.1	205.7	201.1	196.5	192.0
	500	232.9	239.9	246.9	253.9	248.8	241.2	228.5	223.4	218.4	213.2
	550	256.2	263.9	271.6	279.3	273.7	265.3	251.4	245.8	240.2	234.6
	600	279.5	287.9	296.3	304.7	298.6	289.5	274.2	268.1	262.0	255.9
	650	287.7	296.3	304.9	313.6	307.3	297.9	282.2	275.9	269.7	263.4
	700	293.5	302.3	311.1	319.9	313.5	303.9	287.9	281.5	275.1	268.7
	750	305.7	314.9	324.1	333.3	326.6	316.6	299.9	293.3	286.6	279.9
	800	316.8	326.3	335.8	345.3	338.4	328.0	310.8	303.9	297.0	290.1
250	400	232.9	239.9	246.9	253.9	248.8	241.2	228.5	223.4	218.4	213.3
	450	262.1	270.0	277.8	285.6	279.9	271.4	257.1	251.4	245.7	239.9
	500	291.2	299.9	308.6	317.4	311.0	301.5	285.6	279.3	272.9	266.6
	550	320.3	329.9	339.5	349.1	342.1	331.7	314.2	307.2	300.2	293.3
	600	349.4	359.9	370.4	380.9	373.2	361.8	342.8	335.2	327.5	319.9
	650	359.6	370.4	381.2	392.0	384.1	372.4	352.8	344.9	337.1	329.3
	700	366.9	377.9	388.9	399.9	391.9	379.9	359.9	351.9	343.9	335.9
	750	382.2	393.6	405.1	416.6	408.2	395.7	374.9	366.6	358.2	349.9
	800	396.0	407.9	419.8	431.6	423.0	410.1	388.5	379.8	371.2	362.6

表 5-9f

抗震设计框架节点混凝土受剪承载力 V_{cjE}/ζ_v（混凝土强度等级 C50）

b_j (mm)	h_j (mm)	V_{cjE}/ζ_v (kN)，当 $N/(f_cA)$ 为：									
		0.0	0.1	0.2	0.3	0.4	0.5	0.6	0.7	0.8	0.9
200	400	195.7	201.5	207.4	213.3	209.0	202.6	192.0	187.7	183.4	179.2
	450	220.1	226.7	233.3	239.9	235.1	227.9	215.9	211.1	206.3	201.6
	500	244.6	251.9	259.3	266.6	261.3	253.3	239.9	234.6	229.3	223.9
	550	269.0	277.1	285.2	293.3	287.4	278.6	263.9	258.1	252.2	246.3
	600	293.5	302.3	311.1	319.9	313.5	303.9	287.9	281.5	275.1	268.7
	650	302.1	311.1	320.2	329.3	322.7	312.8	296.3	289.7	283.2	276.6
	700	308.2	317.4	326.7	335.9	329.2	319.1	302.3	295.6	288.9	282.2
	750	321.0	330.7	340.3	349.9	342.9	332.4	314.9	307.9	300.9	293.9
	800	332.6	342.6	352.6	362.6	355.3	344.4	326.3	319.1	311.8	304.6
250	400	244.6	251.9	259.3	266.6	261.3	253.3	239.9	234.6	229.3	223.9
	450	275.2	283.4	291.7	299.9	293.9	284.9	269.9	263.9	257.9	251.9
	500	305.7	314.9	324.1	333.3	326.6	316.6	299.9	293.3	286.6	279.9
	550	336.3	346.4	356.5	366.6	359.2	348.2	329.9	322.6	315.3	307.9
	600	366.9	377.9	388.9	399.9	391.9	379.9	359.9	351.9	343.9	335.9
	650	377.6	388.9	400.2	411.6	403.3	391.0	370.4	362.2	353.9	345.7
	700	385.2	396.8	408.3	419.9	411.5	398.9	377.9	369.5	361.1	352.7
	750	401.3	413.3	425.4	437.4	428.6	415.5	393.7	384.9	376.2	367.4
	800	415.8	428.3	440.7	453.2	444.2	430.6	407.9	398.8	389.8	380.7

5.10 抗震设计 Z 形柱框架节点翼缘方向混凝土受剪承载力表

抗震设计 Z 形柱框架节点翼缘方向混凝土受剪承载力 V_{cjE}/ζ_v（混凝土强度等级 C25）　　表 5-10a

b_j (mm)	h_j (mm)	V_{cjE}/ζ_v (kN)，当 $N/(f_cA)$ 为：									
		0.0	0.1	0.2	0.3	0.4	0.5	0.6	0.7	0.8	0.9
200	800	263.0	270.9	278.7	286.6	280.9	272.3	258.0	252.2	246.5	240.8
	850	279.4	287.8	296.2	304.5	298.5	289.3	274.1	268.0	261.9	255.8
	900	295.8	304.7	313.6	322.5	316.0	306.3	290.2	283.8	277.3	270.9
	950	312.3	321.6	331.0	340.4	333.6	323.4	306.3	299.5	292.7	285.9
	1000	328.7	338.6	348.4	358.3	351.1	340.4	322.5	315.3	308.1	301.0
250	800	328.7	338.6	348.4	358.3	351.1	340.4	322.5	315.3	308.1	301.0
	850	349.3	359.7	370.2	380.7	373.1	361.6	342.6	335.0	327.4	319.8
	900	369.8	380.9	392.0	403.1	395.0	382.9	362.8	354.7	346.7	338.6
	950	390.3	402.0	413.8	425.5	417.0	404.2	382.9	374.4	365.9	357.4
	1000	410.9	423.2	435.5	447.9	438.9	425.5	403.1	394.1	385.2	376.2

抗震设计 Z 形柱框架节点翼缘方向混凝土受剪承载力 V_{cjE}/ζ_v（混凝土强度等级 C30）　　表 5-10b

b_j (mm)	h_j (mm)	V_{cjE}/ζ_v (kN)，当 $N/(f_c A)$ 为：									
		0.0	0.1	0.2	0.3	0.4	0.5	0.6	0.7	0.8	0.9
200	800	296.1	305.0	313.9	322.7	316.3	306.6	290.5	284.0	277.6	271.1
	850	314.6	324.0	333.5	342.9	336.0	325.8	308.6	301.8	225.5	294.9
	900	333.1	344.0	353.1	363.1	355.8	344.9	326.8	319.5	312.3	305.0
	950	351.6	362.2	372.7	383.3	375.6	364.1	344.9	337.3	260.2	329.6
	1000	370.1	381.2	392.3	403.4	395.4	383.3	363.1	355.0	346.9	338.9
250	800	370.1	381.2	392.3	403.4	395.4	383.3	363.1	355.0	346.9	338.9
	850	393.3	405.0	416.8	428.6	420.1	407.2	385.8	377.2	281.9	368.6
	900	416.4	428.9	441.4	453.9	444.8	431.2	408.5	399.4	390.3	381.2
	950	439.5	452.7	465.9	479.0	469.5	455.1	431.2	421.6	325.3	412.0
	1000	462.6	476.5	490.4	504.3	494.2	479.1	453.9	443.8	433.7	423.6

抗震设计 Z 形柱框架节点翼缘方向混凝土受剪承载力 V_{cjE}/ζ_v（混凝土强度等级 C35）　　表 5-10c

b_j (mm)	h_j (mm)	V_{cjE}/ζ_v (kN)，当 $N/(f_c A)$ 为：									
		0.0	0.1	0.2	0.3	0.4	0.5	0.6	0.7	0.8	0.9
200	800	325.1	334.8	344.6	354.3	347.3	336.6	318.9	311.8	304.7	297.6
	850	345.4	355.8	366.1	376.5	369.0	357.7	338.8	331.3	323.8	316.2
	900	365.7	376.7	387.7	398.7	390.7	378.7	358.8	350.8	342.8	334.9
	950	386.0	397.6	409.2	420.8	412.4	399.7	378.7	370.3	361.9	353.5
	1000	406.4	418.5	430.7	442.9	434.1	420.8	398.6	389.8	380.9	372.1

b_j (mm)	h_j (mm)	V_{cjE}/ζ_v (kN)，当 $N/(f_cA)$ 为：									
		0.0	0.1	0.2	0.3	0.4	0.5	0.6	0.7	0.8	0.9
250	800	406.4	418.5	430.7	442.9	434.1	420.8	398.6	389.8	380.9	372.1
	850	431.8	444.7	457.7	470.6	461.2	447.1	423.5	414.1	404.7	395.3
	900	457.1	470.9	484.6	498.3	488.3	473.4	448.5	438.5	428.5	418.6
	950	482.5	497.0	511.5	526.0	515.5	499.7	473.4	462.9	452.3	441.8
	1000	507.9	523.2	538.4	553.7	542.6	526.0	498.3	487.2	476.1	465.1

抗震设计 Z 形柱框架节点翼缘方向混凝土受剪承载力 V_{cjE}/ζ_v（混凝土强度等级 C40）　表 5-10d

b_j (mm)	h_j (mm)	V_{cjE}/ζ_v (kN)，当 $N/(f_cA)$ 为：									
		0.0	0.1	0.2	0.3	0.4	0.5	0.6	0.7	0.8	0.9
200	800	354.1	364.7	375.3	385.9	378.2	366.6	347.3	339.6	331.9	324.2
	850	376.2	387.5	398.8	410.1	401.9	389.6	369.0	360.9	352.6	344.4
	900	398.3	410.3	422.2	434.2	425.5	412.5	390.8	382.1	373.4	364.7
	950	420.5	433.1	445.7	458.3	449.1	435.4	412.5	403.3	394.1	385.0
	1000	442.6	455.9	469.1	482.4	472.8	458.3	434.2	424.5	414.9	405.2
250	800	442.6	455.9	469.1	482.4	472.8	458.3	434.2	424.5	414.9	405.2
	850	470.3	484.4	498.5	512.6	502.3	486.9	461.3	451.1	440.8	430.6
	900	497.9	512.8	527.8	542.7	531.9	515.6	488.5	477.6	466.7	455.9
	950	525.6	541.3	557.1	572.9	561.4	544.2	515.6	504.1	492.7	481.2
	1000	553.2	569.8	586.4	603.0	591.0	572.9	542.7	530.7	518.6	506.5

抗震设计 Z 形柱框架节点翼缘方向混凝土受剪承载力 V_{cjE}/ζ_v （混凝土强度等级 C45） **表 5-10e**

b_j (mm)	h_j (mm)	V_{cjE}/ζ_v (kN)，当 $N/(f_cA)$ 为：									
		0.0	0.1	0.2	0.3	0.4	0.5	0.6	0.7	0.8	0.9
200	800	372.7	383.9	395.1	406.2	398.1	385.9	365.6	357.5	349.4	341.2
	850	396.0	407.9	419.8	431.6	423.0	410.1	388.5	379.8	371.2	362.6
	900	419.3	431.9	444.5	457.0	447.9	434.2	411.3	402.2	393.0	383.9
	950	442.6	455.9	469.1	482.4	472.8	458.3	434.2	424.5	414.9	405.2
	1000	465.9	479.9	493.8	507.8	497.7	482.4	457.0	446.9	436.7	426.6
250	800	465.9	479.9	493.8	507.8	497.7	482.4	457.0	446.9	436.7	426.6
	850	495.0	509.9	524.7	539.6	528.8	512.6	485.6	474.8	464.0	453.2
	900	524.1	539.8	555.6	571.3	559.9	542.7	514.2	502.7	491.3	479.9
	950	553.2	569.8	586.4	603.0	591.0	572.9	542.7	530.7	518.6	506.5
	1000	582.4	599.8	617.3	634.8	622.1	603.0	571.3	558.6	545.9	533.2

抗震设计 Z 形柱框架节点翼缘方向混凝土受剪承载力 V_{cjE}/ζ_v （混凝土强度等级 C50） **表 5-10f**

b_j (mm)	h_j (mm)	V_{cjE}/ζ_v (kN)，当 $N/(f_cA)$ 为：									
		0.0	0.1	0.2	0.3	0.4	0.5	0.6	0.7	0.8	0.9
200	800	391.3	403.1	414.8	426.6	418.0	405.2	383.9	375.4	366.8	358.3
	850	415.8	428.3	440.7	453.2	444.2	430.6	407.9	398.8	389.8	380.7
	900	440.3	453.5	466.7	479.9	470.3	455.9	431.9	422.3	412.7	403.1
	950	464.7	478.7	492.6	506.5	497.4	481.2	455.9	445.8	435.6	425.5
	1000	489.2	503.9	518.5	533.2	522.5	506.5	479.9	469.2	458.6	447.9

b_j (mm)	h_j (mm)	V_{cjE}/ζ_v (kN)，当 $N/(f_cA)$ 为：									
		0.0	0.1	0.2	0.3	0.4	0.5	0.6	0.7	0.8	0.9
250	800	489.2	503.9	518.5	533.2	522.5	506.5	479.9	469.2	458.6	447.9
	850	520.0	535.3	550.9	566.5	555.2	538.2	509.9	498.5	487.2	475.9
	900	550.3	566.8	583.3	599.9	587.9	569.9	539.9	527.9	515.9	503.9
	950	580.9	598.3	615.8	633.2	620.5	601.5	569.9	557.2	544.5	531.9
	1000	611.5	629.8	648.2	666.5	653.2	633.2	599.9	586.5	573.2	559.9

5.11 非抗震设计框架节点箍筋承载力表

非抗震设计框架节点箍筋承载力 V_{svj} （kN）（适用于 HPB300 钢筋）　　　　表 5-11a

梁高 h_b (mm)	2 肢箍筋，直径，间距（mm）										两排钢筋修正系数
	$\phi6@250$	$\phi6@200$	$\phi6@150$	$\phi6@100$	$\phi8@200$	$\phi8@150$	$\phi8@100$	$\phi10@150$	$\phi10@100$	$\phi10@80$	
300	13.4	16.8	22.4	33.6	29.9	39.8	59.8	62.2	93.3	116.6	0.727
350	16.5	20.6	27.5	41.3	36.7	48.9	73.3	76.3	114.5	143.1	0.778
400	19.6	24.5	32.6	48.9	43.5	57.9	86.9	90.4	135.6	169.6	0.813
450	22.6	28.3	37.7	56.5	50.2	67.0	100.5	104.6	156.8	196.1	0.838
500	25.7	32.1	42.8	64.2	57.0	76.1	114.1	118.7	178.0	222.5	0.857
550	28.7	35.9	47.9	71.8	63.8	85.1	127.7	132.8	199.2	249.0	0.872
600	31.8	39.7	53.0	79.5	70.6	94.2	141.2	147.0	220.4	275.5	0.885

非抗震设计框架节点箍筋承载力 V_{svj} （kN）（适用于 HRB400、HRB500 钢筋）　　表 5-11b

梁高 h_b (mm)	2 肢箍筋，直径，间距（mm）										两排钢筋修正系数
	$\phi6@250$	$\phi6@200$	$\phi6@150$	$\phi6@100$	$\phi8@200$	$\phi8@150$	$\phi8@100$	$\phi10@150$	$\phi10@100$	$\phi10@80$	
300	17.9	22.4	29.9	44.8	39.8	53.1	79.7	82.9	124.3	155.4	0.727
350	22.0	27.5	36.7	55.0	48.9	65.2	97.8	101.7	152.6	190.8	0.778
400	26.1	32.6	43.5	65.2	57.9	77.3	115.9	120.6	180.9	226.1	0.813
450	30.2	37.7	50.3	75.4	67.0	89.3	134.0	139.4	209.1	261.4	0.838
500	34.2	42.8	57.1	85.6	76.1	101.4	152.1	158.3	237.4	296.7	0.857
550	38.3	47.9	63.8	95.8	85.1	113.5	170.2	177.1	265.6	332.1	0.872
600	42.4	53.0	70.6	106.0	94.2	125.5	188.3	195.9	293.9	367.4	0.885

5.12　抗震设计框架节点箍筋承载力表

抗震设计框架节点箍筋承载力 V_{svjE} （kN）（适用于 HPB300 钢筋）　　表 5-12a

梁高 h_b (mm)	2 肢箍筋，直径，间距（mm）										两排钢筋修正系数
	$\phi6@250$	$\phi6@200$	$\phi6@150$	$\phi6@100$	$\phi8@200$	$\phi8@150$	$\phi8@100$	$\phi10@150$	$\phi10@100$	$\phi10@80$	
300	15.8	19.8	26.4	39.6	35.2	46.9	70.3	73.1	109.7	137.1	0.727
350	19.4	24.3	32.4	48.5	43.1	57.5	86.3	89.8	134.7	168.3	0.778
400	23.0	28.8	38.4	57.5	51.1	68.2	102.3	106.4	159.6	199.5	0.813
450	26.6	33.3	44.3	66.5	59.1	78.8	118.2	123.0	184.5	230.7	0.838

梁高 h_b (mm)	2 肢箍筋，直径，间距（mm）										两排钢筋修正系数
	$\phi6@250$	$\phi6@200$	$\phi6@150$	$\phi6@100$	$\phi8@200$	$\phi8@150$	$\phi8@100$	$\phi10@150$	$\phi10@100$	$\phi10@80$	
500	30.2	37.8	50.3	75.5	67.1	89.5	134.2	139.6	209.5	261.8	0.857
550	33.8	42.3	56.3	84.5	75.1	100.1	150.2	156.3	234.4	293.0	0.872
600	37.4	46.7	62.3	93.5	83.1	110.8	166.2	172.9	259.3	324.2	0.885

抗震设计框架节点箍筋承载力 V_{svjE}（kN）（适用于 HRB400、HRB500 钢筋）　　表 5-12b

梁高 h_b (mm)	2 肢箍筋，直径，间距（mm）										两排钢筋修正系数
	$\phi6@250$	$\phi6@200$	$\phi6@150$	$\phi6@100$	$\phi8@200$	$\phi8@150$	$\phi8@100$	$\phi10@150$	$\phi10@100$	$\phi10@80$	
300	21.1	26.4	35.2	52.7	46.9	62.5	93.7	97.5	146.3	182.9	0.727
350	25.9	32.4	43.1	64.7	57.5	76.7	115.0	119.7	179.5	224.4	0.778
400	30.7	38.4	51.1	76.7	68.2	90.9	136.3	141.9	212.8	266.0	0.813
450	35.5	44.3	59.1	88.7	78.8	105.1	157.6	164.0	246.0	307.5	0.838
500	40.3	50.3	67.1	100.7	89.5	119.3	178.9	186.2	279.3	349.1	0.857
550	45.1	56.3	75.1	112.7	100.1	133.5	200.3	208.3	312.5	390.7	0.872
600	49.9	62.3	83.1	124.7	110.8	147.7	221.6	230.5	345.8	432.2	0.885

参考文献

[1] 中华人民共和国行业标准. 混凝土异形柱结构技术规程 JGJ 149-2015 [S]. 北京：中国建筑工业出版社. 2015

[2] 王依群. 混凝土异形柱结构技术规程理解与应用（二版）[M]. 北京：中国建筑工业出版社. 2015

[3] 王依群，邓孝祥，康谷贻. CRSC 软件在六度抗震的异形柱框架结构设计中的应用. 第十二届全国工程建设计算机应用学术会议论文集. 北京，2004

[4] 王依群，康谷贻，邓孝祥. 非抗震设计的异形柱框架梁柱节点受剪承载力. 第八届全国混凝土结构基本理论及工程应用学术会议论文集. 重庆：重庆大学出版社，2004 年 9 月